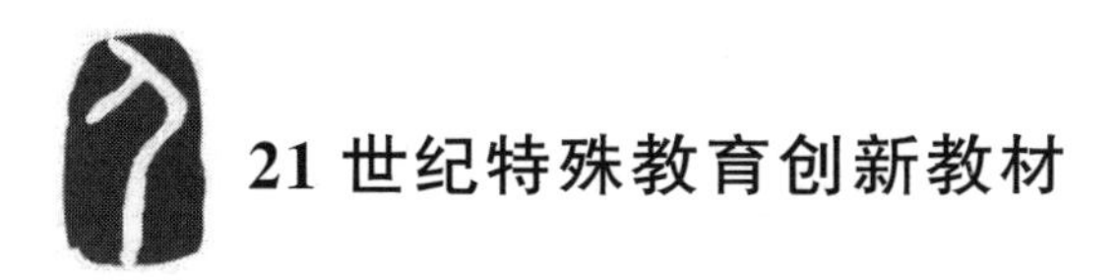
21世纪特殊教育创新教材

特殊儿童心理与教育

（第二版）

杨广学　张巧明　王　芳　编著

图书在版编目(CIP)数据

特殊儿童心理与教育/杨广学，张巧明等编著. —2版. —北京：北京大学出版社，2017.8

（21世纪特殊教育创新教材）

ISBN 978-7-301-28599-2

Ⅰ.①特… Ⅱ.①杨…②张… Ⅲ.①残疾人—少年儿童—儿童心理学—高等学校—教材②儿童教育—特殊教育—高等学校—教材 Ⅳ.①B844.1②G76

中国版本图书馆CIP数据核字（2017）第195842号

书　　名	特殊儿童心理与教育（第二版） TESHU ERTONG XINLI YU JIAOYU
著作责任者	杨广学　张巧明　王　芳　编著
丛书主持	李淑方
责任编辑	李淑方
标准书号	ISBN 978-7-301-28599-2
出版发行	北京大学出版社
地　　址	北京市海淀区成府路205号　100871
网　　址	http://www.pup.cn　　新浪微博:@北京大学出版社
微信公众号	通识书苑（微信号：sartspku）　　科学元典（微信号：kexueyuandian）
电子信箱	编辑部：jyzx@pup.cn　　总编室：zpup@pup.cn
电　　话	邮购部 010-62752015　发行部 010-62750672　编辑部 010-62767857
印 刷 者	北京鑫海金澳胶印有限公司
经 销 者	新华书店 730毫米×980毫米　16开本　18.75印张　350千字 2012年3月第1版 2017年8月第2版　2023年8月第7次印刷
定　　价	49.00元

第二版前言

特殊儿童首先是儿童，其次才是有着某些特殊性的儿童。这些特殊性不仅源自不同个体之间的差异，而且源自历史条件和文化形态的影响，其中最重要的是社会对他们是否理解和接纳，是否提供了足够的支持。当代特殊儿童心理与教育领域，致力于研究儿童非典型性发展和教育支持的有关问题和实践，涉及自然、人文和社会等多个学科的内容和方法，例如儿童心理学、变态心理学、社区心理学、儿科学、儿童精神医学与预防医学、教育学、人类学、社会学等，已经成为一个跨学科的新兴的应用研究领域。

在特殊儿童的心理研究和教育干预领域，国内现有书籍数量不多，而且内容往往集中于智力障碍、听力障碍、视觉障碍儿童的生理缺陷，关于心理特点和教育规律的研究不够深入；关于教育干预，则多局限在学校背景下的单一课堂教学，视野不够宽广，格局相对封闭。随着"特殊儿童"概念的不断演化，有特殊教育需求儿童的种类和数量明显增多，需求和服务的范围也日益扩展和复杂化。国内的文献总体上表现出碎片化和笼统化的取向，理论与实践的联系不够，讨论问题时层次性、应用性和理论连贯性不够充分。这就使得初学者容易以偏概全，难以从整体上把握本领域的现状、问题、研究重点、努力方向和发展趋势。

本书的第一版出版后，多次重印，在高校教学中得到广泛使用，成为一本畅销的专业教材。这次重新改写，系统梳理了国内外特殊儿童心理和特殊教育研究领域的新资料，融合了世界范围内特殊儿童教育理论和实践的新发展、新潮流、新技术，给我国特殊教育的理论框架和实践模式以提示，可以为从事特殊教育的高校教师、特教老师、科研人员、特殊教育专业的本科生、师范学校学生、从事儿童心理咨询的机构人员、中小学教师、特殊儿童的家长和管理工作者提供有价值的参考。

新版保留并突出了下列几个特点：一、学术观点新颖、完整。在构思、编撰和修订过程中，广泛涉猎国内外有关特殊儿童心理与教育的文献资料，力求汲取其精华，广采博纳，融合了国内外最新的研究成果，并力求形成完整统一的视角。二、内容系统、分析周密。总论部分包括：绪论、特殊儿童的评估；分论部分包括：英才儿童、智力障碍儿童、学习障碍儿童、情绪障碍儿童、品行障碍儿童、多动症儿童、自闭症儿童、言语与语言障碍儿童、精神分裂症儿童、成瘾儿童、脑瘫儿童、受虐待儿童、听觉障碍儿童和视觉障碍儿童。全书涵盖内容丰富，资料翔实，文献可靠，纲目清晰。总论部分介绍了研究对象从残疾儿童到有特殊教育需要儿童的演变趋势、最新动态（身心障碍人群的权利模式、特殊教育的生态观、个别化教育支持、社会融合等）、关于特殊儿童评估的传统方法及其新进展，理论上有所突破。分论部分在各类特殊儿童的介绍上，不仅包括特征、发生率及如何鉴别等基本理论知识，还包括相应的干预措施、支持方案、教育安置以及特殊儿童的法律保护和福利措施。三、结构体系严谨，重点突出，观点清晰。对本书讨论的关键问题，努力做到言之有理，言之有据。从理论观点到教育、教学、咨询干预的策略具有内在的连贯性。四、语言清晰、概念准确、可读性强。在保持专业水准的同时，力求语言简洁明了，还结合丰富的个案例证，提出明确的教育干预和心理支持方案，可操作性强，便于读者准确理解，并在实际工作中灵活应用。

真诚感谢一直关心和支持本书写作和出版的各位朋友和同仁。北京大学出版社的李淑方女士对本书的出版提出了认真而专业的建议，在此谨表谢忱！书中错误疏漏之处，还请各位读者不吝赐教！

杨广学

于华东师范大学

2016 年 2 月

目　　录

第1章 绪　　论

1. 掌握特殊儿童心理与教育的对象、分类、任务及研究方法。
2. 了解特殊儿童心理与教育的历史发展及教育观察的演变。
3. 了解特殊儿童心理与教育的发展思潮与趋势。

特殊儿童心理与教育领域致力于研究儿童非典型发展和教育干预,涉及自然、人文和社会多个学科,如儿童心理学、变态心理学、社区心理学、儿科学、儿童精神医学与预防医学、教育学和社会学等,是一个跨学科的新兴的研究领域。本章主要概述了特殊儿童的定义、分类、研究方法,并描述了特殊儿童教育的历史与发展趋势。

任何一门学科和任何一项工作都要有自己确定的研究或工作对象,都要有自己研究或工作的视角。特殊儿童心理与教育的研究对象是特殊儿童,但"特殊儿童"并不是一个简单固定的概念,而是需要历史和理论的分析。

一、特殊儿童的定义

从儿童的成长过程来看,虽然可以找出一般的发展规律,但由于先天的素质和后天的环境不同,每一个个体都是与众不同的,这包括个体与个体之间的差异以及个体内部不同方面发展水平的差异。

所谓个体间差异,是指某一个群体彼此间在某一身心特质上的差异情况,如用图形表示,常呈正态分布。例如,在人的智力发展方面,根据理论研究和实际调查,在智力正态分布曲线上,属于正常范围(即在平均数正负两个标准差范围内)的约占95.46%,而有2.27%的人低于正常水平,2.27%的人高于正常水平,这就形成了在智力发展上与正常不同的英才和低常两个群体,在儿童中就形成了两类特殊儿童。

个体内差异,则是对同一个儿童而言,其内在各种特质之间也可能存在差异。事实上各种能力是无法比较的,其比较的依据还是根据其在常模中(与同群体的儿童比较）所占的地位而定。一个年龄为10岁的儿童，其语言发展、智力达到14岁儿童的平均水平，阅读能力、算术能力等也高于10岁儿童的平均水平，综合评定其为英才儿童，但对同一个个体来说，他的体重、身高、运动协调能力却处在10岁儿童的正常水平。

总体而言，差异是客观存在的。承认和认识差异，才能把多数儿童看成是典型发展，少数是非典型发展。典型与非典型，普通与特殊是相比较而存在的。

了解儿童在身心特质上存在个别差异的现象，对每一个儿童的学习需要给予个别的考虑，为其提供个别化的支持，是教育服务的必然含义。但由于教育资源的限制，学校教育内容的设计往往是以大多数具有相近特质的儿童为对象，直到最近一二百年，特殊儿童才逐渐受到应有的关注。对特殊儿童概念的理解也经历了从传统的“特殊儿童”到当代的“特殊教育需要儿童”的转变。

（一）传统的“特殊儿童”的理解

对特殊儿童传统的理解有两种：一种是广义的特殊儿童，普通儿童以外的各类儿童都算特殊儿童，包括英才儿童、智力障碍儿童、品行障碍儿童以及沟通障碍儿童、情绪障碍儿童和学习障碍儿童等；第二种是狭义的特殊儿童，专指生理或心理发展有缺陷的障碍儿童，包括智力、视觉、听觉、肢体、沟通、情绪等方面发展障碍，及身体病弱、多种残疾等儿童，故又称“缺陷儿童”或“障碍儿童”，而不包括英才儿童、品行障碍儿童及精神障碍儿童。

（二）当代“特殊教育需要儿童”的理解

与传统的理解不同，当今对特殊儿童教育含义的理解是对具有特殊需要的儿童提供适合其需要的教育，这种理解是以“具有特殊需要的儿童”（Child with Special Needs）或“特殊教育需要的儿童”（Child with Special Education Needs）的概念来概括传统所指的各类特殊儿童。

1994年，世界特殊需要教育大会上引用了“特殊需要教育”的概念，指出特殊需要儿童，“即一切身体的、智力的、社会的、情感的、语言的或其他任何特殊教育需要的儿童和青年……这就包括残疾儿童和天才儿童、流浪儿童和童工、偏远地区或游牧人口的儿童、语言或种族或文化方面属少数民族的儿童，以及来自其他不利处境或边际区域或群体的儿童”。“特殊教育需要儿童”的概念范围得以拓展，主要包括两类，一类是个体身心差异引发的特殊教育需要儿童，如英才儿童和障碍儿童，其中，障碍儿童又包括残疾儿童和问题儿童。另一类是个体的社会、文化背景差异所引发的特殊教育需要儿童，如处境不利儿童或弱势儿童（盛永进，2011）。本书论述的主要是前者。

总而言之，特殊儿童是一个具有相对历史性和地域性的概念。人们对于特殊儿童认识的变化，反映了从医学模式下注重生理差异向注重教育需要差异的转变。

二、关于分类与标记的争论

当某一个儿童被认定是某一类的特殊儿童时，他便已经受到标记(Labeling)。通常标记与分类如刃之两面：标记的目的，在于易于描述与易于区分；但有时作为一种极具侵凌的方式，也会给儿童的心灵带来伤害，如将智力障碍儿童称为“傻瓜”“白痴”等。

分类的产生多由于个体偏离了某些既定的标准或期望，也就是具有明显的个别差异，而标准或期望依据的可能是基于统计的相对性、文化的相对性与个别或内在的相对性。统计的相对性是与发展的观点相一致的，以“平均”的情况作为比较的基础；文化的相对性，顾名思义，即以某一文化的价值观，作为标记个别差异的依据；至于个别或内在的相对性，则指个人自加的标记，这种标记开始时不见得与社会的观点一致，但久而久之也可能为人所认同。

关于分类与标记产生的影响，一直是个争论不休的问题。认为标记可能的益处有：(1) 标记提供教育经费划拨的基础，无标记，则无经费。(2) 标记便于专业人员的沟通。(3) 标记提供对特殊儿童待遇的指标，即应该提供何种适应性的教育。(4) 标记便于政府制定必要的法令。简单地说，标记是为了更有效地进行教育工作。

标记可能带来的危害有：(1) 标记可能造成儿童永久性的心理创伤。(2) 儿童可能因标记受到朋友的拒斥。(3) 从标记本身找不出其在教育上的关联性。(4) 由于对特殊儿童做出错误诊断的事情时有发生，标记有潜在的危险性。(5) 标记不利于儿童自我观念的发展。

标记的使用可能无法完全避免，如何将标记的负面影响减到最低程度，应该得到关注。我们应秉持两个基本原则：无歧视原则和去标签化原则。无歧视原则是指必须以尊重的态度和科学的方法进行分类，这是消除分类造成消极标签化影响的首要原则。为了方便开展教育教学与相关研究，对特殊儿童进行分类是必要的，只有秉持非歧视理念，才能充分尊重每一个儿童的主体性和存在价值，提供更具针对性的辅助与支持。去标签化原则是在无歧视原则的基础上，尽量避免贬低性标签的使用，提倡使用尊重性的标签。

三、研究方法

任何一门学科的发展都很大程度上取决于研究方法。虽然很多社会性研究方法对特殊儿童也是适用的，但特殊儿童与普通儿童群体间的差异性、特殊儿童群体内的差异性、特殊儿童发展的独特性、特殊儿童发展的敏感性、特殊儿童发展的适应性及特殊儿童研究中伦理道德问题的突出性等，也决定了这个领域需要独特的研究方法（张巧明等，2007）。实证研究范式的量的研究、人文研究范式的质的研究、多元化的研究范式、跨学科的研究视角，都是常见的研究方法。

（一）实证研究范式

对特殊儿童的研究，目的在于掌握特殊儿童发展和教育现状、明晰影响特殊儿童发展的因素、探寻促进特殊儿童发展的有效教育方法和途径，以最终实现潜能的发展。这样的研究取向造就了特殊儿童心理与教育研究的实证主义风格。实证研究重视客观测量工具（如智力量表等）来诊断残疾或障碍类型与程度，并据此发展相应的治疗方法以及具有医学特点的干预或训练手段。以实证研究范式为基础的量化研究具有追求数量化、准确性、可比较、可验证、可推广的特征（吴春艳等，2015）。常见的包括观察法、调查法、实验法。

1. 观察法

观察法是研究者通过感官或借助于一定的科学仪器，在一定时间内有目的、有计划地考察和描述客观对象（如人的各种心理活动、行为表现等）并收集研究资料的一种方法。观察法可以分为两种：一是自然观察，即在不加控制的自然状态下对儿童的行为进行观察。二是控制观察，即控制被观察者的条件，或对其作某种处理，以观察儿童的行为反应或变化，如给孩子提供一定的玩具和设置一定的游戏情景，再观察他们的合作性与利他性。观察法主要应用于研究儿童身体外观、动作和言语，在人际交往中表现的兴趣、爱好、态度，在一定应激情景中的应对方法等。

2. 调查法

调查法可分为追踪调查与横断调查。追踪调查是在较长时间内反复多次地调查儿童的行为项目，以了解其发展动态。追踪调查能解答有关行为发展的特性和过程问题，探索早期病因的危害和行为干预的疗效等；缺点是耗资大，历时长，调查对象难以保持稳定，对调查方法与技术的一致性要求严格。横断调查是在某个时点（断面）对大量儿童的行为项目进行一次性调查，由此建立一种行为常模，或了解某行为问题的发生率。

3. 实验法

目前，许多学者大力提倡在特殊儿童心理学研究中应用单一被试实验设计。单一被试的使用开始于半个世纪以前，已被证明是在个体学习者视角开展教育实践的有效方法。教育者可以根据单一被试研究的结果制订个别化教育和支持计划。

在实验设计上，分为单基线设计、多基线设计和U实验设计等多种方案。单基线设计有A—B、A—B—A、B—A—B、B—C—B、A—B—A—B、交替处理设计、变更标准设计等。多基线实验设计有：跨情境、跨行为、跨被试及几种变式的实验设计(杜晓新，2003)。

霍纳(Horner，2005)等人认为，高质量的单一被试研究有如下基本特征：(1)将个别化被试作为分析单元；(2)对所研究特征的操作性定义，包括被试与环境设置、自变量、因变量等；(3)基线与干预条件的使用；(4)实验控制；(5)重复测量目标行为；(6)干预措施的反复系统介入；(7)对干预有效性的可视化分析。与之相对应，特殊教育遵循问题解决原则，强调关注学生个体，积极干预，开展针对具体的学校，家庭和社区环境的实践，单一被试研究正好满足这些要求。当前，单一被试研究在特殊教育中的应用相当广泛，尤其是在对特殊儿童的行为矫正和缺陷补偿的干预研究方面。

单一被试研究的使用，一定程度上弥补了传统实证研究方法的局限性，符合特殊教育研究的实际，具有较高的应用价值。但其伦理问题远远没有圆满解决，用儿童作被试时，伦理的问题更为重要，对年龄小的儿童要得到家长或监护人的同意。

(二)人文研究范式

实证研究范式强调通过客观的技术和手段来改变特殊儿童的发展水平和特点，但较少考虑儿童个体的内在感受和体验，忽略个体独特的社会文化的影响。文艺复兴以来，建构主义以及后现代主义思潮的发展带来了社会科学研究范式的多样化，以批判主义、建构主义为基础的人文范式在特殊教育研究中掀起了新的波澜，为特殊教育的发展奠定了新的基础。批判理论和建构主义认为：理解是一个交往、互动的过程，必须通过双方价值观念的过滤，带有价值取向的研究者使用主观的互动与交流的方法接近“他人”的内心世界。

以人文研究范式为基础的质性研究，关注特定心理经验所产生的独特文化氛围、交往风格，关注这种经验产生的地方性知识，由此，研究者愿意进入研究现场，感受被研究者独特的话语、生活习惯等，并经由双方的互动推动研究过程的展开，切实做到知行贯通，被研究者也因自身在此过程中的主动参与，而经历着某种改变。对待心理生活，应该理解它是怎样形成的，从而理解它的当下状态，而不应该试图为个体心理生活建立原则性的规定。不同主体的心理生活是有差异的。作为社会性的个体，有着群体性、趋势性的普遍特征，而作为个性化的存在，又有着独特的内在生活世界。当前，在特殊儿童心理与教育中最常用的质性研究方法是个案研究、扎根理论和民族志研究。

1. 个案研究

个案研究是对一个案例的调查分析。案例可以是人、计划、事件、学校、教室或小组。当明确了个案之后，研究者就要采用多种数据搜集方法，比如访谈，田野观察和资料收集，对它们进行深入、典型的调查分析。个案研究不是为了追求一般化，而是在探索特定环境和典型个体的基础上提出观点和证据。在我国的特殊教育研究中，采用个案研究方法，能够更全面地分析对象的独特性和具体的社会文化背景，有助于本土特殊教育理论的形成（吴春艳等，2015）。

2. 扎根理论

扎根理论即扎根理论法，是在逻辑上一致地收集资料和分析资料、旨在形成理论的方法（Charmaz，2000）。换言之，扎根理论法就是研究者针对与自身相关或自身感兴趣的主题，不断就所收集到的资料进行思考、比较、分析、归类、概念化，加以关联和建构，并将隐藏在资料中的理论通过研究者的理论触觉挖掘出来的过程，其主旨是在经验资料的基础上建立理论。其主要观点是：研究者在研究开始之前一般没有理论假设，而是带着研究问题，直接从原始资料中归纳出概念和命题，然后上升到理论。它认为任何理论都有经验事实作为依据，一定的理论总是可以追溯到其产生的原始资料。扎根理论本身正是通过对原始资料的不断深入分析而最终浓缩形成的。扎根理论要求研究者贴近生活、贴近实践，和参与者建立良好的信任合作关系，在平等对话、交流互动中，解读残疾人的内心世界与蕴涵于其中的深刻意义与本质，是具有良好应用前景的一种研究方法。

3. 民族志研究

民族志研究是对社会群体进行深入分析。一般通过观察、访谈和文本分析搜集资料。民族志研究也就是关注一群人的故事，聚焦于这一群体的文化，需要研究者融入这一群体去理解他们的内部活动、结构和功能。这种类型的研究集中于记录一组人在一个时期的行为和观念。民族志研究的基本理念是，融入这一群体的文化，使研究者从群体成员的视角来看问题，能够更好地综合、深刻地理解群体的行为和信念。例如，聋人文化、自闭症儿童母亲的生活经验、少数民族地区的特殊教育等，都可以采用民族志研究的方法（吴春艳等，2015）。

除此之外，生活史、叙事研究以及行动研究，都是人文主义研究范式下的经典研究方法。总体来说，在质的研究中，主体的参与程度高，以参与式观察、深度访谈为主要的研究方法，它是研究双方互相交流的动态过程，将研究者本人作为工具，与被研究者进行实质性的接触，并给予其极大的尊重和人文关怀。整个过程可以随着研究对象本身的诸如动机、态度、情绪的变化而做出相应的改变。人不是机械性的，不是机器。正是由于研究者与被研究者的深入交往和长期互动，才能进入被研究者的角色，才能通过研究对象的眼睛认识其行为的动机和意义，才能使所要了解的东西更加真实可靠，从而对研究对象有一个比较全面的解释性理解。理解可以察知并重塑其他个体的精神世界，并发现他人主观世界的概念以及行动的原动力，可以在“你”中再次发现“我”，设身处地、感同身受，这不仅仅是理解，而且是分享或感知到了别人的生活。质是内在的，又外在地表现为各种具体特性，但不是各种特性的简单相加，就像格式塔那样，其本身即是多样性的统一，是整体性、关联性的存在。

(三) 多元化的研究范式

任何方法都不是万能的，由于特殊儿童心理现象的复杂性与特殊性，许多学者建议在研究中采用多元化的研究策略，即将多种研究方法结合起来使用。在心理学的研究领域中，虽然质的研究方法和量的研究方法仍然存在着对峙和斗争，但也有很多心理学家已经开始注意到质的研究方法的重要性和必要性，并努力打破量化研究一统天下的局面，尝试这两种方法的结合和融合。同时从方法学角度来开，质与量的研究并不是作为两个极端相互完全对立的，有不少研究方法，如调查研究、评估研究、纵向研究等，都横跨于两种研究方法之间。所以在特殊儿童心理与教育中同时使用质的研究和量的研究是完全可行的。

(四) 跨学科的研究视角

特殊儿童的教育是具有多功能结构的动态系统，其复杂性不仅体现在特殊儿童群体的多样性与差异性、特殊教育方式的丰富性，还体现在特殊教育系统内外、外部因素之间关系的复杂性。因此，研究特殊儿童的心理发展与教育支持需要采用跨学科的研究视角，即从特殊教育的立场出发，聚合多种学科观点对特殊教育进行研究，从而获得更加全面、深刻的解释。对此，何侃(2008)专门分析了特殊教育研究中，跨学科融合的典型途径：(1) 寻找焦点，建立融合，即运用两种以上的方法与观点分析同一个特殊教育问题；(2) 相互启示，挖掘共源。特殊教育通过“提问”为相关学科开辟了新的研究领域，相关学科同样把自己的问题提供给特殊教育，相互提供新视角和方法论，共同成长；(3) 扩大领域，灵活运用。以特殊教育问题为核心，将不同的学科范式在特殊教育研究领域内融合，为学科间的整合提供更多的可能性。值得注意的是，特殊教育研究引入跨学科视角的根本目的是提升研究水平，各门学科运用自己独有的视角解释其比较适宜的问题，深化特殊教育研究。因此，不同学科应是相互补充、相互借鉴的合作关系。

四、特殊儿童教育的四种历史观

（一）神秘主义

在古代，人们对特殊儿童有着特殊的看法，认为特殊儿童是一个危险的群体。因此，就用各种残忍的手段和工具对待他们。

1. 鬼魂附体

早期中国人、希伯来人和埃及人的文献都把人的古怪行为归咎于魔鬼附身，人们认为这些人的身体上某一部位潜藏着恶魔或者鬼魂。于是，相应的解决方法是驱鬼，例如，用火烧、在额头上钻孔试图让恶魔逃出来。另外，还有鞭挞、旋转、囚笼等身体处置方式，使当事人受尽苦楚。

2. 罪孽报应或惩罚

在原始且又野蛮的社会里，人们认为有一个主宰世界的罪恶之神。身体有缺陷的人，便是此神的杰作。残疾人的缺陷也是罪恶之神对这些人的报应。在史前至古代欧洲中世纪，人们为了不让这种罪孽存在，就借口天意，对他们进行迫害。19 世纪的纳粹德国统治者曾经以优生学的名义残酷迫害残疾人，犯下与种族灭绝性质相似的反人类罪。

（二）结构功能观

结构功能观可以追溯到远古时期。在古代，中国人和埃及人都相信心是精神之主，古希腊人相信大脑是一切行为的控制器官，也是生理疾病或心理障碍发生的原因。

如希波克拉底提出气质的体液说，他将人的异常行为归因于人体内四种体液（黄胆汁、黑胆汁、血液和黏液）的不平衡所致，并用各种方法治疗精神病人。例如，过多的黄胆汁会导致躁狂症，而过多的黑胆汁则会引起抑郁症，可以通过多种手段降低有关体液的水平，从而进行治疗。例如，平和生活、吃素、戒酒、锻炼和禁欲等都可以降低黑胆汁的水平。此外，加尔的颅相学、麦斯墨的“磁力学”和催眠暗示等等，都是从结构和功能的角度来看待和处置各类身心障碍的。

医学的发展正是继承了这样的一种模式，即生理结构所造成的功能缺陷只能通过生理结构的补偿或治疗才能达到功能的恢复。特殊儿童教育的缺陷补偿理论认为：

1. 有机体是一个统合的整体，当其中一部分发生障碍时，其他整体仍在运转。如：一个儿童在视觉方面有问题，但是身体的其他方面（如身高）仍在发展。

2. 中枢神经活动有很大的可塑性，某一器官受损，不能再生，但可以出现功能的某些重组和替代,使受损害的机能得到部分矫正和恢复。

3. 总体的看法可以用修理机器的比喻来概括:机器部件损坏了,可以替换;人的器官有缺陷,功能就出现障碍,而修补有关缺陷,就可以恢复有关功能。

(三) 人本主义心理观

人本主义心理观认为仅有结构功能的统合,特殊儿童只能达到简单适应周围环境的目的和有机体的自我保护功能,而不能完全达到统一和谐以及健康成长。特殊儿童的问题不是由生理或心理障碍本身引起的,而是生理、心理障碍对特殊儿童内在经验的影响所致。各种障碍不是源于体质与大脑,而是内在经验的丧失、价值感的虚无和尊严的丧失所致。特殊儿童天生具有向上的建设性力量,只有充分发挥他们的潜能,让他们体验到生存的意义和心灵的充实,才能达到完全统合。因此,必须用人道的方式对待特殊儿童,尽量满足他们的人性需求。

(四) 基本能力观

19世纪末,人们开始相信环境条件才是特殊儿童问题的根源。事实上,人们的兴趣开始集中于个人体验的意义及社会对家庭、学校的影响。基本能力观认为:

1. 人天生具有两种能力——认知与爱。这是人的天性,不光健康人有,特殊儿童也有。

2. 认知与爱的能力类似于弗洛伊德的快乐原则和马斯洛的基本需要。基本能力是人的积极性存在的一部分。

3. 由于每个人的躯体发生了变化,就会产生不同的特点。残疾人或心理障碍的人对周围环境有一种不安全感和怀疑感,而能力是和不安全感相伴随的。

4. 相应的策略是通过积极的家庭关系让其认识到障碍的存在,并且让其感受到变化的可能,接触到尚不自知的能力,恢复能力,实现自助。

五、发展思潮与趋势

(一) 身心障碍观:从慈善模式向权利模式的转变

所谓身心障碍观是指对特殊儿童发展异常现象的认识和观点。传统的慈善模式认为,身心障碍者是身体损伤的受害者,身心障碍是一种缺陷。身心障碍者没有能力帮助自己独自生活,是完全被动的社会救助对象。对特殊儿童而言,该模式关注的焦点是:儿童有无特别的照料和服务,强调应设置特别的机构或学校安置儿童,并给儿童提供特别的照料和救助服务。但随着人权运动的兴起，对特殊儿童认识和观念的变更，权利模式应运而生。权利模式认为身心障碍者作为一个完整的个体，应该拥有诸如生活质量、社会参与等多项权利。对于身体功能差异的人，应该给予什么样的支持，让其可以满足作为人的基本需求，这是社会环境与社会政策必须重视的问题。对特殊儿童而言，该模式关注的焦点是：儿童应有权利确定自己的需求，而要打破社会藩篱，促进儿童尽可能融入社区或家庭，则还需要全面的社会支持。

"培权育能"(Empowerment)作为一种积极的应对策略，源自对弱势群体工作批判性反思的结果，意指帮助个人、家庭、团体和社区提高个人的、人际的、社会的能力，从而达到改善自己状况的目的。特殊儿童康复"权利培育"的核心，一是通过教育（作为康复手段之一）增进知识、培养能力，使其从被动的弱者变成主动的强者，这样控制自己生活的能力会得到提高；二是通过提供支持性环境（如政策、制度与环境设计等），保障和促进特殊儿童康复权利的实现（何侃，2015）。

（二）康复模式：从医学模式向社会生态学模式的转变

所谓康复模式是指关于特殊儿童特殊性原因及其对策的观点。20世纪五六十年代以前，医学模式流行，该模式认为特殊性是由儿童内部的生理条件或疾病造成的。因此，多从医学角度清除儿童内部固有的不利条件，在教育上是帮助儿童适应周围的世界。但是，特殊儿童的特殊性仅有一部分是疾病或损害的结果，如聋是由于听力损害导致的，但是对许多轻度智力障碍儿童、学习障碍儿童、品行障碍儿童和情绪障碍儿童等，情况就比较复杂，这些"特殊儿童"的定义都兼有个人特点和环境因素的影响。以智力障碍儿童为例，一般人认为智力障碍是由于生命早期产生的大脑器质性损伤所致。其实，智力障碍是一种综合征，是由多种原因（不良的教育环境、经验剥夺、经济条件差等）所致的一种发展落后状态。

社会生态学把上述特殊儿童的特殊性理解为"儿童以极其复杂的方式与环境相互影响的结果"，把康复看作是恢复功能和权利的过程，这是康复服务理念的重大变革。特殊儿童是未来社会的重要贡献者，为其分配康复资源既是落实一项权利，也是实施一项投资。通过康复的过程，特殊儿童不仅能够恢复或者代偿部分的身体功能，更重要的是通过康复，可以提高其日常生活的能力，提升社会参与的水平，充分享有社会的教育、就业和其他社会生活权利。新的康复理念强调通过国家、地方政府以及全球性的努力来建设资源，并将特殊儿童的发展也作为重要资源，以提高特殊儿童的生活质量。

（三）教育理念：从个别化教学到个别化支持的转变

对特殊儿童传统的教育方式多局限于学校课堂背景下，强调对儿童的"矫治”和“改变”，即通过“正常化”特殊儿童，让其“恢复”到某个“正常”的标准并符合一般的社会要求。在教育过程中提出的个别化教学的概念，是为了配合特殊儿童相对落后的能力水平，对传统教材进行难易程度的调整，对课堂活动做个别化的安排，例如分层教学。但特殊儿童与普通儿童的差异性不单纯是发展的“量”与“度”的差异，在某种程度上也意味着“质”的差异，仅仅对教学活动做局部的改变或调整，远不能完全满足特殊儿童的教育需求，也不能为其提供适切的教育服务。而个别化支持的理念则将特殊儿童视作生活在复杂生态系统中的独特个体，基于儿童自身的经验、能力水平、发展需求，对所生活的环境进行系统、全面的优化和调整，打造从内到外全方位的支持体系。

具体来讲，个别化支持的教育理念要求从特殊儿童终身支持的视角出发，掌握每一个体的实际需要，对每一个儿童做高度个别化的生态评估，了解每个儿童独特的成长经历、生活环境、发展经验、能力水平、兴趣优势、职业需求，然后对儿童生活的家庭、学校、社区环境做系统调整，实现人与环境的双向支持。同时，将生活自理、个人卫生、人际关系、环境适应、爱好培养、休闲娱乐、职业养成等主题纳入支持内容，充分利用游戏、音乐、舞蹈、表演、律动、美术、科技辅具等多种支持形式，拓宽和丰富特殊儿童与他人和社会交往的媒介与路径，尽可能实现生活、工作、职业训练的贯通，让特殊儿童最终有机会、有能力在就业、休闲、亲密关系和家庭生活中享受生活的意义。此外，还要打造网络化的支持体系，包括建立完善的法律保障制度、提供强大的专业支持和有效的运行体系。

(四) 重视早期干预

大多数幼儿是在家庭的影响和教育下成长的。广义的早期教育(Early Education)主张及早地(从出生到入学前)对儿童进行教育和培养。早期干预(Early Intervention)指对0～6岁有障碍或存在障碍风险的儿童及其家庭提供系统的教育、保健等康复措施，目的是避免发展延迟、改善已有的障碍和预防增加新的障碍。最明显的例子是听力障碍幼儿的听力言语训练，如果能及早发现听力障碍儿童的听力损害，适时佩戴合适的助听器，充分开发剩余的听力并进行强化的听说训练，许多幼儿都可获得部分口语，部分可以完全获得口语并与听健人进行正常交往。

早期干预的趋势主要表现在以下方面：首先，在自然环境下开展早期干预，干预应基于活动。自然环境包括四个要素：场所、物品、人、活动。场所指儿童当前以及未来最常接触到的场所，比如家庭、学校、社区等。物品指物理环境中的物品都可以作为学习的工具，比如儿童喜欢的勺子或汽车标志。人是指父母、兄弟姐妹、其他亲友、邻居、教师等任何儿童可能接触并进行互动的个体。活动指任何能够引起儿童或家庭的兴趣，融入他们日常生活的活动或安排，如基本的自理清洁、休闲娱乐、社区参与等。早期干预应该借助于具有生活情境的游戏或活动展开。第二，以功能性的技能为目标，教育支持应使儿童最终有机会、有能力融入社会，因此教育干预应基于日常生活活动，以穿衣、洗漱、清洁、整理、购物、休闲、社交等功能性的技能为目标，而不是僵化、呆板的知识性学习。第三，儿童主导，关注儿童的兴趣和经验，利用儿童感兴趣的材料和活动，激发儿童的动机，促进目标行为的达成。第四，教育者是儿童身边熟悉的人，不仅包括家长，还包括兄弟姐妹、亲友、邻居以及社区服务人员等儿童可能接触到的所有人，他们可以为儿童提供丰富的社交机会和社交经验，是早期干预中重要的人际资源。

（五）强调团队协作的服务模式

特殊儿童教育需求的复杂性，要求教育服务的多样性。随着"一站式"服务模式的推行，团队协作的重要性日益凸显。具体来讲，特殊儿童的教育服务需要来自家长、教师、治疗师、政府部门等人员的团队协作。政府部门为特殊儿童家庭提供法律和政策的咨询服务。学校教育机构包括公立、私立以及为儿童提供专业学术服务的机构。医疗评估和诊断机构主要是医院、大学下设的自闭症研究中心或者临床诊所，为特殊儿童及家长提供诊断和功能性评估，并为他们提供心理学家、精神病学家、儿科医生、社会工作者等专业人士的咨询服务，主要面向机构和家庭。康复和干预机构包括生物医学、临床和应用研究，为特殊儿童提供早期干预服务，比如言语语言治疗、物理治疗、音乐治疗以及生活、出行方面的适应性设备和相关技术支持等服务。信息服务机构主要是非政府性机构，为特殊儿童家庭提供信息和咨询服务，以及为这些家庭提供必要的志愿者服务支持。社区服务则为特殊儿童家庭提供短期寄宿服务，如喘息服务。这些专业以及非专业的服务团队需共同参与儿童的评估、个别化方案制订与实施、效果评价以及支持系统建设，根据儿童及其家庭的需要提供个别化的支持服务。

（六）通过融合教育实现社会融合

1994 年 6 月，联合国教科文组织在西班牙萨拉曼卡市召开了"世界特殊教育大会"，颁布了《萨拉曼卡宣言》，提出了"融合教育"（Inclusive Education）理念，主张普通学校的教育要面对所有的学生，无论他们有何种障碍，障碍程度如何，都不能做歧视性的区分和安置。也就是说，教育应满足所有儿童的需要，每所学校必须接受服务区域内的所有儿童入学，并根据儿童自身的特殊需要提供个别化的教育服务。

《萨拉曼卡宣言》提出了融合教育的五个原则：

(1) 每一个儿童都有接受教育的权利，必须有获得可达到并保持可接受的学习水平的机会。

(2) 每一个儿童有其独特的个人特点、兴趣、能力和学习需要。

(3) 教育制度的设计和教育计划的实施应该考虑到这些特性和需要的广泛差异。

(4) 有特殊教育需要的儿童必须有机会进入普通学校，而这些学校应以一种能满足其特殊需要的以儿童为中心的教育思想来接纳他们。

(5) 以融合为导向的普通学校是反对歧视态度、创造受人欢迎的社区、建立全纳性社会以及实现全民教育的最有效途径。此外，普通学校应向绝大多数儿童提供一种有效的教育，提高整个教育系统的效率并最终提高其成本效益。

与一体化教育或回归主流相比，融合教育的内涵和范围更广泛。融合教育基于学校背景的社会融合努力，特殊儿童教育的最终目标是使他们融入社会生活。换言之，融合教育是手段，是途径，社会融合是目标，是目的。这就启示我们，要实现社会融合的最终目标，需要学校教育系统的努力，当然还需要家庭以及整个社会的参与和支持。日本的特殊教育支援法就是以特殊教育支持系统的建设作为中心任务，而并不是局限于学校的课堂教学。

建设以儿童和家庭为中心，基于社区、基于协作的专业化的特殊儿童社会服务系统，是实现特殊儿童社会融合的关键所在。家庭是儿童“所来”之地，社区是儿童“将去”之所。重视家庭的重要作用，为家长赋权，对家长进行专业培训，从过去对儿童的支持转向对整个家庭的支持，使家庭获得持久发展的动力，最大限度地提升特殊儿童的能力水平。社区康复因其方便、快捷、经济，有利于回归家庭和社会，成为普及康复服务的基础和主要形式。因此，发展建立在社区服务基础上的社区康复，不仅可以有效整合资源，提高康复服务的可及性，让儿童在自然的“生态系统”内学会必要的技能，使得成年后有能力获得支持性的就业，甚至独立生活，同时这个支持体系也改善患者家庭的生活质量，并极大地缓解经济压力和社会压力(苏雪云等，2014)。当然，社区康复的实施，有赖于特殊儿童及其亲友、特殊儿童所在的社区以及卫生、教育、劳动就业、社会保障等相关部门共同努力。我国也在努力践行“以家庭为中心，以社区为本位”的障碍人士康复模式，这必将对特殊儿童的心理发展与教育产生重大的影响和深远的意义。

思考与练习

1. 简要回答特殊儿童心理与教育的对象。
2. 如何看待特殊儿童的标签化问题。
3. 简述特殊儿童心理与教育的研究方法。
4. 简要回答特殊儿童心理与教育的历史发展。
5. 论述特殊教育的发展思潮与趋势。

推荐阅读

盛永进. 特殊教育学基础[M]. 北京：教育科学出版社，2011.

盛永进. 特殊儿童教育导论[M]. 江苏：南京师范大学出版社，2015.

何侃. 特殊儿童康复概论[M]. 江苏：南京师范大学出版社，2015.

何华国. 特殊儿童心理与教育[M]. 台北：五南图书出版股份有限公司，2004.

第2章　特殊儿童的评估

1. 掌握特殊儿童评估的定义、标准及要求。
2. 了解特殊儿童评估的重要性、评估方法。
3. 理解特殊儿童心理症状，并能进行鉴别。

确定一个儿童是不是特殊儿童、是哪一类特殊儿童、有什么特点等，是一件既严肃又复杂细致的工作。有一些特殊儿童有明显的外表特征，可以用目测来判定，例如先天智力障碍儿童面部有典型的特征，先天性无眼球致盲的视觉障碍儿童可以一眼看出，但要进一步了解其病因、身心发展特点和发展水平却不是一眼可以看出的。对于轻度智力障碍、重听、低视力、情绪障碍等儿童的确需要进行科学的检查和测验。不经过准确鉴别和判定一个儿童的特异性并仔细分析，那就很难客观地说明该儿童属于什么范畴，也就很难有针对性地对其进行教育。

一、定义

对特殊儿童的评估是指采用各种测验和其他测量手段搜集特殊儿童的大量信息和资料，并通过对这些信息和资料的分析、解释、推测和判断，推断出特殊儿童的能力现状、优势劣势、发展目标以及需求，确定特殊儿童的特异性。对特殊儿童的鉴定、诊断、评价、判断，是为了对他们的教育干预做决策。

从特殊儿童评估的目的和在特殊教育过程中所起的主要作用来看，特殊儿童评估可粗略地分为三大类型：筛查性评估，诊断性评估和终结性评估（赵华兰，2011）。筛查性评估是以筛查特殊儿童为目的，一般用于确定某个地区或学校没有与总体相比存在心理发展显著偏高或迟滞的儿童。对于“高危儿童”，要对他们进行密切的关注，转介到专门机构做进一步的评估——诊断性评估。诊断性评估是进行教育诊断和评估的手段，它的目的与功能是通过收集有关资料来确定特殊教育的对象、培养目标和方案。例如，确定哪些儿童属于特殊儿童，具体属于哪一类型的特殊儿童，应安置到什么环境中接受特殊教育等；终结性评估也称后置性评估，主要用来评价某一阶段或特殊教育整个过程的教育效果以及是否达到预定的教育目标。

当前，使用最广泛的两大评估系统是美国精神卫生协会的《精神障碍诊断及统计手册》（*Diagnostic and Statistical Manual of Mental Disorders*，DSM）和世界卫生组织的《国际疾病分类》（*International Classification of Diseases*，ICD）。此外还有教育实践和临床工作者常用的个案评估、生态化评估等方法。

二、评估的重要性

（一）正确判断特殊儿童对于特殊教育学科发展有理论意义

正确决定研究对象，特殊教育才有存在的前提。如果因鉴定错误使特殊教育的对象与普通教育的对象完全相同，那么特殊教育就不存在了；即使存在，工作也会出现偏差，失去科学性。

（二）对于特殊教育事业发展和特殊儿童本人有巨大的实践意义

从特殊教育事业的发展角度来看，确定一个儿童是特殊儿童，这仅仅是一系列新的工作的开始。这种鉴定的数量统计为教育行政部门发展特殊教育的规划提供了依据，有助于落实特殊教育的相关法律法规。如，2014 年发布的《中国特殊教育提升计划》指出，根据残疾儿童身心特性和教育规律，重新构建适合残疾学生的课程体系，同时根据残疾儿童少年轻、中、重障碍程度的不同，采取普通学校随班就读、特殊教育学校就读和送教上门等安置方式。《第二期特殊教育提升计划(2017—2020 年)》进一步提出“建立由教育心理、康复、社会工作等方面专家组成的残疾人教育专家委员会，健全残疾儿童入学评估机制，完善教育安置办法。”

从特殊儿童自身发展的角度来看，科学有效的评估意义重大。一方面，评估结果能够帮助特殊儿童选择合适自身情况的教育，突出了特殊教育的适应性原则。另一方面，评估也是促进特殊儿童顺利转衔的前提和基础，对特殊儿童的各方面情况进行科学评估，评估出儿童现有的能力、新环境对儿童能力的要求、家庭的需求、应该努力的方面等，和家长、新学校的教师共同拟定儿童转衔的目标并制订转衔计划，并根据这个目标和计划实施教育介入，从而帮助儿童顺利转衔以适应新的环境。再者，评估也能够促进教师和家长充分参与特殊儿童的教育活动。许多国家立法把家长参与特殊儿童教育评估确定为家长的基本权利和义务，根据法律，在特殊儿童教育计划的制订和修改过程中，家长要提供相应的家庭生活信息，并以自己的角度提出意见和看法；在计划的实施过程中，家长一方面要配合学校实施计划，承担计划中辅导和训练的任务，另一方面又要以监护人的身份，为计划的实施提供监督；在计划的效果评价与总结过程中,家长要参与孩子的教育计划制订和实施(杨娟,2011)。

三、评估的要求

为了严肃、慎重地做好评估特殊儿童的工作,应努力实现下列要求。

(一) 评估的客观性与个别化

家长和评估人员都不应事先做出主观判断,或认为这个儿童有问题,或认为这个儿童没有问题。一切结论要产生在全面评估、分析之后,而不是在评估之前。主观、带有感情色彩的判断会使搜集材料、检查、分析和总结失去客观性。同时,每个特殊儿童都有自己的特殊性,集体或小组的活动可以起到筛选作用,评估者也可以观察到该儿童与其他儿童的关系和交往状况,但真正为判断所需的材料还是要个别搜集、个别检查(叶立群,1995)。

(二) 评估的真实性

评估要在儿童日常生活中(家庭、学校、社区),由儿童熟悉的人员(家人、教师)系统、多次观察和记录儿童在日常生活活动中(吃饭、上学、休闲)自然表现出的行为和发展水平。教育评估强调真实性,来自学界对传统的标准化常模评估方式种种弊病的反思和批判。

(三) 评估材料的全面性与准确性

对一个儿童的检查和鉴定要考虑到儿童各个方面的情况,要考虑各个方面的发展变化,要对所有材料进行综合的全面分析,绝不能只检查某一个方面或某一种心理活动,更不能只用一种材料和检查就分析得出结论。同时应保证全部材料是准确的。不管是儿童发展中的材料、家族史、个人成长史的材料,还是身体、医学检查、心理检查和学习作业的材料,都应能反映出儿童的真实情况,而不要用笼统的猜测性材料。为保证评估的准确性,可以延长观察和分析时间,千万不能臆想或编造事实。

(四) 评估方法的科学性

要使用经过实践检验、对当地和这类儿童有效的科学方法来检查,否则得到的结果不会准确。检查的方法和工作最好是标准化的,应该由受过专门训练的人来实施,而不应随便由任意一个人使用任意的方法来检查。方法、工具本身以及对方法、工具的运用都应是科学的。

(五) 凸显评估的教育应用

特殊儿童评估只是手段而不是最终的目的,它应该是教育的起点。过去,对于特殊儿童的评估,往往以医学治疗与病理分析为基础,而对于特殊儿童的个别教育需要,未做深入的分析,更无助于教学。有的甚至只是“为评估而评估”,评估与干预、康复和教育脱节,有的甚至给儿童贴上不适当的标签,使家长和儿童的心理蒙上终身的阴影。近年来，特殊儿童评估工作，逐渐趋向于以“教育”为导向，注意力集中到了研究特殊儿童究竟有什么样的特殊教育需要，如何去适应他的这种需要上来。作为评估人员，应该着眼于特殊儿童个别内在差异性分析，以具体把握每个特殊儿童学习的潜能与长处，缺陷与不足，进而扬长避短，有针对性地制订个别教育计划，因材施教。

（六）重视评估伦理

为保证研究人员对儿童主体性的尊重以及权益的保护，评估中的伦理问题日益引起学界的关注与重视，主要包括以下几个方面：第一，评估需保证儿童及家长的知情同意权。知情同意被定义为一个过程，家长在了解决定参与评估所需的所有相关信息之后，自愿表达同意儿童参加评估的意愿。知情同意由书面的、签有姓名和日期的知情同意书进行证明。强调家长的知情同意权，主要目的在于通过赋予教育机构及其评估人员相应的告知义务，使家长清楚了解孩子即将面临的评估（如资料搜集方式、评估方法、评估意义等），让家长在权衡利弊后，对评估人员所拟订的评估方案做出同意或不同意的自主决定，从而维护特殊儿童的切身利益。第二，尊重评估儿童的人格。一方面，为评估对象安排适宜的物理环境，最大限度减少评估中无关因素的影响，如评估场所要安静、整洁、光线充足、通风良好，尽量避免被打扰；另一方面，为评估对象设置轻松的心理环境，与评估对象建立良好的人际关系，营造轻松的心理氛围，消除紧张、抵触情绪，在真实自然的心理状态下开展评估。第三，恪守信息保密原则。评估人员在进行评估活动中，会获得评估对象大量的个人资料，如评估对象的一般医学检查资料、疾病史、相关心理测验信息以及家庭状况等，而这些情况，如果恰恰又是他们不欲为外人所知的内容，假如评估人员不遵从保密原则在社会上传播扩散，不仅会使评估对象身心、名誉等受到相应的损害，更有悖于评估人员的职业道德，甚至会受到法律的追究。因此，评估小组在评估进行之前，要对本组成员进行保密教育，提高保密观念，增强保密意识，知悉保密原则和保密制度，高度自觉地遵守保密要求，为维护当事人隐私自觉地履行义务（赵华兰，2011）。

四、评估的标准

特殊儿童的非典型发展是一个统计概念，因此，对特殊儿童的评估只有相对标准。常见的标准有社会文化标准、发展标准、症状标准和经验标准。

（一）社会文化标准

社会文化标准是特殊儿童发展研究中最为流行的一种判断方法，即认为异常是指对社会文化常规模式的偏离。纵观社会文化发展历史，可以看到，在每一种社会文化条件下都有相应的儿童价值观和行为规范，如果儿童表现与之相左，就会被认为是发展异常。如在中国传统的社会文化中，多认为女孩应该文静、内向、被动，男孩应该粗犷、外向、主动，这些性别期望观念反映出社会成员比较一致的看法。哪位女孩子从小显得粗犷、主动，或是男孩表现得太柔弱、被动，就会被认为是发展异常。

社会文化标准还反映在国家、地域以及环境的差异方面。例如，美国社会文化中的儿童表现出的武断、侵犯行为多不认为是异常，而表现出沉默、循规蹈矩的儿童则会引起社会的关注，这与我国儿童发展教育观念迥然相异。在地域文化习俗文面，也存在不同的标准，如维吾尔族的儿童吃"手抓饭"是常见的膳食习俗，而汉族的儿童用手抓饭会被认为是饮食卫生习惯不良。环境标准更是显而易见，如在数学课上突然大声歌唱，或是在愉快的同伴游戏中退缩、缄默，都会被认为是情绪行为异常。

社会文化标准不是一成不变的，它会随着社会的发展、人口的变迁与价值观念的变化而有所改变。比如咬指行为曾被认为是严重的病理心理症状，当今社会则认为它相对无害；手淫在 19 世纪曾作为一种精神疾病类型，当今不仅不再认为是一种问题，而且认为是一种健康促进行为，它缓解了青春期带来的生理压力，这种认识有益于青少年从根本上解除自慰后的罪恶感，从而能正确对待它与控制它。

(二) 发展标准

儿童正处于迅速生长发育的时期，判断是否发育正常必须以正常发展标准作参照系，即以儿童身心发展的正常序列与速率来作标准。发展标准是多数有经验的教师所熟悉的一种判断方法，比如一年级教师熟知 6～7 岁的儿童可以通过正确指导学会 10 以内的加减法，而到了 8 岁孩子仍不会区别 6 和 9 哪个大，就判断他可能存在异常发育倾向。发展标准并不为儿童家长所熟悉，尤其是那些初养孩子的年轻父母，他们常常为 8 个月龄的婴儿还未出牙而着急，或为 1 岁的孩子还不会走稳路而担忧。当然，对 1 岁的孩子还坐不起来的表现就应该严加关注，因为它比正常发育标志过于滞后。正常发展标志也是一个统计学概念，它是群体儿童的一个相对率。如调查得出，在 6.5 月龄的婴儿中只有 50%才能够独自坐稳，到 9 个月时才能达到 95%。对某一个体儿童而言，有时可能正处在"标志"外的那不幸的 5%，但不一定是异常发展。比如，一个身材矮小的儿童可能是遗传所致，而不是发育迟缓。这一点让家长们理解尤为重要。在家教咨询门诊中，经常有来访的家长"引经据典"，申诉自己的孩子与书中的"标准"不一样，如果他们了解了这种标准的相对性，问题多会迎刃而解。

（三）症状标准

症状标准是临床医师们常采用的一种方法。发展异常的儿童会表现出一些特殊症状，如异食、缄默、多动、自伤等，应用此项标准判断儿童是否发展异常比较“保险”，且能被家长接受。但问题是有些孩子的表现不典型，特别是被家长带到咨询门诊来时，常常不出现异常症状，这就增加了判断的困难，反映出症状标准的局限性。为了克服这种缺点，可以在儿童生活的自然情境下进行反复多次的观察与评估，或是用“症状量表”由教师或家长在学校或家庭等自然环境中进行个性化的评定。

（四）经验标准

即根据专业人员或教师以及家长个人的经验与观念来判断孩子是否发展异常。表面上看，这种方法未运用统计学概念，未量化、不科学，但实质上统计学的概念仍隐含在个体的经验中，评定者正是根据自己经验中的“百分比”来判断孩子的问题的。有调查表明，班主任可鉴别出75%的学生行为问题，如有专业人员的指导，可达95%。经验标准存在着严重的缺陷，因为它深受评定者知识结构、人格特质、价值观和教育观的影响。在实际生活中，有不少所谓的“权威判断”给原本正常的孩子贴上异常的标签。目前提倡的做法是，让数位专家作“单盲”（即在评前不知孩子原诊断）评定，再以平均值来确定是否异常。

上述四项标准都要使用统计学的概念与方法，因此，“统计标准”是判断异常发展的一个基础标准，此外，还要考虑异常行为发生的频率、时限和是否具有突变性。频率高、时限长、突然改变的异常行为应引起高度关注。

五、评估的方法

各国对各类特殊儿童所使用的评估方法不全相同，科学的发展也使评估的新方法、新仪器、新工具、新手段不断出现。各方面的检查和测验是了解情况、搜集材料的一个途径。

（一）医学检查

医学检查是对残疾儿童的最初检查。对于视觉、听觉、肢体等方面的损伤，眼科、耳科、骨科等方面的医生各有一套科学的检测方法，如眼科医生除了采集病史和眼科常规检查外，还要用各种视力表做远视和近视检查、屈光检查、对比敏感度检查、视野检查、色觉检查、立体视觉检查等。对视觉障碍者的检查通常最重要的是视力和视野两项检查，这两项检查的结果是确定该视觉障碍儿童是盲、低视力或是正常的主要依据。

对于听觉障碍者，耳科医生除常规耳部检查和采集病史外，还要进行听力检查。使用的方法有简易声音测验、行为测听、纯音测听、语言听力测查、声阻抗测听、电反应测听等。对婴幼儿多用玩具和行为测听，4～5岁后可逐步使用纯音测听。对于各个年龄组的人都可用客观测听的ERA(电反应测听)的方法。测听时要注意，一次性的测查结果有时不能客观反映儿童的真实情况，要进行必要的复查和综合分析各种材料，以便得到正确的结果。

对于听觉、视觉的检测除了用医院专门的仪器外，还有一些简易的"土"方法可以作为初步判断和筛选用。例如，把人民币的5分硬币(直径约24 mm)放在儿童面前4米处的深色背景上，儿童如看见，则视力等于或优于0.05，如看不见，则视力低于0.05，即可疑为盲。听力检查亦可用在儿童背后提高声音喊儿童名字的方法，但注意不要让儿童感到发出声音的气流(常用硬纸或其他物品遮住口)，观察儿童对喊声或带响乐器的反应。人的喊声可达到60～70分贝，较高的喊声可达80分贝以上，通过语声检查可大致判定听觉障碍儿童的听力损失情况。

对于肢体残疾儿童，除外观可以看到解剖上的缺陷以外，还要做多项功能的检查，如用手法或器械法(例如使用握力计、捏力计、等速测力器等)做肌力检查，用传统的量角器法或方盘量角器测量法等方法来检查关节活动度，还可进行步态、肌电图、日常生活能力(轮椅、自理、行走、上下楼梯等)检查。

(二) 心理与教育方面的评估

心理和教育方面的检查一般使用智力测验、社会生活能力测验等方法，特别是对智力落后的儿童。在1987年全国残疾人抽样调查时，我国规定了智力障碍的评估分为测验法和评定法两种。测验法是用智力量表，按测得的智商高低进行智力评估；评定法是用评定量表，按适应行为能力高低评估。最全面的评估是两种方法同时使用。测验法分筛查法和诊断法。前者可由稍加训练的人员使用，后者要由专业人员使用。

常用的筛查法包括：丹佛智能筛查法(Denver Developmental Screening Test，简称DDST)，即发育筛查法，适用于0～6岁儿童；丹佛智能筛查法(修订版)(DDST-Resvisior，简称DDST-R)适用于0～6岁儿童；丹佛发育筛查询问表(DPDQ)适用于0～6岁儿童；画人测验，适用于4～12岁儿童；皮博迪(Peabody)图片词汇筛查试验，用于2岁以上儿童；简易儿童智力筛查法，适用于6～16岁的儿童，此法简称"40项测验"；50项测验(学前儿童入学测验)，适用于4～7岁儿童，包括运动、常识、记忆、视觉、听觉、思维、语言等多方面的能力，简单易行。

常用的诊断法包括：斯坦福-比纳智力量表(Stanford-Binet Intelligence Scale)适用于2岁到成人阶段的人群；盖塞尔量表(Gesell Scale)适用于0～3.5岁儿童；贝来婴儿智力量表(Baptey Scale of Infant Development)适用于

2～30个月的婴儿；卡特尔婴儿智力量表(Catall Intelligence of Infant)适用于2～30个月的婴儿；韦氏幼儿智力量表(修订版)(Wechsler Preschool and Primary Scale of Intelligence)适用于4～6.5岁儿童；儿童韦氏智力量表(修订版)(Wechsler Intelligence Scale for Child)适用于6～16岁儿童；韦氏成人智力量表(Wechsler Intelligence Scale for Adult)适用于成人；成人智能评定量表，适用于15岁以上成人。

智力测验发展的一个新趋势就是特殊化智力测验的编制，因为特殊儿童的障碍问题，一般的智力测验根本无法实施，所以需要根据特殊儿童的特点编制一些特殊化的智力测验。其中哥伦比亚心理成熟量表(CCMS)、Hiskey-Nebraska学习能力倾向测验(HNTLA)、非语言智力测验(TONI)等最为著名。这些特殊化的测验主要测量视觉推理，对言语没有什么要求，可对聋童进行测试。但专门适用于盲童、情绪障碍儿童的智力测验仍然很少，也缺少对智力落后儿童进行区分与诊断的工具。

社会生活能力的测定除了面谈、直接观察和向有关人员了解以外，一般可使用标准化的记分表。适合中国情况的有以下几种测定表：社会功能缺陷筛选表，由世界卫生组织(WHO)制定，在我国已证明可行和有参考价值；社会能力评分表；社会交往测定表；老人社交情况问卷表；儿童社会生活技能测定表(适用于6～12岁儿童)，内容为6个项目，即语言交往技能、礼貌、与同学玩耍情况、参加集体活动情况、与家人相处情况、对老师或长辈情况，每项按良好、中等、较差、极差分等记分；美国智力缺陷协会(AAMD)的社会适应行为量表也已被译成中文，但尚未进行中国标准化的工作，仅可供我们参考；美国杜尔的《文兰社会成熟量表》(*Vineland Social Maturity Scale*)把儿童的社会行为发展分为八个方面，即一般自理能力、饮食自理能力、穿着自理能力、移动能力、作业能力、言语交往能力、自我指导能力、社会化能力，可适用于出生后至25岁人群，共117个项目。

在教育与心理的检查中，对于特殊儿童的言语情况、智力发展水平(特别是认识活动能力)、接受指导和学习的潜在可能性、与人接触的能力等要更加注意，这对特殊儿童以后的学习和潜能发展有重要的意义。

(三) 评估方法的新进展

1. 动态评估

动态评估的提出建立在对传统评估方法(即静态评估)批判的基础上。传统评估更多地关注结果而不是学习的过程，评估不能测量出个体对教学的反应，也不能为教学提供信息(王小慧等，2005)。动态评估则主要来研究儿童的学习潜能，Swanson(2001)将动态评估定义为通过施测者的帮助使得儿童的行为表现发生改变从而了解儿童的学习潜能的过程。David(2000)将动态评估看作为对思维、感知、学习和问题解决的评估,在此过程中加入积极的教学过程以改变学生的认知功能。这两种定义都提出需要将帮助或者教学指导融入评估的过程之中。

动态评估这一评估新方法,在评估内容、评估实施以及结果解释等多个方面超越了传统的评估方法。主要表现为以下几个方面:

(1) 评估双方角色与关系的改变

被评估者(即学生)的角色变化最为明显。在静态评估中,学生只能被动地对测验题目做出反应,而在动态评估中学生成为主动的信息加工者。动态评估可以充分调动学生进行认知加工的主动性和积极性。评估者和被评估者双方在评估的过程中不断进行着信息的传递、交流,形成一种合作关系。由于双方关系变化,评估情景更加自然,更加注重情感的交流以及双方的互动,从而可以消除评估时的紧张气氛,减缓考试焦虑,为学生提供支持性的学习环境。

(2) 评估内容的改变

动态评估可以测量出学生的学习潜能。而静态评估主要测量学生现有的能力水平。测量儿童的发展潜能和测量现在所达到的水平同样重要。在对学生进行评估的过程中,给予提示和没有提示两种条件下,学生的反应会存在差异。在给予相同的提示之后,不同的学生也会表现出不同的行为反应,提示对不同的个体产生不同的效果。学习潜能可以通过这两方面的差异表现出来。学习潜能可以更好地预测学生未来的发展情况。

(3) 评估实施的改变

动态评估与静态评估最大区别就在于评估过程中是否有反馈或帮助。Bolig(1993)提出动态评估的支持方式主要有三种:① 直接提供全部指导;② 根据任务的内容只是提供部分提示;③ 仅仅在儿童遇到困难时给予提示。这三种方式的差异主要体现在评估者提供帮助的程度。Swanson(2001)总结出帮助学生从失败走向成功的四种方法:① 改变测题格式;② 提供更多的尝试次数;③ 提供成功解决问题的策略;④ 逐渐给予更多的线索、暗示或提示等。可见帮助的形式和方法多种多样,需要结合评估的内容和被试的情况等制订出帮助的方案。而在静态评估尤其标准化测验的实施中不允许对儿童有任何提示,严格按照指导语进行评估,评估者除了讲解指导语外与学生之间几乎没有信息与情感方面的交流。

(4) 评分方法以及结果解释的改变

传统的教育评估中一般对于整个测验只是提供单一的测验分数,对于每一测题的回答仅有对错之分，这种评估结果过于笼统，不能客观地评定出学生的认知能力。动态评估的评分方法则完全不同于静态评估，可以根据被试所需要的提示的性质和数量确定评分准则。林秋荣总结了以下四种计分方法：① 后测分数；② 累加儿童前测与后测答对的题数；③ 累加儿童答对不熟悉的题目所需的提示量与重复尝试的次数以决定其学习潜能；④ 应用项目反应理论更精确估算儿童的学习潜能。采用这种评分方法所得的分数更具敏感性，能够敏锐地测量出学生在评估者的指导下所发生的认知改变。

李坤崇(1999)提出，动态评估将教学与评估相融合，形成了"在教学中评估，在评估中教学"的教育模式。动态评估的结果解释能够为教师提供更为丰富的信息，使得教学、评估以及干预支持紧密结合在一起。

2. 表现性评估

表现性评估就是要求学生实际完成某任务或一系列的任务，如编故事、演讲、做实验或操作仪器等，从中表现出他们在理解与技能上的成就。将此方法应用于特殊教育评估可以促进新学知识与情景的结合，评估学生的学习过程以及解决问题的合作性等。对特殊儿童使用表现性评估有下面几个优点。

第一，避免使用阅读、写作上的能力来完成任务。因为这些儿童一般在这两方面的能力都很差，但他们有自己的优势，同样可以很好地完成一定的任务。以画地图这一任务为例，有些儿童可以充分地发挥自己的特长，在教师的指导下完成任务，这样可以增强学生的自信心。

第二，任务的完成没有严格的时间限制。它不像传统的纸笔测验那样严格规定时间，通常规定一个完成任务的期限。对多动症儿童来说，要让他们集中注意力，在 40 分钟内完成任务是很难的，期限的规定可有利于学生完成任务。

第三，可促进学校将学生所学的知识与实际生活相联系。如将数学计算与购物结合起来，可以提高学生适应社会生活的能力。

第四，可激发学生的兴趣。设计良好的任务可充分调动学生的兴趣与好奇心，这样会使他们更加积极地投入任务的完成中去。行为表现评估要求学生能分析、综合所学的知识并应用于实际生活中去。这对普通儿童来说都是很困难的，更不必说特殊儿童了。但关键还在于教师如何根据儿童的身体情况、认知发展水平、学业进展情况等来制定适合于个体的任务。

3. 以课程为基础的评估

这种方法就是直接观察并记录学生在某课程上的表现，并以此为基础收集信息从而作出教学决定。这种方法强调学生学业上的困难并不是学生的问题，而是教学上存在着问题，关键在于教学方案的改进，它在特殊教育中的应用有三个特点：

第一，评估与教学相连贯。因为它遵循所测即所学的原则，评估紧扣所学的课程内容。对特殊儿童来说，使用智力测验或标准化的成就测验似乎没有多大的意义，因为这些分数不会体现学生的学习进展情况。只有结合所学课程的具体内容，评价学生在哪些知识点上存在何种问题，才能充分利用评估的结果指导下一阶段的教学。

第二，经常进行评估，可以反映出短期内的变化。特殊教育中一般每周进行两次以课程为基础的评估。同时描绘出学生学业进展图，分析短期内学生所取得的进步，或者分析学生达不到预期目标的原因，可以及时改变教学计划或采取补救措施。

第三，满足融合教育工作的需要。接受融合教育的儿童，对他们进行评估时，尤其需要这种方法。因为无法将他们的成绩与同班学生进行比较，只能与学生自己的过去相比。通过进展曲线就可以了解学生在某一课程上所取得的进步以及教学的有效性。

4. 档案袋评估

这种评估就是有目的地收集学生的作品，它们可以体现学生在某一或更多领域内所付出的努力、取得的进步以及成就。这一收集资料的过程必须让学生参与选择所要放入作品集的内容并确定评价标准，旨在了解某一技能的掌握情况或在某些内容领域的表现，而这些重要的信息是仅通过单一的测量所不能得到的。

对特殊儿童进行档案袋评估具有以下几个优点：

第一，可以直观地显示出学生的进展情况。通过录音、图像以及学生的作业，可以看出学生口头表达能力、绘画能力以及书写等方面的发展水平。对特殊儿童来说，作品集所提供的信息量远比单一的学业分数多。因为作品集本身就体现了所要评估的内容，更为形象地展现了学生的学业进展。

第二，可以发挥特殊儿童自我评价的能力。儿童可以参加到整个评估活动中，首先是作品的收集与汇总，然后反思自己的作品集，这就是一个自我评价的过程。

第三，促进教师与家长的沟通。教师在与特殊儿童家长进行交流时，不能像对待普通儿童那样，仅仅提供平时成绩或期末考试的成绩，因为这些单一的分数不能给家长提供任何有价值的信息。但是通过作品集，家长就可以很直接地了解儿童在校的表现、各门功课的学习情况，这样可以为学校与家庭进一步的合作提供良好的基础（王小慧等，2001）。

5. 生态化的评估

杨广学等(2014)以自闭症儿童为例，提到了特殊儿童整合式的评估方法。整合式评估强调评估是发展的、系统的，既包括儿童能力的评估又包括环境支持的评估。通过整合式的评估来为每一位特殊儿童制定促进其全人发展的个别化干预方案。

第一，儿童能力的评估。在对儿童能力进行评估的过程中，需要关注他们的感知-运动、认知-思维、情感-社会、语言-交流、职业和生活适应等主要领域，重点了解儿童的潜能、优势和特长。对于多数特殊儿童而言，尽管存在各种影响其发展的不利因素，但这些并不妨碍对他们优势能力的挖掘。当然，这个过程是发展的，即不是静态的，确定自闭症儿童的问题与干预方案，是与干预密切联系、反复推进、不断深化的决策过程。通过系统观察、访谈、表现性评价和成长记录袋等方法，不断分析儿童的优势和因材施教的条件，以优势能力领域为突破口，促进儿童的身心发展。

第二，环境支持的评估。特殊儿童的状态和功能水平与生态环境的很多要素直接或间接相关联。很多时候他们所表现出来的障碍，既有本身的功能残疾因素，又与环境设置的障碍或者支持不足有关。尤其是人际关系、人群的符号使用、各种文化成见等会对特殊儿童的发展造成巨大压力。除了对儿童个体的功能性和发展性评估之外，还应当对个体与环境(如家庭、学校和社区等)的相互作用进行评估，将个体放在社会文化和生态环境中，对其生活世界的意义形成深切的理解，才有可能对他们的问题、出路和可用资源，作出切合实际的判断。

环境支持的评估具备以下特征。第一，评估地点的灵活性。生态环境的评估应当以儿童当前和未来可能接触到的各种环境为主。包括家庭、学校和社区中可活动的区域，如教室、食堂、商店、工作场所、休闲娱乐场所等。通过评估去挖掘更多的环境及活动，鼓励儿童积极参与其中。第二，评估结果的准确性。评估一般是在特定的场合与特定的个体发生交往时获得儿童的重要信息，但这些评估并不能推广到其他不同的情形中，评估结果的成功适用范围取决于该评估中所考察的环境因素。通过环境生态化的评估，了解儿童在家庭、学校和社区中的行为情况，以便使环境支持更具有针对性。第三，评估的个别化。环境支持评估强调的是干预使特殊儿童在生态环境中获得最适合的发展，注重与增进个人的能力。第四，评估的支持性。在对环境进行评估的过程中不仅侧重于确定儿童在某个特定环境里所需的各种技能，更强调如何提供支持和帮助。

6. 基于意义表达的评估

在特殊儿童评估中，以理解和表达能力为基础的这些标准化的测验形式较客观，具有较高的信效度。但是，这些测验为有阅读障碍、语言障碍或其他障碍儿童的评估带来一定困难，单一地使用这些测验可能低估他们的实际能力，这些测验也不能有效反映特殊儿童的心理状态。而绘画、音乐、运动等基于意义的表达性艺术形式，因其直接性、原初性以及直观性，成为近年来特殊儿童评估中的新兴方式。专业人员通过儿童的肢体动作、画作以及对音乐的感受性，与儿童进行直接的交流互动、发现儿童内在的心理状态，有助于了解儿童目前的心理、能力发展状况，探索儿童的潜意识、发现有关其成长背景的信息，从而更全面地进行特殊儿童心理评估。多种形式的艺术性表达的评估为特殊儿童评估领域提供了崭新的视角和方法。

思考与练习

1. 简述对特殊儿童进行评估的要求。
2. 常见的智力测验有哪些？
3. 简述特殊儿童教育评估的新进展。

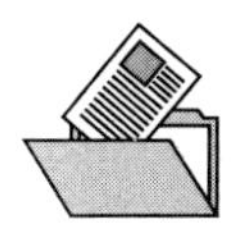

推荐阅读

Norman E. Gronlund. Assessment of Student Achievement[M]. MA：A Viacom Company，1998.

赵华兰. 伦理学视域下的特殊儿童评估[J]. 绥化学院学报. 2011(6)：19；20-21.

杨娟. 我国特殊儿童评估中存在的问题[J]. 四川教育学院学报. 2011(10)：109-110.

杨广学，张永盛. 自闭症教育干预的整合视角探讨[J]. 残疾人研究. 2014(2)：33-36.

第3章　英才儿童

1. 掌握英才儿童的定义、特征，理解其与早熟儿童的区别。
2. 了解英才儿童的发生率、特殊群体、影响因素以及如何鉴别。
3. 了解英才儿童国内外不同的教育支持方案。

我国古代将那些才智出众、少年得志的儿童称为“神童”，认为这种超凡脱俗的才智一定是来自天神的赏赐。在2000多年前的古希腊，哲学家柏拉图(Plato,427—347 B.C.)称那些聪明异常的儿童为“金人”，是指他们非常“稀有、珍贵”。据权威的英文辞典*Webster College Dictionary*记载，国外文献中经常使用的“天才”(Gifted)一词始于1644年，但广泛流传是在英国人种学家法兰西斯·高尔顿《遗传的天才》出版之后。人的禀赋先天所有，是遗传所得，绝非人力所为，故称“天才”，有“天生之才”之意。除此以外，还有“资优”“奇才”“超常儿童”等名称。刘范于1978年提出了“超常儿童”(Supernormal Children)的术语，有两方面的考虑：一方面，这些儿童的非凡表现不完全是天生的，而是先天因素和后天教育培养两者交互作用的结果；另一方面，英才儿童是儿童群体中的一部分，而不是完全有别于儿童群体的独立群体(施建农，2004)。

一、定义

在不同时期，人们对英才儿童的定义是不同的。与其他概念的形成过程一样，英才儿童的界定随着时代的变化经历着不断改变，人们对英才儿童的了解也越来越深入。

在美国，英才的早期定义经常与斯坦福-比奈智力量表(the Stanford-Binet Intelligence Scale)的成绩联系在一起，这个量表最初由法国医生比奈制作，直到“一战”之后，才由斯坦福大学教授莱文斯·推孟(Lewis Terman)逐步完善。专于某一特定分数——IQ值在130或140或任何一个公认的分数——即被称英才。他们在同年龄的儿童人数中约占1%～3%。

在20世纪70年代初，美国教育部根据许多研究结果，规定天才儿童应包含下列几方面：① 一般智力；② 特殊学习能力倾向；③ 创造性思维；④ 领导能力；⑤ 视觉与演奏艺术；⑥ 精神推动能力（后来删掉了此点），认为只要有上述某一方面或几方面天赋优异并有杰出表现的儿童都应称为英才儿童（李莉，2003）。

1978年，任朱利（J. S. Renzulli）认为英才或超常儿童应由三方面的心理成分构成：中等以上的能力（智力）、强烈的动机、高水平的创造力。他提出的三环智能概念（3-Ring Conception of Giftedness）主要强调了智能行为的表现。

20世纪80年代初，泰伦鲍姆（A. T. Tannenbaum，1983）提出了英才儿童的心理社会定义（Psychosocial Definition），认为天才是下列五个因素交互作用而产生的杰出成绩：① 一般能力（即g因素，或测得的一般智力）；② 特殊能力（包括特殊能力倾向和特殊才能）；③ 非智力因素（如自我力量、奉献等）；④ 环境因素（提供激励和支持的家庭、学校及社区环境）；⑤ 机遇因素（不可预知的机会等）。

国际上对英才儿童较为一致的看法是引用1972年《马兰德报告》（*Marland Report*）中的相关定义，认为英才儿童是指在一般智能、特殊学术能力性向、创造思维能力、领导才能、视觉或表演艺术能力、心理动作能力等一种或多种能力领域中具有成就或潜能的儿童。

我国心理学家基于对英才儿童长期的追踪研究，认为"英才儿童"主要是指智能显著高于同龄常态儿童发展水平或具有某方面特殊才能的儿童：

第一，英才儿童是相对于常态儿童而言的。英才儿童是儿童中智慧才能优异发展的一部分，他们与大多数智能中等的常态儿童之间虽有明显的差异，但也有共性，他们之间没有不可逾越的鸿沟。

第二，英才儿童多数都具有英才智能。英才智能是在教育和环境影响下发展起来的人的聪明才智，它不只是天生的。先天素质虽然为英才智能提供了某种潜在的可能性，但需要适合的教育和环境条件才能成为现实。

第三，英才智能的相对稳定性。英才智能不是预测终生的指标，而是发展变化着的。随着儿童年龄的增长，英才儿童的智能可能加速发展，也可能停滞甚至倒退，这取决于所处社会环境提供的学习机会、教育条件、本人的个性特征以及主观努力等多种因素。英才儿童与常态儿童一样都在成长过程中，为了避免把他们看成某方面超前发展的"小大人"，称他们为英才儿童似乎更为合适。

第四，英才儿童心理结构包括非智力个性特征方面的因素。"天才"一词即使从才能高度发展的意义上来解释，也不如用“英才”更能全面表达对这类儿童的理解。

英才儿童的定义与智力理论的关系是密不可分的。20 世纪 20 年代，推孟提出的高于某一特定分数的定义近乎一刀切，而加德纳提出的多元智能学说 21 世纪才普遍得到学术界的认可，随着对英才儿童的科学研究多样化和愈加深入的了解，天才儿童的概念所涵盖的内容和范围有相当大的发展：由集中发展到全面、由单一走向多元化、由潜能趋于表现等，这些取向的转变意味着英才儿童不是面对自己单方面的智能发展，不是让人不可理解的想法怪异的人，他们也需要面对社会生活和现实。

二、特征

推孟自 1916 年修订并出版比奈-西蒙智力量表后，将兴趣转向了英才儿童。1920 年，他采用教师提名法和团体智力测验的方法来选取被试(现在看来这个选取过程是有局限的，因为这样有可能淘汰那些行为令老师不满意或未能发挥学业潜能的学生)，以他们的斯坦福-比奈智力量表中的成绩为依据，大多数的 IQ 分数为 140 甚至更高，组内平均分数为 151。推孟最终对 1528 名英才儿童进行了长达 50 年的研究，从他们成年直到老年，从体能、兴趣等方面概括了英才学生的特征，详细内容见表 3-1。

表 3-1　英才学生的特征：推孟的纵向研究

特征	研究结果
体能	身体健康方面好于平均水平
兴趣	对抽象的学科(文学、历史、数学)非常感兴趣；爱好广泛
受教育程度	大学入学率为常人的 8 倍；在上学期间有跳级现象
心理健康	在适应不良和犯罪方面稍低于平均水平；自杀率也低于平均数
婚姻-家庭	结婚率同平均数；离婚率低于平均水平；其子女的平均 IQ 为 133
职业选择	男性选择职业(医学、法律)是普通人群的 8 倍
性格	较少有夸口和欺骗行为；在情绪稳定性方面表现出众

根据国内外的研究，我们认为英才儿童通常具备以下一些特征：

一是智力的高度发展。英才儿童最显著的特征是具有英才的智力、才能，或者具有某方面的特殊才能，这是决定儿童是否英才的一个最基本的主要的因素。李毓秋(2009)根据智力英才儿童在韦氏儿童智力量表第四版(中文版)中的测验结果，分析智力英才儿童在总智商和四个指数上的表现。结果显示，智力英才儿童最突出的优势能力是对视觉信息进行抽象思考和加工处理的能力(即流体智力)。单纯智商成绩 IQ 高于 130 的儿童不一定就是智力英才儿童，并且家长的教育程度是反映遗传和教育环境对儿童智力发展影响的重要变量。

二是具有良好的非智力因素。中国英才儿童研究协作组在对英才和常态儿童的比较研究中，发现英才儿童在主动性、坚持性、自信心、求知欲、理想抱负、独立性、好胜心和自我意识等方面的测验分数超过了同年龄常态儿童的平均分数，有的还达到显著水平。

三是取得较好的成绩。也就是在学校成绩优秀，或在某一方面(心算、音乐、绘画)表现出突出的成绩。

四是心理发展的矛盾性。英才儿童虽然与同龄儿童相比发展要卓越，但是英才儿童在身体和社会性发展上也会表现出"不同步发展综合征"。具体表现为：首先，英才儿童的智力和情绪发展不同步；其次，他们的运动发展与智力发展也不同步，如他们常常出现所谓的"书写困难"；最后，他们还表现出行为与社会要求不同步的现象。英才儿童由于身心发展的不同步，强烈好胜心和高度敏感性等个性特质导致他们在遇到挫折和困难时容易形成强烈心理压力和消极情绪。现实生活中由于社会、学校、家庭以及英才儿童自身等种种原因导致一些英才儿童在表现出很高学业成就的同时，也表现出在生活技能、人际关系、情感处理等方面的困难和障碍(李颖等，2012)。

三、影响因素

英才儿童是天生的还是后天造就的，遗传在英才形成中的作用是什么，社会环境对英才儿童的影响有多大，这些一直是人们关注的问题。

(一) 遗传的影响

早在一百多年前，高尔顿就对英国杰出人物进行了研究，在其《对人类才能的调查报告》中阐明了"优生学"的概念。"优生学"这一术语来自希腊语"eugenes"，意为"好的种群"，"优生"一词即意味应通过有目的的教养达到改善原有种群的目的。高尔顿还认为英才能力来自个人的家庭，即遗传因素。559年，在《遗传的天才》一书里，他以生活在1768年至1868年的杰出英国人(州议员、士兵、作家、诗人、画家和大臣等)为研究对象进行了调查，结果发现在977个研究对象中，他们的近亲也跟他们一样杰出，据此高尔顿得出结论，认为天才很大程度上来自遗传。但是，他忽视了财富、健康卫生、营养和家庭教育在英国上层社会成员获得成功过程中所起的作用。

双生子研究是确定遗传作用大小的最为有效的方法，同卵双生子来自同一个受精卵，具有相同的天性。双生子能力可以作为遗传影响的一个证据。同样的，如果遗传是一个重要因素，我们就可以预期同卵双生子之间的相关性肯定要大于异卵双生子。研究者对700个同卵双生子和500个异卵双生子的研究发现，同卵双生子的能力相关系数为0.87，异卵双生子的相关系数为0.63，有研究者总结：能力的70％来自遗传，30％来自后天教育。

（二）环境的影响

尽管很多事例表明遗传十分重要，但环境的重要性也非同小可。英才的基因可以遗传，但要通过环境来培养和发展，在诸多环境因素中，家庭教育起着很重要的作用。

家庭教育对英才儿童的影响有两个方面：一方面，良好的家庭教育可以促进英才儿童加速成长和健康发展，使他们走上成才之路；另一方面，不良的家庭教育会阻碍英才儿童的顺利成长和健康发展。

布卢姆对25位世界级的游泳运动员、钢琴演奏家以及数学家的早期生活进行了回忆性的研究。通过与这些被试、他们的父母以及他们以前的老师进行访谈，他发现以下几个普遍特征相当重要：

(1) 具有为达到更高水平而进行大量工作（练习、时间、努力）的愿望。

(2) 在英才领域中具有与同伴竞争的能力及尽最大努力成为最好的决心。

(3) 在英才领域中具有快速掌握新技能的能力。

布卢姆指出，这一群体的高动机是由父母和朋友的重视这一强大途径激发出来的，他们不怕麻烦去获得专门指导，家庭的热情与支持对这些被试取得优异的成绩是一个关键因素。父母不是通过催促给孩子支持的，他们的家里有很多书、杂志、报纸，带孩子去图书馆，他们自己阅读，有时读给孩子听。最重要的是，他们尊重孩子的观点。

另一个重要的影响是学校和教师。如果孩子没有从家庭中获得支持，学校和教师可以通过赞赏、鼓励等方法，最大限度地激发学生的特殊能力。

四、鉴别

（一）鉴别的原则

鉴别的目的是为了找出英才儿童，为其提供适切的教育服务。

鉴别的原则主要包括：① 鉴别必须使用“多元能力”的概念。② 鉴别工具必须能证明该儿童相较于同龄者能展现的英才的能力。③ 鉴别工具提供有关儿童能力与需求范围的证据。④ 鉴别工具及方式能够兼顾“潜能”与“成就”。⑤ 鉴别工具及方式能够鉴别出不同语言、经济、文化背景与特殊族群的儿童，并提供给每个人公平的鉴定机会。⑥ 采用弹性的鉴别工具及鉴别流程，以能鉴定出每位儿童不同能力为主要考虑。⑦ 鉴别结果要有助于教育规划(盛永进,2015)。

(二) 鉴别的形式

鉴别的形式包括单个鉴别和集体鉴别两种。

单个鉴别就是个别地对儿童进行考察鉴定。一般步骤为:① 家长、老师的推荐或新闻媒介的报道。② 家长或推荐人带儿童到有关部门(研究单位或学校)与研究者见面,由家长或推荐人描述有关儿童的具体情况(主要是一些突出的表现等)。③ 用有关测验(如智力测验或认知测验等)测定儿童的智力发展水平,并根据测验的结果和儿童的具体表现(或以往的记录)作出初步的判断。④ 继续有针对性地观察,尤其是对那些有明显发展不平衡现象的儿童更要对其弱项继续作观察。最后确定是否真正英才,并确定是否对该儿童实行追踪研究。

集体鉴别是从大量的儿童被试中选出英才儿童的一种方法。这是为建立英才儿童实验班时常用的方法。一般步骤为:① 报名,对儿童作一般性的了解,如年龄、发育史、家庭简况、家长对儿童的教育情况及儿童本人的主要表现(学习成绩优秀或达到一定的认知水平、较强的求知欲)等基本情况。② 初试,用学科考试的方式了解儿童的有关主科的知识和能力,用有关智力量表了解儿童的一般能力(智力)。③ 复试,用"鉴别英才儿童认知能力测验"对通过初试的儿童进行复试,确定该儿童是否真正属于英才儿童。对于具有特殊才能(如音乐、绘画、发明等)的儿童要请有关专家评定其作品。④ 核查,对通过复试并达到标准的儿童,再向家长或原学校老师作问卷调查,了解该儿童的个性特征、思想品质,同时进行体格检查(或体育测试),了解其体格发育情况。⑤ 试读,对筛选合格的儿童进行试读观察,主要了解被定为"英才"的儿童是否适应集体教育的环境。

(三) 鉴别的工具

常用的鉴别工具包括我国编制的"鉴定英才儿童认知能力测验",它包括"图形类比推理""语词类比推理(3～6岁用实物图片)""数类比推理(3～6岁用图形代表数)""创造性思维"等分测验,除此之外还有韦克斯勒智力量表、成就测量、托兰斯创造能力测量量表等。但单一的标准化测验已经不能满足个案多元化的需求,各种非正式的评估工具逐渐受到重视并应用到英才儿童的鉴别过程中,包括档案袋评估、作品、竞赛成果以及其他方法等。儿童的优良作业或作品、轶事资料、报告、表演等都作为重要的考察资料纳入鉴别流程中,从更加多元、动态、可生成的角度来诠释人类潜能的特质。

总体来讲,英才儿童的鉴别呈现出多指标、多途径、多方法的趋势,将静态测定与动态比较鉴别相结合,更加全面、有效地开展鉴别工作。

五、教育干预

(一) 教育安置

欧美对英才儿童的教育安置主要包括普通型和特殊型两类。

普通型就是英才儿童与普通孩子共同在一个学校或一个班接受教育。教师为他们提供个别指导,他们可以接受特殊科目、特殊教师指导、咨询服务、独立研究等,也可参加社会的各种机构活动,如图书馆、博物馆、社会服务机构组织的活动等。这种培养方式是靠学生自己去发展,但存在着课堂教学中教师个别指导跟不上的问题,因此在西欧较少鼓励采用,但在美国较普遍。因为美国教育坚持"教育机会均等"的观点,另外,他们也认为,英才儿童与普通孩子在一起易于相互交流,使心理得到健康发展。

特殊型,即为英才生专设各种教育机构,主要有两种:特殊学校和特殊班。特殊学校有文科、理科、艺术学校等不同类型,规模较小,学校集中资源服务于大批英才学生;教师经过挑选与培训,教学效果较好;制订相应的教学计划,调整学习内容、速度,采用相应的教学方法。特殊班与特殊学校相比更具有灵活性,因为不需要另设一套管理机构和物资设备,因此较经济,也更易于实施。另外,英才学生可随时与普通班学生在一起,这也利于他们自身的心理发展。因此,专家较主张这种培养方式,这种培养方式在欧美都较为普遍。

(二) 教育模式

杨晶(2005)对美国英才儿童的教育模式进行了介绍,主要包括以下五种类型。

1. 专班专校

采用这种方法的如美国克利夫兰公立学校系统,其中各校有许多独立的专门进修班(Major Work),这些班的中心任务是培养学生的主动性、创造性和责任感。而纽约市学校系统提出的"天才儿童阿斯特计划"的中心任务是培养领导才能。该计划认为,领导能力与儿童的想象力水平有关。因此,它强调利用各种方法(积木游戏、把小说改编成剧本等)来培养每个儿童的想象力。此外,北卡罗来纳州萨利姆市官办学校为全州的英才儿童设立了多科性的暑期专门计划,旨在促进他们的创造性和建设性才能的发展。康涅狄格州亚市则利用周末为具有科学才能的儿童开设进修班。

(1) 专门学校。这种学校在美国并不多见,它又可分为综合性专门学校和专业性专门学校。天才儿童在这里既接受基本文化教育,又接受特殊教育。

(2) 专门班级。为天才学生设立专门的班级,就是遵循因材施教的原则,把特定年龄阶段中智力优异的学生编入同一班级,施以特别教育,或依其能力所长分科分组。这种分班的优点是能使学生充分发挥自己的特长，但也存在着明显的缺点。例如，学生的能力倾向很难早期鉴定，何况这些班级学生的能力水平也会有一定的个别差异。

2.加速式教学模式

自1971年以来，马里兰州的霍普金斯大学就有了加速培养学生的计划，对象是在自然科学和数学方面的佼佼者。这种模式认为，由于英才学生具有独特的天赋和个性品质，所以应尽可能地为他们安排高水平的课程，以便他们学会复杂的思想体系。常用的加速学习方式包括以下几种：(1)提前入学。即允许学生比正常年龄更早进入学校读书。(2)跳级。这是加速培养早熟学生的传统方法，它可使学生在跳级后得到适合其能力的学习。但天才学生在跳级学习中应注意两个问题：防止漏学具有严密体系的基础知识和技能，否则，他们就可能在以后的学习中处于不利的地位；跳级后的社会适应问题。美国学者普遍认为，在决定学生跳级学习时应特别注意跳级的条件是否成熟，并做好跳级后的矫补工作。(3)超班教学。即不受班级学习的限制，根据学生的学习能力去学习适度的课程。

3. 加深教学模式

(1)个别辅导。即为天才学生增设课程及专项活动和其他补充作业。比如，有一种十分普遍的建立在师生间签订书面合同基础上的独立学习辅导计划，这种“师生合同”要求学生在规定时间内完成特定的作业。此外，还有一种“辅导教师计划”，它是将一个有天赋的孩子与在该孩子感兴趣的领域中的一位专家结成一对。加利福尼亚州、纽约州以及华盛顿特区的华盛顿大学阅读中心等等都有这样的课余辅导计划。

(2)常规课堂内的加深学习。即在传统班级的课堂教学中给天才学生“开小灶”。由任课教师向天才学生提供特殊的学习材料和机会，以解决他们在课堂教学中“吃不饱”的问题，但学生仍在常规课堂中学习。

(3)独立学习研究。即在教师或专家学者的指导下，通过学生对专门问题的独立学习和研究，培养天才学生的独立研究能力。这种研究常常是教师先对课题作简单的说明解释，提供参考书目，然后由学生独立研究，并把研究成果以文字等形式表达出来，最终由教师或同学共同做出评价。

(4)特殊学习中心。为了满足天才学生的特殊学习需要，近十几年来，美国许多学校和地方为天才学生建立了各种类型的特殊学习中心。这些中心的主要功能是让学生进行独立的语言学习，开展科学研究和实验，学会社会研究的知识，尝试创作、绘画等活动。学生可自行选择中心和活动，或与教师共同确定针对性的学习目标。

（5）暑期课程和周六课程计划。为天才学生提供特别的假日课程计划在美国已成为普遍的做法。这种课程计划常常是利用学校假日把学生集中到某个为天才学生特别设定的机构进行集中学习。例如，霍普金斯大学平时的每星期六为中学天才生开设数学方面的课程，暑假则进行集中学习。

4. 个性化教育模式

有些州如宾夕法尼亚州、佛罗里达州等实行培养天才儿童的个性化教育计划，为每个英才儿童制订学习计划，考虑他们的特殊需要，使之适合于每个学生的天赋。

5. 多元菜单模式

多元菜单模式由阮儒理（Renzulli，1988）提出，教育者可根据教学或课程设计以菜单组合的方式实施教育，主要包含以下六种菜单。

知识菜单：包括知识领域的整体组织、基本的原理与功能性概念、方法论的知识及具体细节。

儿童活动菜单：包括知识的吸收与记忆、信息的分析、信息的整合与应用及评估四部分。

教学策略菜单：教师们常采用的教学方式，包括反复练习与背诵、讲述、讨论、同伴指导与学习中心等。

教学顺序菜单：包括引起注意、告知儿童、提供进阶程度选项、将知识与先前学习经验联结、教授教材、评估儿童表现及给予建议、与其他学科产生联结、提供转移及应用机会。

艺术化调整菜单：教师自身的创意可融入教学当中，包括分享个人的知识、经验、信念、争议、偏见，或使教材更具独特性。

教学成果菜单：可通过艺术、表演、口语、视觉模型、文字等具体成果，或问题解决策略、结论类推能力、自我效能、同情心的提升等认知或情感抽象成果来表现。教师可让不同学习风格的儿童选择适合自己的表现形式。

多元菜单模式旨在通过提供不同层次的知识，不同难度的教学目标，多元的教学策略，不同的教学顺序，不同形式的成果展示，满足英才儿童不同的学习需求。该模式不仅关注课程的层次性和丰富性，更关注每个儿童的主体性和独特性。在运用菜单前，设计者首先需要了解教学领域的知识体系、探讨议题以及寻求解答的方法。菜单模式可以提供教学者有关知识发展的信息，进行真实而有趣的教学设计，关注教学过程的生成和创造（郭静姿，2011）。

（三）我国英才教育的实践探索

1. 普通型培养模式

我国自1978年开始有英才教育，对英才教育的研究主要集中于少年班和英才班，但我国每年能被识别进入英才班的英才儿童仅是我国英才儿童总体中极少的一部分。我国现有英才儿童约为600万，由于鉴别困难及英才教育体系不完善，其中绝大多数英才儿童没有机会接受特殊教育而分散在普通班中。

在英才儿童的培养方式上，加速式教育的弊端逐渐暴露出来，丰富式教育受到推崇。丰富式教育是指在普通班中，按照正常的时间表，提供更丰富的发展环境，在儿童处于同龄群体中的情况下对他们进行培养，这有利于英才儿童身心健康发展。1999年，研究者对分别处于“加速式教育”和“丰富式教育”条件下的1700多名以色列英才儿童进行了研究，发现后者表现出更积极的自我观念、更高的主观幸福感和更低程度的焦虑。此外，对于英才儿童人数众多的中国来说，加速式教育不适合大面积地普及，丰富式教育更适合普通班环境。

英才儿童在普通班中学习，凸显出英才儿童卓越的认知与学业能力，使他们的学业自我概念提高，鉴于学业自我概念与学业成绩之间的交互作用，学业自我概念的提高更易促进提高成绩水平。

反对英才儿童在普通班中就读的人认为：英才儿童在普通班所学的知识缺乏挑战性；普通班中和这些英才学生能力相当的同学很少，致使这些英才学生没有与相近能力的学生学习的机会；许多教师并没有受过针对如何教育这些英才儿童的专业训练，而且在普通班学习，教师会按照大多数同学的理解水平组织教学，教学内容通常对英才儿童来说过于简单，导致英才学生感觉没意思，上课注意力不集中。教师常常只能照顾到班上的大多数学生而无法顾及少数英才学生。而那些教师顾及不到的学生在课堂上因为“吃不饱”而“闲暇”，又因为“闲暇”而“生事”，因为“生事”而“受批评”，因为“受批评”而成为“差生”，因为是“差生”而被忽视（施建农等，2004）。当他们离开学校，走上社会以后，会出现两种可能：一种是一旦条件成熟，成就事业，为社会作出很大贡献；另一种可能是，遇到不良影响，成为危害社会的害群之马。

作为普通班中英才儿童的家长，首先应该了解自己孩子的特点，其次家长应该基本了解英才儿童的特点，再次应该了解英才儿童在普通班中的状况。研究发现，具有高水平的（学历不一定高）、敏感的和了解自己孩子特点的家长更能促进孩子健康成长。不了解英才儿童特点的家长会不理解自己孩子的行为方式，难以和孩子进行很好的沟通。英才儿童家长应该及时与教师取得联系，了解英才儿童在班级中的状况，及时发现问题、解决问题。英才儿童家长在与教师沟通好的情况下，可以建议教师取消普通作业，给英才儿童布置更有难度的作业，或给他们提出更丰富的计划。

英才儿童值得特别关注。要本着因材施教的理念，了解英才儿童的行为方式和基本特点，及时引导或推荐他们去学习更多的知识，培养他们更丰富的兴趣，发挥他们的潜力，关心他们的成长。既戒用揶揄的语言伤害他们，又慎用表扬宠坏他们，应该表现出良好的为师风范。既要培养英才儿童坚强的性格，又要使他们形成崇高的道德观、人生观和价值观；教师要有高瞻远瞩的态度，把他们培养成对人类和社会有贡献的、有所作为的、全面发展的栋梁之材。

2. 特殊型培养模式

支持特殊型培养模式的人认为，英才儿童在超常班中就读有独特的优点。

（1）可以强化学习动机，拓展学校教育资源

普及教育的课程，是按照大部分学生的学习程度制定的，英才儿童如果按适合年龄安排入学，对课程往往感到难度不足，容易对上课感到厌倦，因而学习动力降低，甚至养成学习不专心、不合作等坏习惯，或出现行为问题及身心相关的病症。而特殊型培养模式能强化英才儿童的学习动力，拓展教育资源。

（2）缩短英才儿童学生在校就读的时间

这样可以使英才儿童提早完成专业训练或取得更高学历，使其尽早成才，自然也会降低教育经费的负担。对国家来说，投入教育的资金也会相应减少。

（3）学习有专职教师指导

英才班中的教师应对英才儿童的特点有深刻的认识，了解英才儿童的心理发展规律，制定适应英才儿童特点的教学模式。同时，教师应具有丰富的实践经验，才可以灵活地对英才儿童进行英才教育。

反对特殊型培养模式的人认为，英才儿童在英才班中就读存在着以下缺点：由于英才班中每一位同学均非常优秀，这会使他们压力过大，导致自我概念降低，从而引发学业成绩的下降，降低学习热情和成就动机。

3. 两种培养模式需共同关注的问题

英才教育实践，既有成功的经验，也有失败的教训。对英才儿童发展进行的追踪研究发现，有一小部分英才儿童发展不甚理想。究其原因，主要有两个方面：一是这些人童年时表现出英才，经媒体渲染后，导致社会对他们的期望过高，使他们感到心理压力大，产生过度的焦虑，心理发展受阻，潜能得不到充分发挥，其发展难以达到人们预期的目标。二是英才教育更多地将注意力放在英才儿童智力的开发、能力的培养上，忽视了健全人格的培养、情商的提高，使得他们的心理未得到全面和谐发展。因此，师长的期望要适当，社会对英才儿童也应持正常的心态，避免过度进行媒体炒作。为了早出人才，快出人才，出好人才，学校教育应着眼于促进学生的心理自由、充分、和谐发展，采取各种有效措施，全面提高学生的心理素质。

思考与练习

1. 何谓英才儿童？
2. 对英才儿童的培养方式有哪些？
3. 论述英才儿童的教育模式。

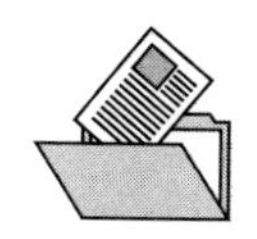

推荐阅读

[美]：David A. Sousa. 天才脑与学习[M].“认知神经科学与学习”国家重点实验室脑与教育应用研究中心，译. 北京：中国轻工业出版社，2005.

李颖，王强. 超常儿童心理研究述评[J]. 东方企业文化·产业经济，2012：247.

盛永进. 特殊儿童教育导论[M]. 江苏：南京师范大学出版社，2015.

郭静姿，王曼娜. 资优教育充实方案[Z]. 台北：台湾地区教育行政主管部门，2011：15.

施建农，徐凡. 超常儿童发展心理学[M]. 合肥：安徽教育出版社，2004.

第4章　智力障碍儿童

1. 掌握智力障碍儿童的定义、特征、分类。
2. 了解智力障碍儿童的发生率、影响因素。
3. 了解智力障碍儿童如何鉴别、如何进行教育干预。

智力障碍的研究最早可以追溯到17世纪以前的欧洲，当时人们对智力障碍和精神疾病未能给予科学的区分。智力上的障碍往往被当作精神上的障碍，与精神病人关在一起，接受着同样野蛮的看管和治疗。到18世纪末，自从皮内尔建立了对精神疾病与智力障碍的区分理论之后，人们才开始将智力障碍的儿童作为一种特殊的人群加以研究，针对智力障碍者的研究才进了一步。最早对智力障碍儿童进行教育研究的是200多年前一个名叫伊塔德的法国医生，他对"野"孩子维克多进行了为期五年的系统训练，虽然最终未使这个孩子达到一般儿童的水平，但他通过系统、耐心的教育，终于使这个孩子的行为有了很大改变，其影响是深远的。1837年，伊塔德的学生塞甘在法国巴黎创办了智力障碍学校，成为世界上最早的智力障碍教育专门机构之一。1876年"美国智力障碍学会"成立，该学会在促使社会重视智力障碍的问题方面，发挥了重要的作用。从此，智力障碍研究有了专门的组织，研究开始逐步进入系统、独立、专门化阶段。智力障碍的研究范围、研究方法和手段及理论基础也在专业人员交流和讨论的基础上形成和发展。

一、定义

智力障碍的同义词很多，医学、心理学和教育学上的称谓常常不同，如精神发育迟滞、精神发育不全、低能儿、智力缺陷、智力低下等。

美国《残疾人教育法案》最初采用智力落后(Mental Retardation)的概念。早期定义大都强调了其医学因素和身体的某些外部特征。直到1941年，道尔才对智力落后进行了全面的界定，他认为，智力落后包含以下6个方面：① 社会适应能力差;② 智能低下;③ 发育迟滞;④ 不成熟;⑤ 具有体质上的起因;⑥ 基本上是不可治愈的。由道尔的定义我们可以看出,他是从多个方面来定义智力落后的。然而,由于当时智力测验很盛行,而且较简便易行,因此,道尔的思想和做法在当时没有得到应有的重视。直到20世纪50年代末,道尔的主张才被美国智力落后学会所采纳。1959年,美国智力落后学会正式提出从智商和适应性行为两方面来定义智力落后。

1959至1961年间,希伯受美国智力落后学会的委托,对《智力落后术语与分类手册》作了5次修订,格罗斯门对其进行了第6次修订。在新的手册中,格罗斯门给智力落后下的定义是:智力落后是指在发育期间表现出来的一般智力机能显著低于平均水平,并同时存在着适应性行为的缺陷。

在这个定义及有关的解释中,我们可以看出:① 特别强调了智力落后定义的双重标准(见表4-1),只有智力机能和适应性行为两方面均有明显的缺陷才可鉴定为智力落后。②"发育时期"是指0～18岁。③"一般智力机能显著地低于平均水平"是指在标准智力测验上得分显著地低于平均分两个标准差(IQ≤70)。④"适应性行为"是指个体应对和顺应自然与社会环境的有效行为,它包括独立生活能力和社会适应能力,要看其是否符合年龄标准和环境标准,也可用量表进行测量,如在边远的农村,一个轻度智力落后的人会被认为是一个正常人,而在当今复杂的科技社会,个体需要掌握非常重要的数学和语言技能,同样的儿童在这种环境中就会被认为是智力落后。

表4-1 智力落后的双重标准

		智力机能	
		落后	不落后
适应性行为	有明显缺陷	智力落后	不是智力落后
	无明显缺陷	不是智力落后	不是智力落后

2007年,美国智力落后协会(AAMR)更名为智力与发展性障碍协会(AAIDD),并于2010年在官方定义中使用"智力障碍"(Intellectual Disability)这一概念,代替此前一直沿用的"智力落后"。具体定义为:智力障碍是一种以智力功能和适应性行为有显著缺陷为特征的障碍,适应性行为缺陷表现在概念性、社会性及实践性适应技能上。该障碍发生在18岁之前。五个假设基础为:① 必须在能代表个体同龄伙伴的社区环境中考虑其当前的功能缺陷。② 有效评估需要考虑沟通、感官、动作以及行为等因素的差异,也要考虑文化与语言多样性。③ 对个体来说,缺陷与功能通常是共存的。④ 描述缺陷的一个重要目的在于阐述所需支持的整体状况。⑤ 持续地给予适当的个别

化支持，智力障碍者的生活功能通常能够得到改善（王勃等，2010）。

从智力障碍定义的演变可以看出，人们从对儿童个体内部缺陷的关注转向生态学视角下对儿童个体与环境互动结果的关注，教育干预也由“缺陷模式”向“支持模式”转变，强调适切的支持能够提升个体的现有功能水平。

在我国，智力障碍称为“智力残疾”。目前，得到一致认可的定义是采用2006年第二次全国残疾人抽样调查六类残疾标准中的界定：智力残疾是指智力显著低于一般人水平，并伴有适应性行为障碍。此类残疾是由于神经系统结构、功能障碍，个体活动和参与受到限制，需要环境提供全面、广泛、有限和间歇的支持。智力残疾包括：在智力发育期间（18岁之前），由于各种有害因素导致的精神发育不全或智力迟滞；或者智力发育成熟后，由于各种有害因素导致的智力损害或智力明显衰退。

二、发生率

美国教育部2001年公布的数字表明，1999—2000学年6～21岁的智力障碍儿童是614433人，占当年人口总数的0.64%。此外，美国对2000名智力障碍儿童的抽样调查表明，其中轻度智力落后儿童约为1500名，占75%；中度智力落后儿童约为400名，占20%；而重度和极重度的儿童仅有100名，占5%。

2006年第二次全国残疾人抽样调查数据显示，我国6～14岁学龄障碍儿童为246万人，学龄段智力障碍儿童为76万，在所有障碍类型儿童中所占比例最高，为30.9%。

三、分类

（一）按照智商和适应行为障碍程度分类

根据智商和社会适应行为的障碍程度，可以将智力障碍儿童分为轻度、中度和重度三类。

1. 轻度智力障碍儿童

轻度智力障碍的儿童在以下三个方面具有发展的潜力：学业（进入小学并达到小学高年级水平）、社会能力（独立地生活于社会之中）以及就业（如普通成人一样自立）。

轻度智力障碍儿童因其智力缺陷程度较轻，不易被识别。他们的躯体发育和神经系统无明显异常，语言发育迟缓，但仍有一定表达能力，可用社会交往语言。往往在幼儿园后期或入学后，才被发现学习困难、领悟力低、分析综合能力欠缺、思维较简单，经过努力勉强可达到小学毕业水平。有一定社交能力，个人生活能自理，能从事简单的劳动和技术性操作，学习能力和社会适应能力都较正常人差，接受学校教育困难，计算读写能力和应用抽象思维显著困难。但通过特殊教育可使他们的智力和社会适应能力得到提高。

2. 中度智力障碍儿童

中度智力障碍儿童的语言、运动功能发育和运动技巧能力明显落后于普通儿童，词汇贫乏，不能完整表达意思，理解能力差，学习能力低下，生活自理困难，经过耐心训练可以从事简单的非技术性工作。

中度智力障碍儿童通过教育可以承担一定程度的社会责任、学会基本技能以及掌握有限的词汇。这类儿童能够学会自理（穿衣、脱衣、上厕所、吃饭）。在家里或学校遇到一般危险能够自我保护，有一定的社会适应能力（分享、合作等），可以从事简单的非技术性工作。中度智力障碍的儿童由于发展迟缓以及某些特殊的身体特征，一般在婴儿期或童年早期就可鉴别出来。

3. 重度智力障碍儿童

重度智力障碍儿童具有多重障碍，需要特殊的教育环境与方案来激发他们有限的潜力。他们的语言功能明显有障碍，不会讲话或仅发出个别单音，不能理解别人的言语，运动功能发育受限，严重者不能坐立和走路，日常生活均需别人照顾，不知危险，无防御功能，不能接受学校教育，不能接受训练以及学会简单技能，生活不能自理，缺乏社会行为能力，常伴有脑部损害、脑瘫、癫痫、先天畸形和神经系统异常体征。

4. 极重度智力障碍儿童

极度严重者完全没有语言能力，对周围环境和亲人不能认识，仅有原始情绪反应，如以哭闹和尖叫表示需求食物或不高兴，有时出现爆发性攻击行为和破坏行为，缺乏生活自理能力，全部生活需人照料，大多患有先天畸形、神经系统异常体征或癫痫发作。

（二）按照支持程度分类

根据智力障碍儿童所需的支持程度进行分类，包括间歇的、有限的、广泛的和全面的支持四个类别。

间歇支持——所需要的支持服务是零星的、视需要而定的，比如失业或生病时。

有限支持——所需要的支持服务是经常性的、短时间的，比如短期的就业康复或从学校到就业的衔接支持。

广泛支持——所需要的支持服务是至少在某种环境中有持续性的、经常性的需要，并且没有时间上的限制，比如需要在工作中或居家生活中得到长期的支持服务。

全面支持——所需要的支持服务是持久的且需求度高，在各种环境中都需要提供，并可能终身需要。

四、影响因素

（一）遗传性因素

在生理方面，人类的基因异常是很普遍的，约占人类受精卵的一半。之所以这些异常未引起人们的注意，是由于只有约 1/200 的异常胎儿会存活至出生，而且这些婴儿中的大部分在出生后不久就夭折了。在已经探明原因的智力障碍中，染色体异常是智力障碍最常见的遗传病因，约占 11%。造成智力障碍的染色体异常包括染色体数目和结构异常两大类。其中，染色体结构异常包括染色体缺失与重复、易位染色体、环状染色体、双着丝粒染色体、标记染色体等（杨尧等，2013）。下面我们主要介绍两例常见的病例。

1. 唐氏综合征

唐氏综合征是常染色体畸变所致。由于两个细胞分裂的失败，双亲之一提供了两个染色体，与另一方的一个染色体配对，患有唐氏综合征的人具有 47 个染色体（第 21 对为 3 个），不同于正常人的 46 个，所以又叫 21-三体综合征。21-三体综合征在常染色体数目异常中最为常见，发病率约为 1∶800。这将导致轻度或中度的智力障碍以及一系列的听力、骨骼和心脏疾病，并且表现为生长发育迟缓，前额扁宽、舌头常往外伸出、四肢粗短、鼻梁扁平以及外眼角上翘。

唐氏综合征与母亲的年龄有很大关系，约 50% 患儿母亲的年龄超过 35 岁。母亲年龄越大，所生子女患唐氏综合征的风险也越大，30 岁为 1/895，35 岁为 1/365，40 岁为 1/110，45 岁则高达 1/32。

20 世纪 70 年代以前，唐氏综合征必须到婴儿的出生甚至更大才能鉴别出来。羊水诊断（从孕妇体内抽取一定羊水）使提早鉴别成为可能，通过对液体中胎儿的细胞进行染色体组型分析可以判断是否有染色体异常。早期诊断允许父母决定是否终止妊娠，这个决定并不是简单的纯医学的生理问题，这关系到生命的权利等伦理方面的问题。对本病尚无较好的治疗方法，要强调预防，作好产前诊断与咨询。

2. 苯丙酮尿（PKU）症

人体的各种正常的物质代谢过程是分阶段进行的，每一阶段都由特定的酶催化，受酶的功能所控制。当参与代谢的任何一个阶段的酶的活性有缺陷，代谢受阻，即对全身多种器官和系统产生有害的影响，特别对神经系统的影响比较严重，这类问题叫先天代谢异常。其中之一就是苯丙酮尿症，是氨基酸代谢障碍性疾病，由于先天性苯丙氨酸羟化酶缺乏，使体内苯丙氨酸不能转变成酪氨酸,苯丙氨酸在血液中积累到一定量后会影响大脑的发育。患儿出生后数周,一般出现呕吐、易激怒、湿疹、身体带有异常气味、头发枯黄、皮肤及虹膜色素变淡、肌张力增高、智力发育障碍等症状,并常常伴有癫痫发作。

幸运的是,这类疾病可通过新生儿的血液检验出来。如果在儿童发育早期通过干预,限制苯丙氨酸饮食,患儿可能有正常的智力发展。

(二) 药物中毒与病毒感染

胎儿的发育是呈阶段性的,即不同的器官系统形成的时期不一样。怀孕的最初三个月是受精卵发育的关键时期,在这一阶段中,器官在形成过程中对化学药品或传染病的危害极其敏感。致畸因素就是指任何一种可能导致发育中的胚胎或胎儿生理畸形、生长严重受阻、失明、大脑损伤甚至死亡的疾病、药物和其他环境因素。

1. 药物中毒

酒精烟草和药品是最普遍的致畸因素。母亲怀孕期间大量饮酒会使孩子得酒精综合征(Fetal Alcohol Syndrome,简称 FAS),FAS 最显著的特征就是生理缺陷,例如头小畸形、心脏畸形和肢体、关节、面部畸形。大多数具有 FAS 症状的个体在童年期和青少年期的智力低于平均水平。母亲孕期头 3 个月吸烟对胎儿影响更大,吸烟时吸入的尼古丁和二氧化碳不仅被输入母亲的血管中,还被输送到胎儿的血管中,从而影响了胎盘的功能,特别是影响了氧气和养料向胎儿的输送,导致儿童不仅早产、身材矮小、阅读能力差,而且死亡率高。此外,母亲用药与吸毒使儿童头围小,智力落后发生率高。

2. 病毒感染

大脑在受精后约 3 周开始发育,中枢神经系统极易受感染。如果在这一时间母亲感染了风疹病毒、巨细胞病毒和梅毒螺旋体的感染等,孩子极可能会产生智力障碍或伴随其他严重的脑部疾病。

儿童与成人极易在高烧时感染脑部疾病,破坏脑部细胞。脑炎就是其中一例,由于医疗水平的改善和人们防范意识的提高,这种疾病目前已经很少见了。

(三) 环境

不良的社会环境尤其是家庭环境对轻度智力障碍起着决定作用,如贫困、子女多、出生间隔短、居住拥挤、父母文化程度低、儿童教育环境差、受教育机会缺乏、营养不良、环境污染与缺碘等。据报道,南京某家庭由于父亲的偏执人格,将三个子女多年反锁在屋内,以免受外界侵害,结果孩子由于不能接受丰富的外界刺激而产生了严重的智力障碍。母亲孕期营养缺乏,会使胎儿脑细胞发育不良。环境中放射线的损害、铅和汞等重金属的污染、产伤和婴儿窒息、早期脑外伤等都与智力障碍相关。第二次世界大战末，在日本广岛和长崎爆炸了两颗原子弹，在这两次爆炸中幸存下来的妇女所生的孩子有智力障碍的现象十分明显。某些地区水土中缺碘，使婴儿患甲状腺肿和呆小病的可能性增加。边缘地区落后的经济条件、不良的风俗习惯、医疗保健服务缺乏等均是可能致病的原因。

五、特征

智力障碍的儿童在如下几个方面与普通儿童不同：认知过程、语言的获得与使用、运动技能以及个体和社会特征。

（一）认知功能

人在认识外界事物时经历了怎样的过程？信息处理模式（图 4-1）认为，从接受刺激到做出反馈的过程可以分为三个步骤。

① 感知：对刺激物的感知。

② 中枢处理过程：运用记忆、推理和评价等处理过程将刺激物归类。

③ 表达：从所有可能结果中选出答案。

影响并控制这些步骤的决定因素是执行功能——决定我们将要注意什么（理解），我们采用什么问题处理方式（中枢处理过程）以及对行为做出的反应（表达）。最后，反馈是我们对刺激反应的结果，它成为新的刺激，重复上述过程。

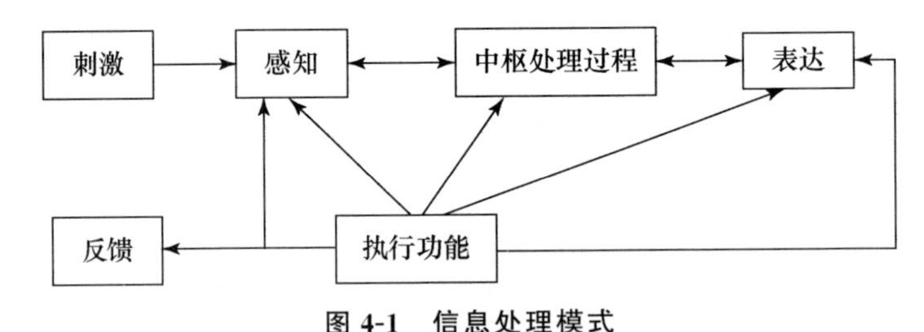

图 4-1　信息处理模式

我们使用这种信息处理模式来分析智力障碍儿童的认知过程。到底是哪一部分功能的发展不足导致了儿童认知功能的缺失呢？是感知过程，是不会表达，是缺乏反馈，是中枢处理过程的问题，还是执行功能没有发展出来，抑或是诸多环节都存在问题？经研究发现，执行功能是影响智力障碍儿童认知的一个主要因素。他们不能理解事物，不知道应注意什么，不知使用什么策略来处理，以及不能做出适当反应。用教师的话说就是他们缺少“好的判断”。

许多孩子在中枢处理过程中也存在问题。归类（对信息进行组织）对智力障碍儿童来讲是一个难题。从认识物体的速度看，智力障碍儿童比普通儿童慢得多。比如，李孝忠（1995）在一个实验中，向儿童呈现他们所熟悉的物体

(苹果、桌子、猫)的画片,呈现时间为22毫秒,普通儿童能认知57%,而智力障碍儿童不能认知画片上的任何物体。如果将呈现时间延长至42毫秒,再重复上面的实验,结果普通儿童几乎能认知画片上的全部物体(95%),而智力障碍儿童只能认识画片上一半的物体(55%)。智力障碍儿童知觉物体的速度如此之慢,是与他们知觉范围狭窄分不开的。学龄儿童可以很快地将事物进行归类:椅子、桌子、沙发是家具;苹果、桃子、梨是水果。对智力障碍儿童来讲则很困难,他们不能指出火车与汽车的区别。

此外,记忆力也是智力障碍儿童的一个难题。刘在花等(2003)的研究发现:智力障碍者的初级记忆能力与非智力障碍者相比,没有显著差异。然而,智力障碍者的次级记忆能力却显著低于同龄人。原因可能有两个:其一,智力障碍者的次级记忆能力非常有限;其二,将信息从初级记忆传递到次级记忆的机制有缺陷。学者们围绕第二点展开了大量研究。实验证明,复述确实是将信息从初级记忆传递到次级记忆的机制。许多研究只是试图通过实验证明智力障碍者不能有效使用策略,而另一些研究者却努力探寻能够提高智力障碍者记忆成绩的干预措施,他们希望这些教育干预措施能够矫治复述缺陷,然而,这一研究思路容易产生两个问题。第一,迁移失败。即便能够将有效的策略教给智力障碍者,并让其利用这些策略完成某一具体任务,但是当任务稍有变化后,智力障碍者就不能将所学策略有效地迁移到新任务情境中。第二,策略无效性并不是智力障碍的唯一缺陷。郭海英等(2010)对智力障碍学生言语认知加工过程的实验研究发现,智障学生的记忆力可通过多次重复学习得以提高,智障学生的长时记忆能力优于短时记忆,在短时记忆中,听觉记忆又优于视觉记忆和视觉理解广度。

(二) 语言发展

缺乏解释性语言是智力障碍儿童在语言方面最大的缺陷。轻度智力障碍儿童在语言的结构和内容上有缺陷,对中度智力障碍的儿童来讲,语言的发展更为严峻。除了发展缓慢,神经与生理上的一些缺陷也影响语言的发展。例如,大脑受损伤,对语言的发展就是毁灭性的打击。

国内的研究也得到了相似的结论,研究发现智力障碍儿童语言能力的发展较一般儿童迟缓,且水平较低。他们对单句的理解仍停留在词序和事物的具体性上,难以掌握事物的本质特征,难以进行真正的抽象概括,也难以对单句进行深入复杂的理解。马红英等(2001)对中度弱智儿童的句法结构状况进行了考察,结果发现中度智力障碍儿童的语言习得过程与正常儿童大致相同,但他们对结构复杂和逻辑性强的单句句法结构还未完全掌握,在使用复句时有时会出现语序混乱,致使表达出现障碍。刘春玲等(2010)研究发现智力障碍儿童具有语义理解的障碍，比如在配对形容词词义的理解过程中易出现错误。但在语用能力方面，唐氏综合征儿童的整体语用能力优于其他障碍儿童，同时理解指示词语的能力优于指示词的表达能力。

（三）运动技能

在运动技能的熟练程度上，因为轻度智力障碍儿童比正常儿童有稍多的视觉、听觉以及神经问题，智力障碍儿童要稍低于正常儿童。尽管如此，轻度智力障碍儿童之中还是有一些身体与运动技能英才的人。大多数中度智力障碍的儿童中枢神经系统有严重障碍，缺乏良好的协调、步态以及良好的运动技能，更多地表现为呆板、步伐僵硬。

（四）个性及社会性

张福娟（1996）曾利用《缺陷儿童人格诊断量表》对智力障碍儿童的人格特征与普通儿童进行了比较研究。结果表明：智力障碍儿童在人格因子方面，适应性和分化性因子发展较差，自我发展性因子较好。同时也表明了智力与个性存在着密切的关系，智力损伤越严重，对个性发展的影响也越明显。有研究也表明，智力障碍儿童在未成熟性、自卑感、社会性、自我中心等人格特质方面发展相对较好，较差的人格特质主要是坚韧性、固执性和生活习惯等方面的特质。在人格因子方面，分化性最差，其次是适应性。在人格类型方面，相当部分智力障碍儿童存在着人格问题。智力障碍儿童的人格因子在适应性方面表现出了随年龄的增长而日渐成熟，其他因子无此明显现象。

学校教育致力于发展智力障碍儿童人格及行为有如下两个特殊原因：第一，非典型的行为会成为课堂的障碍；第二，成人的社会适应主要依赖于社会技能与行为方式。智力障碍儿童常在个性特征和社会特征中有特殊问题。部分特征（受限的注意范围、较低的耐挫折能力）都会导致失败。智力缺陷是否影响智力障碍儿童的社会适应至今尚不能确定，但我们在前面讨论的语言发展受限对社会适应却有消极影响。

（五）积极品质

尽管智力障碍儿童在各方面能力上存在局限性，但他们同时也拥有诸多积极的品质。一方面，智力障碍儿童身上单纯、质朴、与人为善的品质，在今天的社会交往中显得难能可贵。以“唐宝宝”为代表的智力障碍儿童在与他人互动中有更多的积极情感交流，会更关注他人的感受。Kasari 等（2003）的研究发现，唐氏综合征儿童在移情和对他人痛苦的反应中表现较好，并会采取触摸、轻拍等亲社会行为去安慰他人。另一方面，智力障碍儿童也有可能在音乐等艺术领域具备独特的天赋和潜能，在支持性的环境和条件下，也会成就不凡。

六、鉴别

鉴定智力障碍是一个科学的评估过程，需要根据一定的要求和依据，由医生和心理学家来诊断，教师和家长可以为诊断提供有价值的信息。诊断的一般要求是，要强调早期发现，明确是否为智力低下，并分析病因，判断神经系统损害和智力低下的程度，需排除其他精神病如多动症、孤独症和精神分裂等，诊断评定还要为治疗、教育和特殊训练提供指导方针。

智力障碍的诊断依据包括三方面：一是有详细的病史，要了解家族遗传史，是否为近亲婚配，母孕期的高危因素、分娩年龄、疾病史和缺陷等；二是要进行系统的临床检查，包括神经系统检查、精神检查、生物化学和实验室检查，如脑电图、CT 等；三是进行心理学诊断，包括发育评估、智力测验和社会能力评定。

在许多学校里，教师鉴别学生是否智力障碍，主要是通过他们的学业成绩。当一个孩子在学业上失败时，就要考察他失败的原因。通常，学生要被安排由学校的心理学工作者进行评估，来确定他失败的原因。评估主要包括美国智力障碍学会确定的儿童智力障碍的两个维度：儿童的智力发展和适应行为。

（一）智力评估

个体的智力评估仍是确定智力障碍的主要手段，尽管有时并不十分准确。

当一个孩子的分数显著低于 98％的同龄人的分数时就被认为是智力障碍。目前常用的智力量表或测验有韦氏学前儿童智力量表（WPPSI）、韦氏儿童智力量表（WISC）和韦氏成人智力量表（WAIS）、中国比奈测验、绘人测验和瑞文推理测验等。由于对 3 岁以下幼儿进行智力测验比较困难，因此采用发展量表来评定婴幼儿的智力状况，多见的有格塞尔（Gesell）发展量表、丹佛（Denver）发育筛选测验、中国婴幼儿智能检查表和适应行为量表，等等。

（二）适应性行为评估

相对于智力评估，适应性行为的评估就更困难些，因为行为随环境的不同而不同，会出现一个孩子能良好地适应评估标准，却不适应课堂学习的现象。

美国智力障碍学会的儿童适应性行为标准与鉴定测评的是儿童对社会的适应性。大多数儿童在这些相同的尺度下表现良好，因为很少问及他们的学业及相关行为。但是一个总的评价量表应包括孩子们对学校环境的反映，毕竟他们很大一部分时间要在学校度过。适应性行为的评价要包括双重领域，即校内和校外都要涉及。

世界上第一个标准化的适应行为量表是由道尔于 1935 年编制出来的。

由于美国智力障碍学会规定在智力障碍的诊断中必须评估儿童的适应行为，20 世纪 60 年代以来，各种新的适应行为量表不断被编制出来。表 4-2 所列即为 20 世纪 60—70 年代较优良的适应行为量表。

表 4-2　20 世纪 60—70 年代最常用的适应行为量表

量表名称	发表日期	编制者	适应年龄及范围
文兰社会成熟量表(修订版)	1965	道尔	由出生到成年，残疾与非残疾
AAMD 适应行为量表	1974	尼海拉等	3 岁至成年，智力障碍，情绪失调
巴尔萨泽适应行为量表	1971,1973	巴尔萨泽	5 岁以上重度和极重度智力障碍
儿童适应行为量表	1978	默塞等	5 至 11 岁在校儿童

随着研究的积累以及对适应行为认识的不断深入，适应行为量表的质量也在不断地提高和完善。20 世纪 80 年代以来，兰伯特等人修订的 AAMD 适应行为量表和斯帕罗等人修订的文兰适应行为量表从测量技术上看已经比较成熟。虽然这两个量表正如智力评估那样，仍需要不断完善，但是，这些量表已为教育工作者提供了许多有用的信息，在教育教学中发挥了积极的作用(表 4-3)。

表 4-3　20 世纪 80 年代最优良的适应行为量表

量表名称	适应年龄	测量方法	测量时间
文兰适应行为量表	从出生至成年	访谈或行为评定	大约 1 小时
AAMD 适应行为量表	3 岁至 16 岁	行为评定	大约 30 分钟

适应行为的测量与智力测验是有区别的。首先，适应行为的测量比较强调日常的行为表现，而智力测验更强调思维过程的测量。其次，适应行为的测量着重于被试在日常生活中的一般表现，而智力测验则企图测量人的最大潜力。再次，在测量的方式方法上二者也有不同，智力测验是主试与被试面对面进行的，而适应行为的测量则是通过对被试很熟悉的第三方来完成的，不直接测量被试。

近年来，许多研究者在积极地探讨两种测量结果即适应行为与 IQ 之间的相关关系。大量的研究表明，二者之间的相关系数依所使用的量表、被试的类型及样本变异性的大小不同而不同。大多数相关性为中等强度(大约 0.40～0.60)，这表明二者之间既有联系，又有区别。另外有人还发现，对于年龄小和机能水平很低的那些人，二者之间的相关性一般比较高。如果适应行为量表中包含了许多与学习技能有关的题目，二者的相关也会很高。

七、预防

因为智力障碍儿童的接受能力和学习能力远不如普通儿童，就把他们放在教室的一个角落，听之任之，不给予特殊的辅导和帮助，这样的态度和做法是非常不适当的。目前，国外展开的许多研究表明，只要给这些智力障碍的儿童以丰富的环境刺激，增加他们与外界互动的机会，提高互动的质量，就可以使他们更好地适应社会。

明确导致智力障碍的影响因素，有利于我们很好地采取预防措施。预防措施可以分为三个水平：初级、二级与三级，每一水平的目标与策略见表4-4。

表4-4　智力障碍的预防

预防水平	目标	策略
初级	减少智力障碍的出生率	产前护理；遗传咨询；科学研究
二级	早鉴别及有效治疗	细致照料新生儿；父母教育；长期的社会服务机构；筛查；饮食安排
三级	适应并发挥更大的潜力	提高教育与社会服务系统

初级预防主要集中于胎儿的发展。这一目标是减少智力障碍儿童的出生率，良好的产前护理（比如告诉怀孕妇女吸烟与酗酒的危害等）是第一步，同时科学研究可以发现导致智力障碍的原因并找到解决办法。

二级是确认并改善可能导致智力障碍的环境。比如消除铅污染源可以控制铅对大脑的损害，还有用强大的育儿教育方案代替不良的家庭环境。

第三级水平主要集中于这些已经是智力障碍的人群，为他们安排良好的教育和社会环境，最大限度地发挥他们的潜力。

八、教育干预

（一）国外智力障碍儿童的教育实践

谢明、邓猛（2004）总结了美国和加拿大在智力障碍儿童立法和教育与康复上的做法，美国和加拿大通过层层立法保障，规定特殊儿童享有健全儿童的一切待遇；视融合教育为主流教育思想；美国有等级森严的特殊教育安置体系，强调最少环境限制和逐步走向融合；包括智力障碍在内的中度以下程度的各类障碍儿童就读于普通学校，即使重度障碍，蒙特利尔市和多伦多市的学生也会每周参加普通学校的一些课程。新加坡培智教育学校从学前教育至成人职业教育的较为完整的课程体系，认为新加坡培智学校重视教育教学目标和教育教学体系建设；支持学生的差异发展，开设各类的兴趣课程；大力开发校本课程是值得学习的。

日本世界著名的特殊儿童教育家异地三郎在对智障儿童教育方面，遵循“活动、原理、宽容、赏识、自信、预见、集中、变化、共处、肌体”的“十大教育原理”。充分体现了个性化、差异化的教育理念(杨秀平，2010)。我国台湾地区逐步建立了比较完备的特殊教育法规体系；大力推进融合教育，采取部分融合策略；注重个体差异的特殊教育观念，对有特殊才能的儿童进行资优教育(含音、体、美等)的鉴定与安置；请各行业专业人员设计高度整合的课程，其内容密切结合社会生活，如对智能障碍儿童开设资优教育课程和生命教育课程，从特殊儿童的生活实际出发、综合应用到多领域的知识技能，有利于特殊儿童将所学内容迁移到实际情景中(沈槿木等，2004)。

一些学者对发达国家就业年龄阶段智力障碍人士的教育与康复问题进行了研究，发现发达国家针对就业年龄段智力障碍人士的教育与康复专门立法给予经费支持。但由于近年来转入竞争性就业场所工作的智障青年的比例小，美国智障人士的就业安置模式已逐渐由日间活动中心和庇护工场的日间工作为主转向支持性就业。其具体做法是由州政府康复部提供经费，通过支持大学的参与与研究来推进该项工作。

(二) 我国对智力障碍儿童的教育实践

1. 教育安置

(1) 普通班级

许多轻度智力障碍和部分中度智力障碍的儿童被安排与正常儿童共同上课。当然，将这些孩子安排在普通班级而无任何额外的帮助是不行的，在普通班级里要设有特殊服务，如辅导阅读、演讲以及交往治疗和心理咨询等。这种模式将轻度智力障碍的儿童与学习困难、轻度的行为障碍以及交往困难的儿量合并起来，在这一假定下，这些孩子有很多教育问题，但这些问题可以在普通班级中得到解决。分类与标签已经不重要了，重要的是适合于每个儿童的教育方案。

(2) 资源教室

对轻度智力障碍儿童来讲，资源教室为他们提供了与特殊教育教师共同相处的机会，使他们能够学到在普通班级中学不到的知识和技能。参加资源教室的学生人数要远远少于普通班级中的人数，这样，教师可以有更多的机会与学生个别相处，以及增加学生之间小团体的交流。在一些学校，资源教室方案也用于其他一些轻度障碍的儿童，允许教师为这些孩子单独设置教育方案。

(3) 特殊班级

智力障碍程度越大的儿童，越需要提供专门的环境。特殊班级就是主要为中度智力障碍儿童提供的特殊教育场所。在特殊班级中，经过专门培训的教师为一小组的儿童(不超过 15 人)提供专门的课程。这些课程包括自我修饰、安全教育、学龄前阅读技巧或者其他一些对中度智力障碍儿童相当合适的科目。

2. 内容与技能

对轻度和中度智力障碍儿童的教育方案主要集中于以下几个方面：学习技能、交流与语言发展、社会化和职业教育以及职业技能。

(1) 学前课程

根据早期教育的原则，大多数的技能课开始于学前课程。

开设的课程通常使用任务分析的方法，即将一个复杂的问题分解成若干个适应智力障碍儿童能力的子任务。举个例子，培养孩子的阅读能力，包括听觉(听力辨别和听力混合)和视觉(匹配字母以及单词重认)的参与，帮助孩子掌握这些基本技能，就可以教他们阅读了。同样的方法，通过让孩子思考数目并且将数与物体匹配来教他们识数。为准备写作，先教他们简单的动作(让他们模仿并描绘每个字母的轮廓)。这一过程有两个好处，一是通过子任务，学习技能将会提高。第二，给智力障碍儿童很多成功机会，并得到自信。

社会技能的习得是智力障碍儿童学前课程的一个重要组成部分。社会技能训练的指导过程也应该是非正式的。孩子们可以在日常生活中学会排队、分享、合作。如餐桌上可以教孩子一些社会技能，在这里，孩子可以学会分享食物、帮助别人、按顺序等候以及其他的餐桌礼貌。尽管这里的“教育”是非正式的，但对儿童的社会性发展非常有效、非常重要。

(2) 基本技能

阅读和算术技能是轻度智力障碍儿童需要掌握的基本学习技能。目前常见的模式定在普通班级中学习基本阅读和算术技能，在资源教室学习基本方法。教师选择一个主题，在主题里穿插阅读、算术、写作以及拼写等任务，题目具有激励性，因为它很实用，并与儿童的经历直接相关。

对中度智力障碍学生的教育主要集中于功能性阅读。尽管他们的阅读不同于理解和娱乐，但他们能够识别简单处方中的关键词，发展保护性词汇(如毛、不要走、停止、男人、女人、进来、出去)，能够识别表示有毒物质的有交叉线的头骨。对中度智力障碍学生通常采用整词的教育方法，来帮助他们认识内容中的单词。学生们被要求“读”电视上的时间表和食品盒上的说明，围绕社区学会并寻找关键词。

中度智力障碍的学生不能像普通学生那样学习算术，他们只能掌握简单定量的概念(多与少、大与小，等等)。起初可以教他们数 1～10 的数字并指出小团体的人数，当他们再大一些，可以要求他们写出1～10的数字，掌握时间概念，尤其是认识一天中行为的先后。总而言之，数学就如同阅读的教法一样，要同日常生活结合起来。

(3) 语言与交流

在小学，教师可以通过要求轻度智力障碍的儿童描述一个简单的物体，如桌子（圆的、硬的、可以往上放东西、是褐色的）来帮助他们学习语言，甚至可以要求他们用语言来描绘感觉（高兴、生气以及悲伤）。

为中度智力障碍的儿童安排的语言练习主要包括演讲以及对动词的理解和使用。它们包括交流技能——听故事、讨论图画、讲述最近的经历以及他们熟悉的活动，课堂中使用戏剧的方式来讲述故事、唱歌等。

(4) 社会化

智力障碍儿童从一个环境到另一个环境的适应很困难。因此，我们要教直接有用的社会技能，提高轻度智力障碍儿童批判性思考和独立行动的能力。课程的安排围绕生理需要（感官刺激）、心理需要（自尊、熟练度）和社会表现（信任、灵活）。

社会学习课程不仅包括行为目标，还有观念目标，这些课程强调诱发性问题的使用，过程如下。

① 标注：从正在学习的材料中引出问题。

② 详述：根据事物的详细特征提出问题。

③ 推断：从已有的特征中做出结论。

④ 预知：根据推断，提供更多的信息，考虑会有什么反应。

⑤ 总结：从已有的信息中得出通用的规律。

(5) 职业教育和职业技能

智力障碍儿童的职业教育是指使学生获得某种专门的工作而进行的教育，重点在于教给学生就业的知识与技能，以使学生将来能够就业。职业教育在小学高年级以上才作为教育的主要内容，其从劳动市场的需求出发，涉及范围较窄，但内容具体，主要注重学生工作能力的获得，为学生谋业打下基础。

当轻度智力障碍儿童到了上中学的年龄，就要安排他们学习职业技能，这些技能可能与特殊职业或者一般的工作技能有关。

根据特殊教育方案，大多数的智力障碍儿童在普通班级中学习普通课程，但有些中学的课程（英语、历史、科学）的内容不适合智力障碍儿童，对他们更应该强调实用的职业技能，将来能够独立生活。

职业教育的内容主要包括以下几个方面。

第一，职业能力的调查。职业能力的调查主要包括：① 身体检查：查明学生一般的健康情况,了解身体的基本能力及判断有无疾病伴随等。② 心理检查:查明学生智力发展情况及社会适应情况。③ 教育成就调查:查明学生语文、数学及其他知识的学习掌握情况。④ 职业行为调查:通过各种测量与评估,确定其职业能力和接受生产训练的可能性。根据以上职业能力的调查内容,建立学生较全面的档案,并结合就业的需求情况对智力障碍儿童进行一定的职业定向培训。

第二,职业训练。经验表明,智力障碍儿童适合选择的职业范围大体包括:① 服务业。如清洁工、商店店员、餐厅服务员、理发工、办公室打字员、传达员、货物运输工等。这些工种的教育内容除按各工种自身要求的内容外,更应注重职业道德或职业修养的内容,如遵守时间、讲信用、热情、礼貌待客等。② 农业。如种植粮食、蔬菜、果树林木,饲养家禽、鱼类等。农村的智力障碍儿童经过训练后,大多数能参加农业生产劳动,成为自食其力或半自食其力的劳动者。这些职业的教学内容以各种工具的使用、操作及有关知识为重点。③ 工业。如钳工、木工、缝纫工、纺织工等。这类工作较前二类工作专业性更强,不仅要求学生有好的工作态度和习惯,还要求有一定的专长。

第三,就业指导。就业指导包括:① 职业意向调查。目的在于了解学生对职业的意愿及有关问题。② 对职业性质的认识。这是学生正确认识职业活动的必要条件。通过教师指导,使学生明白工作的价值和意义。③ 工作态度和习惯。这是职业成功与否的重要条件,通过指导使学生懂得应具备的工作态度和习惯。④ 求职就业。教给学生求职就业的基本知识。通过以上内容的指导,使学生获得有关就业的一些基本常识,以使他们能更好地适应职业生活。

智力障碍儿童职业教育的开展具有极大的社会意义,它能使智力障碍儿获得一技之长,使其能发挥自己的能力,从消极依靠家庭、社会的照顾,变成能够独立生活,体现了特殊教育的价值和意义。

九、研究现状及存在的问题

(一) 研究现状

随着特殊教育理念的更新,国内外对智力障碍的定义进行了重新的解读和定位,人们不再孤立地把智力障碍视为儿童个体内部的疾病或缺陷,而是视为个体与环境发展的不协调所致的个体功能障碍。这样的转变启示我们在教育干预中,不应单纯地改变儿童,而应力求儿童与环境的双向改变。通过优化和改善环境,提供适切的学习机会,促进智力障碍儿童各方面能力的综合发展。

在学校课程设置及教学内容的安排上，摒弃了过去以分科课程和学科知识为基础的课程体系，不再满足于对教材难度的降低和调整，而是开始尝试校本课程体系的建设。在真实的生活情境下，根据儿童的需要和基本能力，制订个别化的教育方案，采用适合儿童的教育方法和策略，促进儿童在感知运动、语言表达、社会交往等各方面能力的全面发展和提升。总体来说，课程设置从智力障碍儿童的特殊需要出发，采纳以活动经验-生活教育为中心的课程体系。

在教学方法上，运用活动经验法，强调智力障碍儿童在活动中的实际参与、接触和体验，通过直接经验来增进对事物的认识。对于比较复杂的学习任务可以采用任务分析法，循序渐进地指导学生完成单元学习任务。此外，教学评价强调过程评估和生态化评估，要求在真实的生活情境中，通过观察儿童与环境的互动质量，对儿童各方面的能力做出真实有效的评价。

通过游戏、音乐、绘画等媒介进行的治疗干预对智力障碍儿童有显著成效。游戏活动生动、具体，能适合智力障碍儿童的感知、动作、记忆、思维等的特点。游戏活动不仅能激发智力障碍儿童的兴趣，而且能增强他们的信心。在游戏活动中对智力障碍儿童进行教育比普通方法更为有效，如简单的编织游戏可以改善这些儿童的手指协调动作。任金凤（2000）在数学教学过程中穿插游戏进行教学，发现这种教学方法使不同层次的学生都较好地掌握了所学知识，并加深了对所学知识的理解。音乐治疗能够在轻松愉悦的氛围中，借助一定的音乐表达形式，如歌唱、乐器弹奏、舞台表演，促进智力障碍儿童的全身心参与，获得积极愉悦的情感体验，增强与人互动的意愿和动机，从而获得参与感和成就感。绘画治疗可以帮助智力障碍儿童探索自我与世界的连接，作品作为沟通媒介，能够清楚地表达儿童的自我意识和内心感受，在治疗师的积极陪伴和引导下，与他人建立正向的关系和连接。而且，音乐、绘画等艺术表达形式，也可以作为休闲活动，能丰富智力障碍儿童的生活经验。

临床报告曾提到动物对智力障碍儿童的能力提高有一定作用。2000 年，深圳海洋世界就尝试对智障儿童进行海豚康复治疗，聪明的海豚能发出 2 万赫至 10 万赫的高频超声波，对智障儿的脑神经产生良性的强烈刺激，能激活处于休眠状态的神经细胞。智力障碍儿童通过与海豚的亲密接触，不但能激发语言的潜能，对身体的协调性方面也能起到一定的促进作用。在“海豚治疗法”的帮助下，有些孩子不但学会了游泳，而且也开始能够简单地与人沟通。

智力障碍儿童的教育不论是在我国还是西方发达国家，都已成为国民教育体系的重要组成部分。西方发达国家在智力障碍儿童的教育上积累了较为丰富的经验。国内的学者虽然也已经进行了不少有益的探索，但由于受各种条件的限制,我国目前在对智力障碍儿童的教育上还是存在不少问题的。

(二) 存在的问题

我国智力障碍儿童的教育从近年的发展情况来看,取得了一些成绩。但在实际教育中特别是在学校教育领域,还存在一些普遍问题。目前我国智力障碍学校教育存在的问题有以下几方面。

1. 许多智力障碍学校仍采用传统的教学模式

与以往教学模式相同,在智力障碍学校中,教师处于教学的中心,注重知识的传授,讲多于练,学生亲自感觉、动手实践的机会少。这种教学模式与我们前面提到的智力障碍儿童的心理特点是不相符的。

2. 许多学校的课程是仿照普通学校设置的,没有做出相应的改动

虽然已有研究者对智力障碍学校的课程设置提出了比较独到的见解,但由于受各种条件的限制,在实际推广运用时还是遇到了许多障碍。

3. 许多智力障碍学校的教育只不过是减缓了速度,降低了标准

智力障碍儿童与普通儿童相比,不仅是在智商分数上存在量的差异,重要的是在人格特性等心理特点上存在着质的差异。如果仅仅是把智力障碍儿童看成是普通儿童的缩小版,把他们看成是没有长大、没有成熟的普通儿童,这必然会带来对他们教育的偏差。由于没有考虑到他们的特殊的心理特点,因此也就不能照顾到他们的特殊需要,不能圆满完成对他们的特殊教育。

4. 未能充分整合学校之外的教育资源

除学校之外,智力障碍儿童的生活环境还包括家庭和社区,其中蕴含着丰富的教育资源,但目前我国对智力障碍儿童的教育干预局限于学校和课堂背景下,主要依靠学校教师,家庭和社区的服务资源未能挖掘和整合,家长及社会人员的力量尚未激发,未能形成教育的合力,起不到应有的教育干预效果。

(三) 努力方向

总而言之,对于智力障碍的相关问题,国内研究者几乎都有一定的涉及,主存在的问题是广而不专。即研究的范围比较广,但具体到某一个问题,却很少有多个研究者反复做出探讨,来相互验证、修正彼此的结论。许多研究结论由于没有经过反复考证,在实际推广应用时就遇到了很多问题。因此,笔者建议在以后的研究中,研究者不要总是一味求新,可以加强对一些已有的研究结论的反复验证和考究工作。总结文章中提到的问题,笔者认为我国在以后的智力障碍研究中还有以下的问题需要加以注意。

1. 要继续加强对智力障碍儿童鉴定的研究

一个儿童是否被鉴定为智力障碍儿童,不仅关系到这个儿童以后会接受什么样的教育,更重要的是还会关系到这个儿童的生长环境。许多被贴上“智

力障碍"标签的儿童,长期处于阴影中不能自拔,对其身心健康产生了极为严重的影响。因此,在对智力障碍儿童进行鉴定时一定要参照多个标准,慎重行事,不能盲目把某个儿童归入智力障碍行列中。国外对智力障碍的界定标准是在不断地修正、改进中的。由于受文化等条件的限制,我国不可能完全照搬国外的界定标准,还是应该加强适合我国国情的界定标准的思考。

2. 重视个别化教育支持的探讨

智力障碍儿童在智力和非智力心理特点方面都存在很大的差异性,需要对每个孩子进行个别化的教育评估,设计具有针对性的教育方案,对智力障碍儿童进行个别化教育并非易事,需要教育工作者熟悉和精准掌握每一个儿童的能力水平、发展现状和学习需求,在教学活动中为其提供个别化的教学方案,在教学目标、教学流程和教学方法上都需要做个性化的规划和调整。

3. 加强整合的教育康复模式的研究

针对智力障碍教育与康复工作的复杂性,应整合现有的优质资源,构建整合的教育与康复模式。纵向上,应根据智力障碍儿童的实际情况,探索出有利于他们发展的教育与康复模式,强调最少环境限制,并在整合的教育与康复模式下逐级走向融合的目标发展。在横向上,应结合多元安置并存的安置现状,提高智力障碍的教育与康复的质量,并在具体的教育教学实践中,积极探索多领域、多学科的通力合作,整合各阶段的课程设置体系,实现课程内容的综合化和社会化,以满足智力障碍人士社会融合的切实需要。关于该课题目前在国内的研究相对较少,应在借鉴国外研究的基础上,结合我国实际,探索本土化的有效模式。

思考与练习

1. 导致儿童智力障碍的因素是什么?
2. 何谓三级预防?谈谈如何预防智力障碍。

推荐阅读

Kasari C, Stephanny F N Freeman, et al. Empathy and Response to Distress in Children with Down Syndrome[J]. Journal of Child Psychology and Psychiatry, 2003(3): 424-431.

[美]Eric J. Mash & David A. Wolfe. 儿童异常心理学[M]. 孟宪璋等译. 广州：暨南大学出版社，2004.

徐敏，马冬雪. 国际比较：智力障碍教育与康复研究现状与展望[J]. 闽南师范大学学报(自然科学版)，2014：102-107.

王勃，康荣心. 智力落后定义的百年演变[J]. 中国特殊教育，2010(6)：18-23.

郭海英，杨桂梅. 智力障碍学生与智力正常学生言语认知加工过程的比较[J]. 河北大学学报：哲学社会科学版，2010(5)：100-103.

刘春玲，马红英. 智力障碍儿童的发展与教育[M]. 北京：北京大学出版社，2011：83.

第5章　学习障碍儿童

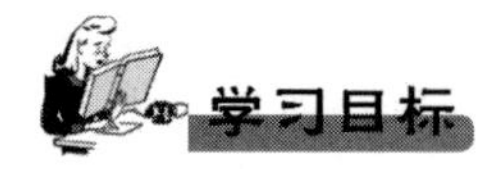

1. 掌握学习障碍儿童的定义、特征，理解与智力障碍儿童的区别。
2. 了解学习障碍儿童的发生率、分类及表现，掌握相应的干预策略。

纵观学习障碍研究的发展线索，从渊源上看，最早起源于医学界。1880年奥地利的神经解剖学家高尔(Gall)，发现成人脑伤可能造成其语言功能受损，智力却不因此受损，这类的病症即现在所谓的“语言障碍症”(Language Disorder)或“失语症”(Aphasia)。到20世纪50年代，西方研究者的研究角度由医学逐渐转向心理学、教育学。60年代以来，研究进入整合时期，主要侧重于临床心理学、神经心理学，一方面涉及诊断界定，另一方面涉及矫治和干预。

“学习障碍”一词最早出现在1963年由柯克(Kirk)在知觉障碍儿童基金会演讲中，提议用“learning disabilities”这一较为教育性的名词来代替当时医学文献上习见的一些术语。翌年，即成立学习障碍儿童协会(Association for Children with Learning Disabilities，简称ACLD)来推动学习障碍的教育及相关法令的建立。1969年，美国国会通过法案，正式列学习障碍儿童为特殊教育对象之一。

一、定义

继柯克提出“学习障碍”一词之后，这一术语得到不断修改完善。1975年，美国《障碍儿童普及教育法》(又名公法94-142)中的学习障碍定义表述如下：“学习障碍”一词是指与理解、运用语言有关的一种或几种基本心理过程上的异常，以至于使儿童在听、说、读、写、思考或数学运算方面显示出能力不足的现象。这些异常包括知觉障碍、脑伤、轻微脑功能失调、阅读障碍和发展性失语症等情形，但不包括以视觉、听觉、动作障碍，智能不足或环境、文化、经济等不利因素所造成的学习问题。

美国哈密尔主持的全国学习障碍联合会(National Joint Committee on

Learning Disabilities，简称 NJCLD）在 1981 年提出了新的定义：学习障碍指在听、说、读、写、推理或数学等方面的获取和运用上表现出显著困难的一群不同性质的学习异常者之通称。这些异常现象是个人内在的，一般认为是由于中枢神经系统功能的失常。个体在自控行为、社会知觉与交往中的问题可能与学习无能同时存在，但这些问题不在学习障碍范畴之中，同时，学习障碍也可能与其他残障（如精神发育迟滞、情绪紊乱等）或外界不利条件（如文化差异，教育缺失或不良）相伴发生于同一个体，但学习障碍并非后者的直接后果。

长期以来，我国教育工作者是在“差生”“双差生”“后进生”“学业不良”等名义下进行学习障碍的相关研究，很少探讨学习障碍的界定。20 世纪 80 年代以来，又出现了“学习障碍”“学习无能”“学习困难”等词语，但这几个概念一直是混淆使用。

另外，一些研究者对学习障碍的界定，时常简化为“差距”或“学习成绩低下”，即学习障碍学生指的是“智力正常，但学习效果低下，达不到国家规定的教学大纲要求的学生”。这个定义包含了两层含义：一是学习障碍学生智力是正常的，即使有些学生智力偏低，仍属于正常范围，另外，心理发展的基本进程也是正常的。二是由于种种原因，学习成绩长期而稳定地达不到教学大纲所要求的水平，而且一般学习方面的困难不容易被克服。

以上概念表明，判断一个学生是否属于学习障碍，至少符合以下三个条件：第一，个体的智力接近正常、正常或正常以上，其潜能和成就之间有严重的差距，而形成低成就现象；第二，学习障碍不是由于智力落后、感官障碍、情绪困扰或缺乏学习机会等因素所造成的；第三，学习障碍学生无法在正常的教学条件下从事有效的学习活动，必须接受特殊教育服务，才能学习成功。学习障碍主要表现在学龄期，但一些研究发现，学前儿童如有言语和语言障碍，往往伴有行为、情绪和社会性方面的问题，到学龄期以后也更易于发展成为学习障碍。

二、发生率

在世界各国的基础教育领域中（发达国家也不例外），学习障碍儿童在各年龄段都有一个相当稳定的比例。国外调查资料表明，学习障碍儿童人数占学龄儿童总数的 4％～6％，在某一项或多项功课学习中存在困难的学生有 13％。美国 40％以上的所有接受特殊教育的学生被认为有学习障碍，约占所有学校儿童总数的 4％。研究者认为，小学 2～3 年级为发病的高峰年龄，一般男多于女。

国内一项调查也表明，在校学生中有 6.5％～17.8％的儿童存在着不同程度的学习障碍。可见，相当数量的学习障碍儿童的存在，严重困扰着儿童和青少年的发展。

三、分类及表现

（一）柯克的分类

柯克将学习障碍儿童分为两大类，即发展性学习障碍和学业性学习障碍。

1. 发展性学习障碍

发展性学习障碍（Developmental Learning Disabilities）是指在儿童正常发展过程中出现的心理、语言功能方面的某些异常表现，多与大脑信息处理过程的问题有关。这类问题又包括以下表现。

（1）注意障碍（Attention Disorders）

注意能将某个刺激从许多刺激中挑选出来，帮助人们减少同一时间内的刺激量，而注意障碍就是注意的选择功能出现障碍，这样的儿童在同一时间对过多的刺激做出反应，表现为总是在动、注意力分散、不能持续足够长的时间来完成学习任务，也不能有目的地直接注意周围的事物。家长通常怀疑这样的孩子有多动症，医学上称为注意力障碍，具体表现为上课不听讲、集中注意力时间很短、经常搞小动作、学习时经常疲倦、下了课则很兴奋。这种孩子自控力差，经常与比自己小的孩子一起玩，显得十分幼稚。

（2）记忆障碍（Memory Disorders）

儿童不能记住曾经见过的、听过的和经历过的事情，这就会影响他的学业成就，如视觉记忆存在问题的儿童在完成需要回忆单词形象的阅读任务时有困难，而听觉记忆存在问题会影响儿童的口语能力。

（3）（视、听）知觉障碍和感知-运动障碍（Visual and Auditory Perception and Perceptual-Motor Disorders）

有视知觉问题的学生，可能表现出无法理解路标、方向指示、文字或其他符号以及图片的含义。有听知觉困难的儿童，往往无法理解或转译口语，能认出见到的事物，可以读出名称，但同样的刺激如果仅仅用口语来表达，他们却不能理解。但在现实生活中，有许多学习是以听演讲、参加讨论来进行的，这也会影响他们的学习。有感知-运动障碍的儿童在辨别左右方位、身体形象、空间定向、活动性的学习、需视觉配合的活动等方面存在困难。

（4）认知能力障碍（Mental Operation Disorders）

认知是指认识、思考过程，元认知是我们思维活动的思考能力并能监控其效果。大脑处理信息时，必须具备记忆、分类、解决问题、推理、判断、批判性的思考、评价等基本的智力活动能力，这些认知技能是中枢处理过程的完整组成部分，在这些方面有缺陷就会影响学习活动。

(5) 语言障碍(Language Disorders)

语言障碍是学前阶段能够被确认出的最常见的障碍表现，如不开口说话，或不能像同龄人那样说话，不能对指示或口头陈述做出恰当反应。

2. 学业性障碍

学业性障碍(Academic Learning Disabilities)是指有显著阻碍阅读、拼写、写作、计算等学习活动的心理障碍。这些障碍往往在入学后由于实际成就水平低于潜在学业能力而表现出来，主要表现为阅读障碍、拼写障碍、写作障碍和计算障碍等。

(1) 书写障碍

书写障碍儿童的一个突出困难就是写字多一撇少一划，经常把答案写错，有时难题可以解出来，简单的计算题却错了。他们的眼睛漏掉许多明显的信息，考试时竟然可以把整个题丢掉。这是儿童的视觉分辨力和视知觉记忆力相对落后造成的，这类儿童最易受到老师和家长的误解，认为他们学习态度不好，必须给予惩罚，其实这是一种学习能力的障碍，只有进行有关的视知觉训练才能见成效。

(2) 阅读障碍

阅读障碍儿童往往记不住字词，提笔忘字，朗读时增字减字，写作文语言干巴，阅读速度特别慢。他们认字时将字当作一个没有意义和语音的图形来记，死记硬背，阅读时不能自动地将字转换为语音，所以阅读速度和耗费的精力极大，容易疲劳。如果不能有效地阅读，他们将来会在各门功课上都出现困难。

(3) 数学学习障碍

数学学习障碍儿童在数学计算和数量概念的理解上有困难，空间推理能力较差，遇到计算题和复杂一些的数学或物理题就不会解了。对这类儿童，家长应重视逻辑推理能力的开发，在空间想象力和数量关系方面进行培养，要利用孩子的语言优势。

3. 发展性学习障碍与学业性学习障碍之间的关系

当一个学生学习成绩不佳时，如果我们排除了他存在智力落后、情绪困扰或其他环境因素，往往就要从其大脑信息加工过程以及注意、记忆、语言等方面来找原因。事实上发展性障碍并不总是阻碍着学生的学习能力，人们可以用各种方法来补偿儿童的缺陷，而且仅仅在某一个方面存在发展性缺陷并不一定就会导致学习障碍，许多情况下学业性学习障碍往往是由多种发展性学习障碍并存带来的结果。例如，当儿童同时存在视知觉和听知觉缺陷时，即使有较高的智力也难以补偿其学习障碍。

（二）麦金妮的分类

麦金妮(Mckinney,1984)运用聚类分析法确定了学习障碍的四种类型，第一种类型表现为：言语技能一般，序列和空间能力缺乏，概念能力较强，独立性较差和注意力不集中；第二种类型表现为：算术和图形排列及一般能力较好，学习成绩较差，在老师评价的行为量表中排名较低，在学校中比较自私，攻击性较强，注意力很不集中；第三种类型表现为：概念能力高于平均水平，学习成绩中等，注意力不集中，性格较外向；第四种类型表现为：学习成绩中等，言语能力中等，序列和空间能力缺乏。

（三）我国的分类

我国有些学者根据学习障碍表现的领域，把学习障碍分为语言学习障碍、数学学习障碍和社会技能学习障碍。语言学习障碍指在口头语言、书面语言技能的获得与运用中的障碍，可以进一步分为口语接受性障碍、口语表达性障碍、阅读障碍、书写及作文障碍。数学学习障碍表现为计数困难，对上、下、高、低、远、近、前、后等空间及序列概念区分不清，理解数学术语或符号困难。社会技能学习障碍表现为社会知觉能力不足，社会判断能力差，角色及观点采择能力低下，自我概念发展不良。

四、影响因素

早在1937年，心理学家奥顿(S. Orton)就提出了大脑皮层控制理论。他假设，当大脑两个半球中一个半球失去对另一个半球控制的时候，儿童就出现符号颠倒，把“ON”看成“NO”，把“SAW”看成“WAS”。尽管奥顿当时提出的论点与现在的观点有所不同，但他将学习障碍与神经病学联系起来确是一个重大贡献。目前，对学习障碍的引发原因尚无确切定论，只有下列假设。

（一）轻度脑损伤或轻度脑功能障碍

一般学者认为，轻度的大脑功能失调是引起学习障碍的一个常见原因。与学习正常儿童相比，学习障碍儿童有不同程度的神经心理缺陷(如解决问题、言语理解和长时记忆)。这些缺陷的程度与学业成绩低下的程度呈正相关，而且学习障碍儿童的神经心理功能不平衡，左半球功能受损更明显，这种平衡失调是影响学业成绩的因素之一(程灶火，1992)。通过对儿童的脑电进行定量分析，发现学习障碍儿童脑电异常率明显高于正常儿童，提示学习障碍儿童的障碍可能有其生物学基础(张小雷等，1992)。大脑皮质功能失调是解释学习障碍原因时最常被引用的，它能帮助发现学习障碍儿童的障碍和优势，如有研究者发现，阅读障碍的个体大脑中负责快速视觉加工的区域存在缺陷

(Sunder,2010)。

脑功能失调的产生机制尚不清楚,是由脑生理病变引起,还是脑部在进行信息处理时的缺陷所致,尚缺乏实验研究,不过某些已知可以引起脑损伤的事件与以后学习障碍之间的关系已经被证明,如:母亲妊娠期间出血、酗酒、服毒或营养不良,母亲患有败血症、感染性疾病、病毒性疾病或其他慢性病,胎盘脱落,子宫不良及RH血型不配等。出生时由于产程过长或难产造成的脑缺氧,早产体轻,胎位不正,臀产或羊水早破,用产钳或骨盆狭窄引起颅压增高,以及产程太快致使新生儿忽然接触新的空气压力。出生后婴儿期的高烧、脑支、啮膜炎、铅中毒、药物中毒、呼吸器官疾病引起的窒息、严重营养不良或头部外损伤等。

(二)遗传-素质假说

一些研究者认为遗传可能是学习障碍的一个原因。赫尔曼(1959)对有诵读困难的同卵双生子和异卵双生子的对照研究发现,只有三分之一的异卵双生子同时出现诵读困难。由于同卵双生子中每对双生子同有诵读困难的发生率高于异卵双生子,赫尔曼认为,阅读、拼写和写字等学习障碍是可以遗传的。也有研究发现,阅读障碍儿童受家庭遗传的影响很大(Vander,2007)。

艾尔丝提出感觉统合失调(Sensory Integration Disfunction)是儿童学习障碍的重大原因。感觉统合能力是依年龄以自然的次序发展的,正常儿童到7岁时发展已臻完善,但某些特殊儿童由于一些至今尚不清楚的因素,无法正确处理自身与外界的信息,而产生种种学习行为与情绪上的障碍。不同感觉系统的失常会引发不同程度、不同形式的行为障碍。

(三)心理与环境假设

很多学者都认为,环境因素不是学习障碍的一个直接引发因素,却是一个主要的影响因素。缺乏母爱或其他成人所给予的感情,由没有文化的人抚养、早年缺乏各种环境因素和教育、营养不良或疲劳、不适当的教学方法或教材会使儿童对学习不感兴趣,老师的偏见、对儿童经常批评、不加鼓励等也是产生学习障碍的因素。调查表明,家庭因素、父母对儿童的态度、期望及教育方式也是引起儿童学习障碍的一个主要原因。研究还发现,儿童学习障碍与其母亲文化程度、家庭学习环境、父母期望、父母教育方式等因素存在密切的联系(朱冽烈等,2003)。

杜高明(2008)等表示,许多孩子由于受家庭环境小的限制,在婴幼儿期没有进行充分的感官探索和动作发展,这些在孩子经历儿童期时经常被认为感觉统合失调。婴幼儿阶段如果营养不良会造成发育迟缓,而严重营养不良则会导致中枢神经系统发展缓慢或不足,会直接影响学习困难。父母教养方式过于严厉，家庭关系不正常，家庭迁移次数过多，父母不重视对孩子的教育，或者父母教育方式过于严苛，都可能造成儿童没有均等的学习机会。

不良的环境因素，可以直接影响儿童学习潜能的发挥，不良的家庭社会因素与学习障碍之间存在互为因果的关系。这提示我们对学习障碍儿童的训练应考虑儿童家庭环境的特点，改进父母对儿童的教育方式。

五、鉴别与诊断

对学习障碍儿童的诊断，应包括以下方面：① 医学诊断：对儿童的生长发育史、病史、家族史进行了解，并对其进行神经科、眼科和耳科检查，以诊断可能导致其学习障碍的因素。② 心理诊断：使用心理测验量表，以对儿童做出恰当的评估。常用测量工具有伊利诺心理语言能力测验（Illinois Test of Psycho-linguistic Abilities，简称 ITPA）、弗洛斯狄视知觉发育测验（Frosting Developmental Test of Visual Perception）、词汇发育检查、智力量表等。③ 教育诊断：主要是为了了解儿童在学业方面存在哪些障碍，如总体水平低还是读、写、算等方面存在困难。

（一）鉴别标准

柯克根据学习障碍的定义提出三条鉴别标准：差距标准、排他标准和特殊教育标准。

1. 差距标准

差距标准指个人内在学业或能力发展方面的内在差异，也就是个人潜力与实际表现的差距。差距标准的判定，首先需要标准化的能力测验与成就测验。决定差距的方法主要有几种：年级水准差异、期望公式、标准方法和回归分析。

年级水准差异是将学生的学业成就水平与现读年级比较，明显低于现读年级某个差异上的（如一、二年级），则符合差距标准。期望公式又称潜能和成就水平差距法。此法利用不同的公式，将预期的成就水平量化，再与学生实际的成就相比较，低于预期成就水平者，即符合差距标准。标准方法是将学生能力测验与成就测验的分数转换成标准分数（Z 分数或 T 分数）再行比较。回归分析是指在一定的范围内（如一个学区），建立能力成就的常模与两者的回归关系。

美国各州目前使用的最多的是标准分比较，约占 54%。尽管差距标准在各种学习障碍学生鉴别标准中占首要地位，但仍受到一些学者的批评。凯弗莱（Kavale，1987）认为，差距标准是人为的概念，强调能力与成就的差距容易造成学习障碍与成绩差混淆的现象，以致把许多低成就学生鉴定为学习障碍学生。另外，使用差距标准容易让人忽略学习障碍的病因。

2. 排他标准

排他标准指学习障碍不是由于智能不足、感官障碍、情绪困扰或缺乏学习机会等因素造成的。这种排他标准并不完全排斥上述这些可能导致有学习障碍的现象，若是同时并存，则须提供多种特殊教育的服务。约翰逊等人在美国政府定义之前，曾提出学习障碍鉴定的六项排他标准：① 一般智力测验智商在90左右或以上；② 双眼的视力经矫正后在0.5以上；③ 两耳的视力损失不超过30分贝；④ 情绪困扰现象不是直接可以观察到的；⑤ 没有明显的动作障碍；⑥ 家庭社会经济地位中等。

1977年"公法94-142"的学习障碍学生鉴定标准中，也有排他标准，即视觉、听觉和动作障碍，智力不足，情绪困扰，环境、文化或经济不利等原因造成的障碍不可鉴定为学习障碍。

3. 特殊教育标准

特殊教育标准即学习障碍学生必须是无法在普通教学条件下进行学习，需要接受特殊教育服务的。贝特曼(Bateman，1992)提出转介前的干预是确定此资格的方法，即在鉴定前增加转介前的干预措施，如果在原来学习环境中作适当的调整即可解决学习问题的儿童，就不符合特殊教育的标准。

(二) 诊断方法

柯克指出对学前儿童和学龄儿童学习障碍的诊断方法有所不同。

1. 学前儿童

越早发现儿童的学习障碍，就越容易开展早期干预，而如果能够发现学习障碍的高危儿童，就可预防学习障碍的发生。对学前儿童的诊断，主要是根据家长与教师的观察、行为评分表、非正式医学诊断、标准化测验等手段来进行，通过多种途径收集儿童各方面的信息，以找到最适合于儿童的教学方法。

(1) 语言障碍

学前儿童中最常见的学习障碍是语言障碍，可采用以下步骤：通过家长和教师的观察了解儿童的语言水平；调查儿童的医学记录以确定是否有生理上的原因；了解家庭情况，以确定有无家族因素；用正式或非正式测试来确定儿童在语言理解等方面的能力障碍；确定儿童在特定领域中能和不能做什么；开展补偿活动，使儿童的状况逐步得到改善。

(2) 知觉-运动障碍

有知觉-运动障碍的儿童在理解和对图片及数字做出反应上有困难。对这类儿童，需要了解的信息及途径同上，而特别要了解以下情况：儿童能否根据他所见到的来解释周围环境，儿童是否能正确完成形状和颜色配对，儿童能否很快用视觉认出物体或图片，儿童能否完成迷宫测试，儿童能否用动作或画图等非言语方式表达观点。

（3）注意和其他障碍

对这类儿童的诊断要搞清以下问题：能否将注意力保持在听觉或视觉刺激上；是否很容易分散注意力；面对困难或以前的失败，能否坚持；能否区分两个事物或图片（视觉辨别力）；能否区分两个单词或声音（听觉辨别力）；能否区分摸到的两个事物（触觉辨别力）；在空间中能否定向，能否区分左右；能否马上记住他所听、看或感觉到的；能否用口头或动作模仿他人；有无适当的视觉-运动协调能力，动作是否灵活等。

2. 学龄儿童

学龄儿童常因为在阅读、拼写、写作、计算等基本科目上的落后而被要求诊断。通常采用标准化智商或成就测验以及日常观察、作品分析、课程本位测试等手段来诊断。其中课程本位测试作为一种动态测量方法，是在儿童学习环境中，以儿童日常课程内容为评估材料对儿童每周或每日进行的评估，是一种形成性评价方法。这种评价方法可以随着教学的进行为教师提供学生的学习情况，评估的主要内容是基于课程的各方面的测验，包括拼写测验、朗读测验、阅读理解测验、计算测验等。在评估过程中，首先直接观察和分析学生的学习环境，比如教材、教学时间、教学方法和学习时间等。其次是分析学生的学习过程，如学习态度、注意力、阅读教材情况、听课情况和反应等。再次是评估学生的学习成果，如考试、作业、课堂表现、练习情况、错误类型等。最后是进行诊断和分析，在已有的系统的教学方法上观察影响学生学习效果的因素有哪些，作为将来教育干预的基础（梁威，2007）。课程本位测试的优势在于，首先，基于生态学视角，将学习环境和学习内容纳入评估过程中，关注学习环境和学习内容对儿童学习能力获得的影响。其次，评估具有较强的操作性，将评估融入日常教学活动中，灵活、方便。第三，评估结果可以直接指导日后的教育干预工作，对相应的教学要素进行及时、有效的调整。

六、教育干预

学习障碍儿童的教育干预主要集中于家庭教育和学校教育两个方面。

（一）家庭教育

家庭环境，父母教育、督导等因素对儿童健康成长有密切关系。刘全礼（2007）在“学业不良儿童的成因及对策研究”课题中，指出解决学习障碍问题仅仅靠教育内部、靠教师是远远不够的。要想从根本上解决学习障碍问题，首先就要从源头上做起，而其中优生优育是最重要的环节。优生优育包括生育前检查,孕期保健,安全生产等环节。同时对学习障碍儿童的家庭教育中,家长应该树立正确科学的教育理念,了解掌握教育子女的知识和方法。毛荣建(2007)也指出父母应该给学习障碍儿童提供足够的营养、给予适当的刺激,培养其自我控制能力和语言能力。可以看出,父母了解掌握一些教育干预的知识,对于学习障碍儿童的干预,对日后成长具有深远影响。

在家庭环境中,儿童模仿能力强,父母的一言一行都提供了大量的学习机会。父母对他们自己的友谊以及在家庭之外获得的成功,对学习障碍儿童的弹性发展很有帮助。弹性发展的提升使学习障碍儿童在逆境中具有更加强的适应能力。很多家长将学习成绩看得很重,对于孩子考试不漂亮的分数会一味责罚,这样做只会加重学习障碍儿童的心理负担。从心理健康的角度而言,对学习障碍儿童的鼓励比惩罚更利于他们的发展。对孩子的每一点进步给予及时而有针对性的鼓励,营造和谐积极的家庭氛围也是给学习障碍儿童心理教育营造了外部的和谐氛围。同时父母应教会儿童进行自我决策,不要替孩子包揽一切,具体应做到以下几个方面。

1. 有信心

国内外不乏学习障碍儿童成功的例子,不要因为现有的困难,放弃学习障碍儿童的教养,要坚定自己对孩子的信心。

2. 有毅力

学习障碍有可能终身伴随,其困难可能会依成长阶段而异,因此,家长应有长期“抗战”的心理准备,不要因为一两次的困难就放弃,帮助孩子把阻力减至最低。

3. 有耐心

学习障碍儿童常常因为不断地受挫,很容易自暴自弃,甚至脾气失控,家长必须以无比的耐心包容、帮助孩子。必须了解儿童的种种困难,诚恳地把问题指给他看,耐心地给予示范帮助;不要老是说他“笨”“什么都不会”,而应理解孩子,以免他对一切都产生敌对情绪。例如,孩子不会整理他的东西或有计划地做事,那么父母应做给他看如何整理书包,给他写下要做的几件事,或者随时提醒督促他做某件事。这样孩子容易从好的示范中习得良好的行为,如果父母经常表扬或奖励他的良好行为,就可逐渐使之养成良好的习惯;反之,父母对他的错误行为经常给予批评和惩罚会加强他的错误行为。

4. 平常心

父母不必要的焦虑往往造成家庭气氛紧张,因此家长应理性地面对问题,不要因为太过于专注孩子的障碍而放弃日常社交活动与自我发展。同样也不要太急于发展孩子的能力而剥夺孩子应有的游戏和社交活动,甚至也不要因其障碍而太纵容，使其丧失学习的机会。例如，孩子说话不清楚就替他讲话，孩子手脚不灵，行动笨拙，就什么都替他做好。这种溺爱会使学习障碍儿童的行为问题表现更为突出，因为他没有机会学习适当的行为，在家里只有被动的行动。由于父母为他做了一切，他就变得更加依赖与无能。父母应该要求这种儿童在一定时期内掌握什么，达到什么标准，以便培养他独立生活的能力。

5. 密切家校沟通与合作

学习障碍儿童的困难，往往发生在学校的学习过程中。因此，家长必须和老师建立良好的沟通管道，务必让老师明了孩子的障碍与学习特性。避免教师因误解而伤害孩子。

6. 教育的协调一致

同样出于对学习障碍儿童的关心，父亲和母亲之间可能在想法和做法上都很不一致，最好父母之间能随时沟通、协调，毕竟抚养学习障碍儿童成长不是一件容易的事，两人互相商量与合作，可减少管教的负担。

7. 争取权益

学习障碍儿童的权益有赖于家长的积极争取。因此在积极教育学习障碍儿童的同时，家长应团结大家的力量，共同为学习障碍者呼吁与争取权益。

总之，学习障碍儿童需要多方面的支持，他需要有父母的爱，需要得到别人的注意和关怀。父母不能因为他的行动不讨人喜欢而厌弃他，而是要多关心他，同情他，了解他，耐心帮助他。

（二）学校教育

1. 学校的教育安置

（1）普通班

普通班是限制最少的教育环境，但却也是提供特殊教育服务不足的教育安置，通常都是学习障碍程度较轻或困难较少的学生才会被安置在普通班。但为了避免出现普通班教师无法照顾学习障碍学生的问题，特殊教育教师可以提供间接或直接的支持。间接支持方面包括提供普通班教师课程教材或咨询，直接支持方面包括特殊教育老师直接在班内协助学习障碍学生，或以巡回辅导的方式提供教学与相关专业服务。

（2）资源教室

所谓资源教室是指为学生提供个别化特殊教育服务的资源班，程度较重的学生可以在资源教室获得相应服务。根据在资源班接受服务时间与普通班上课时间的配合情形，资源班的课程安排可分为外加式与抽离式。

外加式指学生在原来的普通班上课，利用课余时间到资源班加强所需加强的课程，因此外加式节数通常不多，可能每周 2～4 小时左右。抽离式指资源班课程是学生利用原班上课时间到资源班来上课，课程时数较多，可能每天 2～4 节课，教学内容与进度也不需与原班配合，教师甚至采用另外的教材。通常适合适应状况较差，与原班学习进度差距较大的学生，抽离式的课程安排较能适合学生的特殊学习需求，而外加式的课程较适合与原班进度差距较小的学生。

（3）特殊班

特殊班是指学生大多数的课程都在特殊教育的班级上课，仅有少数活动与校内普通班学生一起进行。国内虽然法令上规定有学习障碍特殊班，但实际上，尚未有任何学习障碍特殊班的设立。特殊班与资源班最大的差异，在于特殊班学生的课程、教材与学习时数的调配可与普通班不同。

（4）特殊学校

在国外，欧美等地都建有学习障碍特殊学校，美国多数学习障碍特殊学校为私人设立，德国由于实施教育分流，设立有公立的学习障碍特殊学校。我国法令上并未规定学习障碍类需要设特殊学校，但也未明文禁止。目前特殊教育在回归主流的趋势下，学习障碍的特殊学校也被国内特殊教育学者质疑。

（5）在家或医院接受教育

在家或医院接受教育是当学生因学习障碍程度或因疾病而无法到学校接受教育，由巡回特殊教育教师到家教育的方式；而在医院接受教育则是由巡回教师提供类似国内的“床边教学”。在家或医院教育主要是协助学生进入教育单位接受教育为目标。

2. 学习障碍儿童的适应性教育措施

（1）教学环境结构化

学习障碍学生注意力易分散，难于控制，一个有规律、结构清楚的学习环境是必需的，学生较容易跟着程序学习或表现，也容易学到程序中所蕴含的知识。因此，教室的布置、学生座位的安排及教师的穿着，都力求简洁、朴实，避免相关刺激以减少儿童分心。学习障碍学生多有语言理解困难，不易了解复杂的多项指令，因此，教师应尽量简化说明或指令，一次一个指令，或提供记忆力训练。

（2）认知训练

认知训练也被称作认知行为模式，主要改变学习障碍学生学习时内在的思想。目前认知训练对学习障碍学生的训练重点在于鼓励学生自我控制，进而能自发性地去学习或克服学习困难；另一种认知训练重点则在教导学习障碍学生策略，让他们可以借助策略去克服学习困难或解决问题。

辛涛(1998)根据梅钦鲍姆(Meichenbacon,1976)的认知行为调节方法，发展了一套针对学习障碍儿童的自我监控训练方案，其操作程序分为任务选择、认知模拟、明显的外部指导、外显的自我指导、模仿悄声的外部自我指导、学习悄声的外部自我指导、内隐的自我指导等七个阶段，实验结果显示，此训练方案能有效促进学习障碍儿童学习状况的改善。

(3) 知觉动作协调训练

不少学习障碍儿童的主要障碍在知觉与动作的配合方面，认知运动的训练有助于促进高级机能(如阅读)的学习。知觉运动训练分六个部分：一般协调、平衡感、手眼协调、眼球运动、形式知觉、视觉记忆。

(4) 多感官技能训练

传统教学较着重视觉的学习，尤其年级愈高，视觉学习(阅读)愈显得重要，然而，对于有接收视觉信息困难的学习障碍学生，则无法接收学习内容。多感官学习强调运用各种感官，如视、听、触和运动觉，甚至嗅觉和味觉，让信息的接收和学习更畅通、更完整。例如让障碍儿童在学习阅读时，同时让他抄写、听录音等。另有研究运用感觉统合训练方法，通过改善学习障碍儿童的神经系统功能以提高学习成绩，结果显示有效率为83.3%～91.7%，并能有效提高其学习成绩(60%)。

(5) 改进学习策略

学生的学习效率很大程度上与他所采用的学习策略有关系。学习障碍的学生学习策略一般都有问题，如不会听课、不会记笔记、应用题解题方法没有掌握等。因此，根据障碍儿童的特点制定学习策略对其学习活动尤为重要，可以有效改善学习障碍儿童的学习成绩。学习策略的训练还被用于学习障碍学生社会技能的训练中。

(6) 积极评价法

学习障碍学生常会因不同的项目或表现方式而表现不一致，教师不要怀疑或指责他，应该由学生不一致的表现发现学生的优缺点，根据学生的优缺点提供其学习的变通方式。教师对学习障碍儿童表现有期望，以积极的态度对他们，对其评价高，增进学生成功的经验，让学习障碍者经由学习活动中的成功经验，提高自尊。教师应多给予其成功学习的机会，提供适当的回馈，而称赞性的回馈对于学习障碍者可增进其对自我价值的认识，成功感会促使他建立信心，产生积极性，以此来带动其他学科的学习。

(7) 计算机辅助教学

随着计算机科学的进步，俞劼(2010)指出对于有轻度和中度学习障碍的学生，可以通过计算机辅助教学来实行矫治，其教学模式包括操作和练习、个别辅导、模拟、游戏四个环节，其应用主要集中在多动症儿童、语文学习障碍儿童，数学学习障碍儿童这些群体。计算机辅助教学是教师的得力助手，帮助教师提高教学质量和工作效率，但其适用范围和推广程度仍然有限。

（三）心理干预

李娟等人(2006)研究发现学习障碍儿童的主观生活质量较普通儿童差，对家庭和学校生活、生活环境、自我认识的满意度均比普通儿童组低，忧虑、抑郁、孤独、厌烦、难受等情感体验较普通儿童多。这些因素都可能导致他们在学习态度、动机、意志以及自我意识等方面存在较多的障碍。因此，调动学习障碍儿童的积极性，帮助其树立积极的自我概念，激发其学习动机。这对预防与减少儿童学习障碍有着重要的现实意义。赵幸福等(2008)通过对学习障碍儿童半年的心理干预，发现学习障碍儿童在接纳自我，积极主动、学习习惯以及家庭氛围等方面有一定的改善。及时正强化使学生把学习变为一种乐趣，不断的成功促使建立起良好的自我概念，继而各项学习技能得到提高。杜高明(2011)发现通过心理健康教育研究人员及心理辅导教师，运用心理治疗理论与方法，对学习障碍学生共同的问题定期进行集体心理辅导，针对个案进行个别化辅导。班主任及有特殊教育经验的学科教师在平时的教育教学工作中运用良好的教育手段和方法对儿童进行管理。家长配合学校开展多种形式的教育活动，学会正确的家教方式。也有助于儿童顺利地学习和健康地成长。可见心理干预措施的正确使用，有助于帮助学习障碍儿童确立自信，激发学习动机，形成良好学习习惯，进而提高学习成绩。

七、研究的深化点和发展方向

（一）学习障碍研究的深化点

学习障碍的形成是一个十分复杂的过程，矫治学习障碍也是一个庞大的系统工程。儿童学习障碍的教育是一个综合性的问题，需要建立在医学、心理学、教育学等学科的理论基础之上，而不应该单纯由某一个学科来承担。这是前人在学习障碍研究中的一个不足之处。儿童学习障碍也不是一个阶段性的问题，它有其自身发展的连续性。因此，研究目标不应该局限在“矫正”与“补偿”，而应该放眼于“预防”与“改善”。

（二）学习障碍研究的发展方向

学习障碍研究的发展方向包括如下几个方面：第一，跨越学科，分析更大的系统，拓宽领域，深化理论研究；第二，应用更多的现代化工具(如多媒体计算机)，发展综合配套的诊断、矫治方法；第三，研究提供有效的快速甄别诊断的方法和评定量表；第四，干预研究着眼于“预防”与“改善”，把预防提前到胎儿期和幼儿期,落实到超前诊断之中,着眼于改善学习障碍儿童的整体环境系统,并改进课堂教学方式和方法,打造适合儿童个性特点的教育方案。

思考与练习

1. 简要回答学习障碍的四个特征。
2. 学习障碍儿童与智力障碍儿童的区别是什么?
3. 综述学习障碍儿童的干预方案。

推荐阅读

Sunder Y F,Lee J S,Kirby R. Brain imaging findings in dyslexia[J]. Pedeatr Neonatol,2010,51(2):89-96.

Vander Sluis S,de Jong P F. Executive functioning in children and itself relations with reasoning,reading and arithmeric[J]. Intelligence,2007,35(5):427-449.

杜高明,王丽. 学习障碍儿童的干预研究述评[J]. 内江师范学院学报,2008,23(1):122-125.

梁威. 国内外学习障碍研究的探索[J]. 教育理论与实践,2007(21):57-60.

刘全礼. 学习不良儿童教育学[M]. 天津:天津教育出版社,2007:231-208.

毛荣建. 学习障碍儿童教育概论[M]. 天津:天津教育出版社,2007:179.

刘翔平. 学习障碍儿童的心理与教育[M]. 北京:中国轻工业出版社,2010:252.

第6章　情绪障碍儿童

1. 掌握儿童情绪障碍的定义、分类。

2. 了解各类情绪障碍儿童的发生率、影响因素以及鉴别，并掌握相应的干预方法。

儿童期情绪障碍(Emotional Disorders in Childhood)是特指发生于儿童少年时期，以焦虑、恐惧、强迫、抑郁以及转换症状为主要临床表现的一组疾病，是十分常见的儿童心理卫生问题，其患病率非常高。尽管表现多种多样，但其共同特点是发病于儿童时期，主要与个体素质因素和心理应激(如某些精神刺激)或家庭教育不当等有关。

从定义上可见，情绪障碍所指的并不是特定的诊断，而是一个广泛用于描述个体化行为、思考方式、情绪状态的名词，这个名词对应的现象包括行动控制不佳、情绪适应失调所衍生的情绪化反应或偏差行为。在儿童或青少年阶段，可能的表现包括了外向性的攻击、反抗以及内化性的退缩、畏惧、焦虑、抑郁等，而这些困扰当事人的问题，导致个人在生活、学业、人际关系等方面明显遭遇困难。关于儿童情绪障碍的分类，目前有争议，但常见类型大部分包括焦虑症、强迫症、恐惧症、抑郁症等。本章着重对前三类情绪障碍进行说明。

一、焦虑症儿童

焦虑是没有特定指向物的一种弥散性情绪，存在主义心理学家曾把焦虑看作人生存的一部分——存在性焦虑。每个儿童在成长的过程中，都会不同程度地体验焦虑、恐惧、担忧等情绪。适度的焦虑或恐惧是有益的，会使行动和思考更加迅速，从某种意义上讲，焦虑或恐惧是一种适应性行为，使儿童从生理和心理上都能更好地应对危及他们安全的人、物或事件。但是，过度的焦虑或恐惧是有害的，将削弱身体的机能，影响儿童的身心健康。

(一) 表现

儿童焦虑症的表现是多种多样的，有的儿童在与母亲分开或离开家时就会感觉焦虑，有的会对所有的事感到担心，有的在特定的场合感到焦虑，如公开讲话、参加聚会等。焦虑症状主要涉及三个相关系统：生理系统、认知系统和行为系统，任何一种症状都可能在不同的焦虑障碍儿童身上显示出来。下面详细地介绍每一个反应系统的运作。

1. 生理系统

当觉察或预感存在危险时，大脑会向交感神经系统发出信号，激活交感神经系统，产生许多促使躯体活动的化学和生理反应。① 体内化学反应：肾上腺分泌肾上腺素和去甲肾上腺素。② 心血管反应：加快心跳的强度和速度、主流速度，提高血液输送给各个组织器官的氧气含量，为身体运动做准备。③ 呼吸反应：加大呼吸的速度和深度，为组织提供氧气并排除废物。这可能会引起气喘、透不过气或窒息和胸痛。供应头部血液可能会减少，导致一些感觉不舒服但对身体无伤害的症状，如眩晕、视力模糊、意识模糊、面部发热变红。④ 汗腺的反应：出汗增加，降低身体温度，保持皮肤光滑。⑤ 其他躯体反应：瞳孔扩大，引起视力模糊或眼前出现斑点。唾液分泌下降，导致口干。消化系统活动放缓，出现恶心和胃部沉重感。肌肉紧张，为反应作准备，个人感觉肌肉紧张、疼痛和颤抖。

2. 认知系统

由于人体做出反应的主要目的是对潜在的危险发出信号，这种反应使人能更快地逃离，使焦虑消失得更快，并且更加频繁地逃避焦虑情景。当焦虑障碍儿童的回避越来越频繁时，他们便难以进行日常活动。

（二）常见的焦虑障碍

1. 分离性焦虑

分离性焦虑是指儿童与父母分离或离开家时出现与年龄不适当的、过度的焦虑。但分离性焦虑在某个年龄阶段对年幼儿童的生存是很重要的，也是很正常的。从 7 个月到学龄前，几乎所有的儿童都曾因与父母或与其他亲近的人分离而焦躁不安，这是因为这个年龄段存在非安全性依恋或其他问题。当焦虑持续时间超过 4 周，并影响正常的上学等日常生活或娱乐活动时，儿童可能就患上了分离性焦虑障碍。

《精神障碍诊断与统计手册》第四版的修订版（简称 DSM-Ⅳ-TR）中分离性焦虑障碍的诊断标准指在离家或与所依恋的人分离时，出现不适当的和过度的焦虑，具有以下 3 种或以上的症状：① 离开家或与主要的依恋对象分离时，或在分离即将发生时，出现过度的痛苦和忧伤。② 持续而过度地担忧主要的依恋对象可能消失或受到伤害。③ 持续而过度地担忧因突发事件而与主要的依恋对象分离（如迷路或被绑架）。④ 由于对分离恐惧，而持续不愿或拒绝上学或出门。⑤ 持续而过度地担忧独自一人、主要的依恋对象不在家或没有大人陪伴的情形。⑥ 对不在主要的依恋对象旁睡觉或在家以外的地方睡觉,感到持续而过度的担忧。⑦不断做有关分离主题的噩梦。⑧在与主要依恋对象分离或即将分离时,出现头痛、胃痛、恶心或呕吐等躯体不适。

分离性焦虑障碍是儿童期最常见的焦虑障碍,发生率约为10%,虽然存在性别差异,女孩的发生率高于男孩,但分离性焦虑在男孩和女孩中都十分常见。年龄较小的患分离性焦虑障碍的儿童表现出对父母的关注过分需求,寸步不离地跟着他们。在年龄较大的分离性焦虑障碍儿童中,不愿上学或拒绝上学的现象很常见。

在儿童焦虑障碍中,儿童分离性焦虑障碍的患病年龄最小(7～8岁),分离性焦虑障碍通常从轻度发展为重度。开始时可能通过一些理由,如诉说晚上睡眠不好或做噩梦,要求晚上和父母睡,进而儿童会越来越关注父母日常的活动和行踪。分离性焦虑障碍可能是慢性起病,也可能是急性起病。通常出现在儿童面对较大压力的情况下,例如搬家、转学、家人生病或死亡。大多数分离性焦虑预后好,能够适应学校生活,适应社会。

2. 广泛性焦虑

焦虑具有弥散性,虽然不像恐惧那样有特定的指向物,但也有很多是指向特定的情境和物体,如分离、考试、社交表现等。相对而言,广泛性焦虑障碍儿童的焦虑对象则是广泛、全面的,指向生活中的方方面面。他们几乎每天都处于惴惴不安的紧张状态,而且随时警惕地搜寻各种导致情况扰动的蛛丝马迹。一旦发现任何蛛丝马迹,他们会马上调动认知系统开始寻找潜在的危险。患焦虑症的儿童不能将精力集中于日常活动,因为他们的注意都用在对危险的无休止寻找中了。当儿童不能找到外在的危险时,他们会将这种搜寻转向自己:“要是没有任何外在的东西让我感觉焦虑,那我一定有问题。”或者他们会扭曲事实:“虽然我还没找到这些可怕的东西,但这些东西肯定存在。”有的儿童会同时出现上述两种情况。认知系统的激活会引起不安、紧张和惊恐。

行为系统伴随攻击或逃避反应出现的是强烈的攻击或逃离的冲动,但社会的约束使这两种冲动都不能得到满足。例如,在期末考试前,有学生可能有攻击教师或根本不去参加考试的念头,但庆幸的是,为了他的教师和这门课程的成绩,他会抑制这些冲动。但是这些冲动会转变成用脚磕地、烦躁不安,或者通过医生的病假单申请缓考,甚至装病来逃离或回避考试。但回避只是对焦虑进行短暂的缓解,而焦虑继续存在。回避行为会被负强化,因为回避行为使不愉快事件消失,同时明显减弱焦虑。结果每次面对引发焦虑的场景,儿童都会设法对很多事件和活动产生过度的、不可控制的焦虑,即使在没有任何诱因的情况下，他们也会担忧。这种担忧可能是间断或连续的，经常不能缓解焦虑，严重时常常伴随神经系统的激发状态，导致流汗、气促、心跳加快并常引起肌肉紧张、头疼或恶心等躯体症状。这些身体的信号又会加重失控的感觉而增强焦虑，进而又强化身体的反应，导致恶性循环。

《精神障碍诊断与统计手册》中广泛性焦虑障碍的诊断标准包括：(1) 对许多事件或活动（如作业或在学校的表现）过度地焦虑和担忧（预期焦虑），持续时间不少于 6 个月。(2) 难以控制担忧。(3) 焦虑和担忧至少有下列 3 种或以上症状（至少有某些症状的持续时间不少于 6 个月，注意：对于儿童只需要出现一种症状）：① 坐立不安或感觉紧张；② 容易疲劳；③ 难以集中注意或头脑空白；④ 易兴奋；⑤ 肌肉紧张；⑥ 睡眠障碍（难以入睡，易惊醒或睡眠不安）。

和分离性焦虑障碍一样，广泛性焦虑障碍也是儿童期最常见的焦虑障碍，发生率约为 3%～6%。总体上，这种障碍在男孩和女孩中同样普遍，可能青春期女孩的发生率稍高。广泛性焦虑障碍儿童患有其他焦虑障碍和抑郁的可能性较高。对于年龄较小的儿童，同时患广泛性焦虑障碍、分离性焦虑障碍和注意缺陷/多动性障碍是很常见的。

广泛性焦虑障碍的平均发病年龄约为 10～14 岁，年龄大的儿童比年龄小的儿童表现出更多的症状，更高的焦虑和抑郁水平，但这些症状可随年龄增长而缓解。研究表明，焦虑障碍严重的儿童，其后复发的可能性比较大。

3. 考试焦虑

大多数人在考试时都会经历不同程度的焦虑，如心率加快，手心出汗，大脑一片空白，难于集中精力思考，严重者可能出现考试焦虑。考试焦虑是指考试过程中体验到强烈的躯体、认知和行为方面的焦虑症状，通常影响考试的表现。

考试焦虑非常普遍，有多达 50%的儿童和青少年出现这种问题。有考试焦虑的儿童，其学习成绩自然低于正常儿童。此外，与其他孩子相比，有考试焦虑的儿童认为自己的认知、社会能力较低，不自信，并有更多的广泛性担忧和与考试无关的其他恐惧。从这个角度出发，虽然考试焦虑只是一种特定情境下的不适状态，但如果长期持续下去，其他的社会功能也会相应地受到损伤。

（三）特征

儿童焦虑症主要表现在认知障碍、社交和情绪缺陷、躯体症状三个方面。

1. 认知障碍

(1) 智力和学业成绩

焦虑症儿童通常智力水平正常，有少量资料显示出焦虑与 IQ 具有牢固的联系。但是过度的焦虑会导致记忆、注意、言语等方面特殊的认知功能缺陷，较高的焦虑水平会干扰学习成绩。有研究发现，学生一年级时的焦虑水平可以预测其五年级时的焦虑水平，而且学生一年级时的焦虑水平对其五年级的学习成绩有明显的影响。

（2）注意偏好

焦虑障碍儿童有选择地注意对他们有潜在威胁的信息，这种倾向被称为“焦虑性警觉”或“过度警觉”。焦虑性警觉可以让儿童通过早期探测的方法，以最小的焦虑和努力为代价，回避有潜在威胁的事件。虽然这种方法在短期内使儿童获益，但由于它干预了儿童的认知处理过程和应对反应，儿童无法认识到许多有潜在威胁的事情根本不像所预期的那么危险，从而使儿童维持甚至提高了焦虑水平，最终造成不良的长期后果。

（3）认知错误与偏好

当面对一个明显的威胁时，非焦虑儿童和焦虑儿童都会使用一些标准来确定危险信息，忽略安全信息。但在面对较不显著的威胁时，高焦虑水平儿童仍继续使用这种机制，这说明他们对危险的知觉激活了危险—确认推理策略。需要注意的是，虽然认知错误和歪曲与儿童的焦虑有关，但目前还没有确定认知错误和歪曲在引发焦虑中所起的作用。

2. 社交和情绪缺陷

由于焦虑的儿童在社交情境中总是预期有危险出现，所以，在与其他儿童的交往中自然会遇到困难。事实上，他们的社交能力较低，社交焦虑较高，他们的父母和教师常常认为他们是焦虑的而且社会适应不良。与其他儿童相比，这些儿童更倾向认为他们自己是害羞的、社交退缩的，更觉得自卑、孤独，难以开始和维持友谊。他们与同伴交往中出现的一些困难，可能与理解情绪方面存在的特殊缺陷有关，特别是与隐藏和改变情绪方面存在的缺陷有关。

当焦虑障碍并发抑郁时，焦虑障碍可能使儿童在同伴中不受欢迎。

3. 躯体症状

许多焦虑障碍儿童出现胃痛、头痛等躯体问题，青少年的躯体症状要比年龄小的儿童明显，还有的会出现睡眠障碍，其中一些会出现夜惊，因极度焦虑而突然惊醒，类似白天的惊恐发作。

（四）影响因素

1. 遗传因素

目前只有少量的研究支持某些遗传特征与特定类型的焦虑障碍有直接的联系，总体上讲，儿童和青少年焦虑的双生子研究和寄养子研究表明：① 遗传对童年期的焦虑障碍有影响，在大多数的儿童焦虑案例中，大约 1/3 的变异可用遗传因素解释。② 遗传对焦虑的影响随年龄的增长而增大。③ 遗传对焦虑的影响，女孩比男孩明显。④ 相同的环境影响或经验，如母亲患有精神障碍、教养不良或贫穷等，对儿童期和青春期的焦虑障碍有重要影响。

2. 神经生物因素

与焦虑联系最为密切的大脑部位是大脑边缘系统，它协调脑下和大脑皮层的工作。比较原始的脑干系统检查并觉察潜在的危险信号，然后通过大脑边缘系统将信号传送到高级皮层中心。这一系统被称为行为抑制系统（Behavioral Inhibition System，简称 BIS），研究者认为焦虑障碍儿童，其行为抑制系统过分活跃。

3. 生活事件

在出现离别焦虑之前，往往会有生活事件作为诱因，常见的生活事件有与父母突然分离、亲人重病或死亡、不幸事故、在幼儿园受到挫折等。

4. 环境因素

首先，父母教育方式不当是使儿童产生焦虑的原因之一。父母存有不合理的期望容易使孩子自信心受损，内心焦躁不安；独裁型和放任型父母教养下的儿童，相对容易产生焦虑等心理问题；过度保护和溺爱孩子，使他缺乏独立性发展，也能造成孩子焦虑（王先生，2012）。在经济地位居中高层的家庭中，父母的焦虑障碍不一定导致子女焦虑障碍患病风险的上升；但在经济居低层的家庭中，则增加子女焦虑障碍患病的风险。这一研究发现与认为某些儿童具有遗传的焦虑易感素质的观点一致，如在经济居低层的家庭中充满生活压力的条件下，这种易感素质会在特定的生活环境的作用下成为现实。非安全型的早期依恋是日后出现焦虑障碍的一个高危因素。患有焦虑障碍为母亲本身具有非安全型依恋，而她们的孩子中，有 80%的也是非安全型依恋。非安全型依恋虽然是一个焦虑障碍的高危因素，但不是一个特异性的因素，因为许多非安全型依恋的婴儿日后可能出现其他精神障碍，如破坏性行为障碍，也可能不出现任何精神障碍。矛盾依恋型婴儿，在儿童期和青春期被诊断为焦虑障碍的比率较高。

其次，家庭氛围和家庭成员之间的关系也是儿童产生焦虑的原因。有很多孩子的焦虑影射了父母关系的不和谐；父母不能很好地跟孩子沟通和交流，致使孩子产生焦虑也不能及时发现（王先生，2012）。

最后，教师也是因素之一，他们更多关心儿童的学业、身体锻炼和疾病防治，极少注意精神的、心理的健康，更少想到有意识培养儿童的胜任感，或面对挫折失败时的心理承受能力，久而久之，焦虑情绪就产生了（高斐等，2008）。

（五）干预方法

对儿童焦虑症的治疗，采用矫正信念和行为改变的认知疗法居多。虽然各种治疗的具体过程各不相同，但是让儿童接触引起焦虑的物体和情境是所有治疗的共同的基本线路。以下将分别介绍用于治疗焦虑障碍的方法，主要包括认知-行为治疗、家庭治疗、药物治疗、心理治疗和松弛疗法及生物反馈治疗。

1. 认知-行为治疗

治疗焦虑障碍有效的方法之一是认知-行为治疗法。这种治疗是让儿童认识和理解焦虑是怎样产生的，以及如何调整自己的思维来减少躯体症状。暴露、正强化和放松练习等其他行为技术，可以让儿童认识到自己的思维模式和如何改变思维。认知-行为治疗通常与以暴露为基础的治疗技术相结合。

费力普・肯德尔与其同事共同建立了治疗儿童广泛性焦虑障碍、分离性焦虑障碍的认知-行为疗法，这种方法是疗效评估最详细的治疗方案之一。这种治疗强调学习过程、偶然事件和示范的影响以及信息处理过程的关键作用。治疗旨在减少负性思维，提高解决问题的主动性，并向儿童提供一个功能性的应对观点。在治疗中，使用技巧培训和暴露技术，对抗引起焦虑情绪的不正常思维和维持焦虑水平的回避行为。其中包括示范、角色扮演、暴露技术、放松训练和附带强化等治疗技术。治疗师通过社会强化鼓励和奖励儿童，并教育儿童在成功应对恐惧情境后奖励自己。这种干预使儿童在思维训练的同时，感受到一种包含感情的行为经验。

2. 家庭治疗

儿童焦虑障碍经常发生在家庭关系不正常的和父母患焦虑障碍的家庭，无论使用何种治疗方法，这两个因素都可能影响治疗的效果。在一些病例中，治疗虽然是以儿童为对象，但治疗效果可延伸到其他家庭成员。例如，儿童开始认为自己比以前更有能力，更愿意面对各种情境，父母对儿童能力的看法也随之改变。于是，父母开始以不同的方式对待子女，并有了更好的自我感觉和身体机能。

在家庭背景中治疗焦虑障碍儿童，比只针对儿童个人的治疗有更明显而持久的效果。一项研究发现，70%的接受完整的个人或家庭治疗的焦虑障碍儿童，在治疗结束后不再患有任何焦虑障碍。治疗中附加了家庭成员有关交往、情绪管理、沟通和解决问题等方面的辅导，明显提高儿童的短期治疗效果和长期康复水平。

3. 药物治疗

文献显示，有多种药物用于治疗儿童期和青春期的焦虑障碍，药物治疗常常与认知-行为治疗结合使用。常用的药物包括三环类抗抑郁药，苯二氮卓类和选择性 5-羟色胺再摄取抑制剂。虽然有关药物对儿童焦虑障碍疗效的对比研究很少，但临床试验和研究已经获得有关药物使用的数据。一个对 9～18 岁患多种焦虑障碍的儿童青少年的研究发现，百忧解（氟西汀）对分离性焦虑障碍的疗效极佳，但对广泛性焦虑障碍疗效一般。

4. 心理治疗

心理治疗目标主要是激发儿童的潜能，引导儿童克服焦虑情绪障碍；改变家庭的互动模式和整体氛围，采用积极的教养方式，帮助儿童养成坚强、独立的个性，更好地适应环境。年幼儿童受语言表达和沟通技巧的限制，认知能力与成人相比不足，心理治疗多选择游戏治疗，绘画治疗等；年龄稍长者可灵活选用家庭治疗、认知-行为等治疗，这些方法可有效地降低情绪障碍儿童的焦虑水平，改变其认知模式，并可以改善亲子关系。

5. 松弛疗法及生物反馈治疗

这是现代行为治疗的方法之一，在年长儿童中可选择运用，能取得很好的效果。年幼儿童对松弛及生物反馈治疗的理解及自我调节有困难，不易进行。但可建议家长带领儿童多参与户外活动，适当进行体育锻炼及游戏活动，对焦虑情绪的缓解无疑是有益的。

二、强迫症儿童

强迫症（Obsessive-Compulsive Disorder，OCD）是以无法控制的强迫观念和强迫行为为特征的神经症性障碍，如走路数格子、反复折叠自己的手绢、睡觉前一定把鞋子放在某个地方等。这种带有一定规则或者被儿童赋予特殊含义的动作，往往呈阶段性，持续一段时间后会自然消失，不会给儿童带来强烈的情绪反应，不会影响儿童的生活。而强迫症的出现往往伴有焦虑、烦躁等情绪反应，严重时会影响到儿童睡眠、社会交往、学习效率、饮食等多个方面。

（一）强迫症的表现

强迫症是一种有意识的自我强迫和反强迫同时存在，造成患者试图去竭力抵抗和排斥这些强迫症状，但又无法摆脱这些冲突而产生焦虑和痛苦的现象。

患强迫症的儿童和青少年，体验到反复的、耗时的和干扰正常生活的强迫观念和强迫行为。强迫观念是指持续的、插入性的思维、意念、冲动和意象。多数儿童描述的强迫观念与担忧很相似，但强迫观念的含义比指向家庭作业等日常问题的过分担忧更复杂。强迫观念是过度的、非理性的，指向一些不可能的或不现实的事件，或被严重夸大的生活事件。患强迫症的儿童可能会抱怨无休止地“听到”反复出现的旋律或歌曲，或害怕患上像癌症这样的严重疾病，或害怕遭遇破门而入的人身袭击。儿童期和青春期最常见的强迫观念集中于污染物，害怕伤害自己或他人，专注对称，以及与性、躯体和宗教相关的偏见。由于强迫观念带来大量的焦虑和痛苦，所以患强迫症的儿童总是想方设法用其他行为抵消强迫观念，这些行为被称作强迫行为。

盖勒(Geller，2006)等研究发现，儿童和青少年强迫症往往同时表现多种强迫症状。在这个年龄组的强迫观念和强迫行为最常见的是清洁类型(32%～87%)，其次为重复检查和攻击性的想法。例如，如果对细菌有强迫观念，一个患强迫症的儿童就会通过强迫清洁、强迫检查是否被污染或其他强迫性仪式来降低焦虑。多重强迫行为很常见，最常见的强迫行为包括过分地洗手和洗澡(约在85%的病例中出现)、重复、触摸、计数、储藏、整理和排序。

强迫观念和强迫行为两种障碍可以单独出现，也可以同时出现在一个人身上。强迫症患者随着病程迁延，会转化出现一些有规律的仪式性行为，患者在精神上的痛苦会减轻，但是其社会功能已经受到损坏。

(二) 诊断

根据ICD-10，儿童和青少年强迫症的诊断标准与成人一样：患者必须受到强迫观念和(或)强迫行为，思想和(或)行为具有侵入性，但是患者确认自己的想法。患者往往反感这些强迫观念和(或)强迫行为，并予以抵制。患者内心痛苦，无愉悦感。强迫观念和(或)强迫行为出现反复，患者受到症状的困扰。根据新版的DSM-5，即使在儿童缺乏对他们不当的强迫思维和(或)强迫行为自知力，不做任何抵抗，也可确诊。DSM-5基于强迫观念和强迫行为的自知力和偏执的程度创建两个新的类别：囤积障碍和皮肤采摘障碍。目前在临床领域周围大多数的研究团队使用CY-BOCS(Child Yale-Brown Obsessive-Compulsive Scale)问卷调查。该量表列出了所有强迫观念和强迫行为的类型，并且通过对症状的持续时间、困扰、抵抗和控制的程度等因素以确定病情的严重程度(周朝昀，2013)。

(三) 成因

强迫症是一种病因比较复杂的障碍，许多研究者分别从遗传因素、生理机制和心理机制等多种途径讨论这一障碍的成因。

1. 遗传因素

同卵双胞胎患强迫症的同病率为87%，而异卵双胞胎的强迫症同病率只有47%，该结论能够支持强迫症具有部分的遗传性。与此相反，也有研究发现，并没有证据能够证明同卵双胞胎的强迫症同病率高于异卵双胞胎。家庭研究也得到了不尽一致的结论，部分研究结果显示，强迫症患者的亲属患强迫症的比例高于普通人群。

2. 生理机制

近年来的研究表明，强迫观念和强迫行为以及癫痫、舞蹈病及其他动作性障碍与人脑的特定神经系统异常有关。

生理学理论发现了两个与强迫症有关且彼此紧密联系的大脑系统。其中第一个系统是将大脑前庭区和视丘区连接在一起的回路。人的性冲动、暴力冲动和其他原始冲动一般都在前庭区产生，而上述冲动引起的更加认知化或者行为化的反应一般在视丘区产生。第二个回路也将大脑前庭区和视丘区连接在一起，不同的是两者通过纹状体连接在一起。一般认为纹状体区可以控制这些系统活动的强度。纹状体区会将前庭区中强度过高的活动滤出，这样视丘区就不会对原始冲动做出过度的反应。强迫症患者可能是在调节前庭视丘回路的过度反应时出现了问题，从而导致患者对外界环境刺激反应过度，从而无法阻止其认知和行为反应。第一个系统似乎以兴奋性神经递质谷氨酸为介质，而第二个系统则以一系列神经递质为介质，包括5-羟色胺、多巴胺和氨基、γ-酸等。

强迫行为者的仪式行为，是在神经系统的异常操纵下，形成的一种刻板、反复的“嗜癖”行为。也有学者认为，强迫症患者具有过敏性的体质，潜意识中有不安全、自卑感，原因一般是对自我存在、自我意识过度关心而形成了不安，这是先天的体质和性格与后天的认知和经验联合作用的结果。

3. 心理机制

(1) 精神分析的观点

个人的强迫行为除了受脑生理机制的支配以外，还由于深刻的个人性格特征，在潜意识中发生作用。

弗洛伊德认为，强迫症是个体对本我冲动的恐惧和自我防御机制为减轻恐惧带来的焦虑而做出的反应所导致的。这两种力量之间的“斗争”并不是在无意识中进行的。恰恰相反，这种斗争包含着明显的外在思想和行为。强迫观念中的本我冲动十分明显，而强迫行为则是自我防御的结果。强迫症包含两个突出的自我防御机制：抵消作用和反向作用。抵消作用指以克服可怕后果为目的的外显行为，比如不断地洗手以防止感染等；反向作用指采取与不被接受的冲动完全相反的行为，比如有洁癖的个体可能有强烈的“不适宜的”性冲动，但这种性冲动被个体的洁癖所压抑。

弗洛伊德认为强迫症与个体肛门期发展的问题有关。他认为，处于肛门期的孩子通过排便获得满足感。但是如果父母不允许或者抑制孩子的这种乐趣，这时，亲子之间，一方要求对方顺从，另一方要求自主而不受约束。这种不平等的对立引起了儿童的内心冲突和焦虑不安，从而使其性心理发育停留在这一阶段，成为日后心理行为退化的基础。一旦遇到外部压力，个体便会重现肛门期的冲突和人格特征。

(2) 观察学习理论的观点

根据学习理论，观察是导致焦虑的条件性刺激。由于远处的焦虑-诱发刺激连接(无条件反射)，经过观察和思维的激发，而获得了实际的焦虑。这样，个体就已经习得了一个新的内驱力。虽然强迫可以基于不同的途径习得，但是，一旦获得，个体便发现借助于强迫观念的一些活动可以帮助减少焦虑。每当发生焦虑的时候，采用强迫形式，个体的焦虑便得到了缓解，这种结果强化了个人的强迫行为。并且，因为这种有用的方法成功地驱除了个体的获得性内驱力，因而逐渐地稳定下来，成为习得性行为的一部分。

(3) 认知理论的观点

有两种截然不同的认知理论试图对强迫症的症状做出解释。认知缺陷理论认为，强迫观念行为是个体一般性认知控制缺失、记忆力和决定能力不足的结果。但是塞尔科夫斯基和柯克对这一观点进行了批评，他们认为这些理论不能解释强迫症的很多特点，具体说来主要有以下几个方面：① 强迫症患者似乎没有一般性记忆或决策困难，他们的问题具有情境性，比如患者虽然会多次检查房门是否已经关好，但是关橱柜并不存在困难。② 强迫症患者可能会害怕某种特定的感染物或者感染源，但是他们对脏或干净的判断并不存在一般性的困难。③ 对于和强迫观念无关的事物，个体没有表现出记忆困难，重复地检查是因为个体关注自己的记忆，并不表明他们的记忆能力存在问题。

塞尔科夫斯基的观点是对强迫症的行为主义模型的发展。他认为强迫观念是强迫性地闯入意识的认知，个体认为，如果自己不采取预防措施，那么他们可能需要负一定的责任。个体的这种观念引发恐惧或者痛苦，因此个体试图压抑这些观念以减轻恐惧或者痛苦，或者直接付诸行动来减少其对负面结果的责任。后者可以包括强迫行为、逃避与强迫观念有关的情境，寻求确认以减少责任或者与他人分担。

(4) 系统家庭假设

近年来的多项研究显示，家庭因素特别是家庭中父母的抚养方式、情感表达、认知风格等都从不同层面影响儿童青少年强迫症的发生发展及预后。这种假设认为，症状表达了系统的破坏，而这个系统存在于人际关系(即家庭关系)中。成员之间的互动构成了一定的系统。在这里，个体的行为是由他人的行动影响所致，反过来，它会以一种循环的方式去影响他人。这是一种互为因果的关系，没有明确的头和尾，主要依据“彼此吸引”的原则来进行互动。治疗者重点关注的是这种相互关系的变换情况，并以此作为治疗的开端。如，一个孩子反复洗手的习惯可能表达了一定的关系模式。一位追求完美而苛刻的母亲，对孩子行为限制太多。因此，这种情况下，孩子洗手可能表达他对母亲的不满和希望引起别人的注意。而他的母亲这样管教孩子，也是出于某种关系的考虑，希望借用这种方法让她的丈夫更加关注家庭，但是她的丈夫可能会因此更加逃避这种令人烦恼的境遇，从而进一步加剧她的孤独感。Salkovski 认为儿童在家庭中发展出人际影响的信念，对于负性结果的责任感、家庭环境中存在高度的焦虑或者担心的成分，以及来自于家庭、学校等方面严格的道德规范，这些家庭环境相关的因素会影响儿童个性的形成并增加儿童强迫症发生的危险。

（四）干预

1. 森田疗法

秉持“顺应自然，为所当为”理念的森田正马创立了东方式的心理治疗体系——森田疗法。在其中他强调精神拮抗作用是强迫症的来源。拮抗即对抗，把自己的某种身心状况视为于己不利或令人不快的东西，力图加以排斥和否定，总想把不可能变为可能的态度，造成难以排解的心理矛盾，这就是精神拮抗作用。森田对强迫症的治疗方法是使当事人放弃治疗其症状的一切手段，而只管忍受苦恼和烦扰，一心一意去工作，去做应该做的事情，在做事的过程中体会生活本身的乐趣。

概括森田的治疗原理，可以看出，森田认为神经质的人之所以痛苦，根源在于思想矛盾，这是由其本人的错误观念和行为所导致的。他们之所以因为那些正常人都曾体验过的状况苦恼不堪，是由于健康人把体验到的状况只看作暂时性的，而且能够顺其自然。而神经质的人由于疑病素质的影响，对自己的身体格外关注，对于偶发的痛苦体验看得很重，在主观上不能接纳，在行为上就采取措施控制症状，结果适得其反，由于交互机制作用而越来越固着于症状不能自拔。对他们的治疗就是打破这种思想上的矛盾，放弃拙朴意图，采取顺从自然的态度。打破这种固着的思维不能单靠言语说服，借助适当的外界环境和手段才能使其领悟，排除痛苦。

2. 意义治疗

强调“意义意志”和“选择与责任”的存在主义心理学家弗兰克尔认为，对强迫症的治疗，尤其在治疗的初期，可以运用少量的抗焦虑或抗强迫药物。一般来说，意义治疗可以不用药物辅助而取得成功。矛盾意向是意义治疗的一个重要技术。对于某些严重的强迫症，矛盾意向可以说是唯一有效的治疗方法。

矛盾意向是指病人为某一顽固的想法所纠缠时，他要做的不是与该思想做斗争，而是故意顺从甚至纵容这个想法或行为，从而化解或消除这一症状。要想很好地应用矛盾意向，自身固有的幽默感是一个很重要的资源。使用幽默机制，让当事人与症状保持距离，达到对神经症恐惧期待的超越。

去反思是意义治疗的另一个重要技术。有些人过于焦虑，对病理性事件的担忧与恐惧加剧了事件的可怕性。这种难以抑制的过分反思是神经症的主要来源。弗兰克尔用“去反思”这一治疗机制来化解自我反思的强迫倾向。当患者的意识指向积极生活的内容时，才能达到去反思的境界。

弗兰克尔还从矛盾意向和去反思的治疗立场提出了几种强迫症病人对待自己症状的反应模式：(1) 错误的消极性(Wrong Passivity)，病人竭力想摆脱症状的纠缠，但是越想摆脱越不能脱身，反而成为强迫与反强迫的病理性冲突。(2) 错误的积极性(Wrong Activity)，在强迫症中有两种典型表现：① 个人不努力去避免冲突情景，而是与自己的强迫性思维和强迫性冲动做斗争，从而强化了这种冲突。② 要求完美，竭力想达到最好的境界。然而这样的追求注定是失败的。针对这两种错误的行为模式，弗兰克尔提出了两种有效的模式。(3) 正确的消极性(Right Passivity)，患者通过矛盾意向，嘲笑自身的症状，而不是想去逃避恐惧或与强迫冲动做斗争。(4) 正确的积极性(Right Activity)，患者可以通过去反思，将注意力从自己身上移开，从而忽略自己的神经症，寻找创造自己生命独特意义的途径。

无论矛盾意向法还是去反思，改变的都是主体的意识结构，使当事人从旧有的、强迫性的意向中解脱出来，达到对于神经症行为的超越。对强迫症的心理治疗其实是患者人格重建的过程，是对患者情感冲突的否定，使之树立一种新的价值观、认知观，改造其内心活动及内容，从而改造不良的生理行为活动。

3. 心理动力学治疗

弗洛伊德常常用复杂情结来分析精神的困扰。强迫症中的复杂情结是屈从于某种不快、恐惧和不安的情绪。一方面是对价值和情感的拒绝否定，另一方面又觉得结果威胁到自己的尊严，故压抑到潜意识中去，但仍以一种强大的力量保持着，强迫症患者具有潜在的冲动性。两方面相互纠缠就形成了强迫的观念和行为。

心理动力学的治疗强调通过顿悟、改变情绪经验以及强化自我的方法去分析和解释各种心理现象之间的矛盾冲突，以此达到治疗的目的。在治疗中大量运用阐释、移情分析、自由联想及自我重建技术。

4. 行为治疗

行为治疗分为两个基本流派。第一种观点认为具有强迫症的人借助各种行为和仪式动作来缓解焦虑，成为“驱力降低模型”。依照这个模型，治疗主要集中于通过激发可以减少焦虑的情景来消除不适当行为与仪式动作。第二种观点是基于操作学习模型而建立，强调对强迫行为的后果进行调节，因此在这个模型中大量运用惩罚和示范型学习。

采用驱力降低模型进行治疗的主要方法是各种减少焦虑的技术，最常用的是系统脱敏技术。如，一个整天担心会下雷雨的儿童，其表现为反复地核对天气。因此，在建立焦虑事件等级时，可以包括：看国内天气变化趋势的资料，观看云的具体变化，听雷声，看闪电、下暴雨等，便可逐步消除患者的强迫性行为了。榜样学习技术也经常被运用于强迫症治疗中，主要有参与示范与被动示范。实施参与示范也需要建立刺激等级，从低级到高级，治疗者逐步示范暴露在相应的情景中。然后再由患者逐步面对这个情景，直到能完全独立面对为止。

5. 家庭人际关系治疗

家庭人际关系治疗注重研究行为问题的整体意义，强调在治疗孩子的同时，为父母提供咨询。把儿童自身与周围的环境看作是对于问题具有同样重要意义的因素，其他人对于儿童强迫行为的表现具有强化作用。有些学者认为，应把家庭看作一个患者单元来对待，家庭关系中的问题本身就可能造成一种互为强化的格局。

以下是家庭人际关系治疗的一些具体方法：① 训练父母成为儿童心理分析的质询员，或行为治疗的助手，协助实施训练计划。② 配合精神分析治疗或行为治疗对于儿童进行“自我”强化咨询辅导。③ 影响并改善家庭关系。④ 家庭交往技能训练。⑤ 讨论并解决家庭关系中的冲突。

6. 药物治疗

药物治疗对于强迫症具有独特功效，尤其是氯丙咪嗪一类的药物，也有人称为抗强迫性药。美国国立心理卫生研究院曾实验，对患者分别给予安慰剂和药物治疗，结果表明，患者服用药物明显好于安慰剂，由于药物降低了血液中的5-羟色胺并阻止吸收，所以5-羟色胺在强迫障碍中可能起一种主要作用。

（五）治疗师如何对待强迫症儿童

强迫症的症状核心是焦虑、恐惧和具有不安全感。患者的思考和行为奇妙地、机械地重复着，他们只有通过这种方式才能缓解内心的恐惧和不安。当然这也可能和患者的个性因素、家庭环境以及幼年经历有关。因此，对强迫症的治疗首先应确立两个目标：一是进行情绪的调整；二是培养其对环境的适应能力，然后选择具体有效的个人化治疗方案。

无论是哪种取向的心理治疗，对于强迫症儿童，始终都是围绕强迫观念和强迫行为展开的。特别是通过理性的思维、系统的认知行为技巧进行自控，这些方法对于年龄较大的青少年和成人来说比较适用。儿童不像青少年或成人，往往还不能进行语言沟通或逻辑思考，所以在他们身上使用完全诉诸语言文字，理性控制的方式不太可能。正因为如此，我们常使用游戏治疗、艺术治疗(绘画)及故事治疗等方式。

儿童精神分析的领航者哈格海默就指出，儿童投射性的故事及其他幻想游戏为儿童分析师提供了相当重要的心理活动信息，帮助他们发掘儿童所特有的冲突与适应。故事治疗搭配儿童精神治疗的其他技巧，已经成功地运用于治疗多种情绪与行为的失常，其中就包括强迫性观念与行为的问题(林瑞堂，2005)。

孩子的语言技巧还未充分发展，所以会用身体的动作、眼神、想象力、幻想及许多成年人早已遗忘的创意方式进行沟通，所以处理孩子的问题必须用不同的方式观察与倾听。每个孩子本身都很独特，而且都以特殊的个人的方式来理解世界。对待强迫症的儿童，我们不但要了解其强迫症状后的内心历程，更要让他们通过独特的叙事方式充分表达，故事也好、绘画也好，在经历这种行为与观念的同时，充分挖掘出替代性的资源，与他们的家人一道，在提供一个良好的支持性治疗氛围的同时，强化孩子的力量，让他们发现自己独特的人格，完整健康地成长为人。

此外，浸润了后现代精神的叙事治疗，在对待问题时开放与流动的态度给儿童心理治疗提供了一些借鉴。它对于“例外”时刻与“奇迹问题”的技巧可用于对强迫症儿童的矫治。

先说一下“例外”，凡问题皆有例外。例外是指应该出现的状况不知为何并未发生。治疗师在与强迫性障碍的儿童接触时，了解他在什么时刻或情景下没有出现强迫性动作或观念，并启发鼓励他把这种状态在以后的生活中扩大延续下去，结合森田疗法中的对症状“顺其自然，为所当为”的理念，对症状不压抑，采取不怕、不理、不抗的态度，使症状逐渐从意识中淡化以致消失，综合起来，即关注并扩大好的方面，忽视不好的方面，逐渐培养起儿童正常的观念与行为，这一方面需要在家长配合下实现。“奇迹问题”是指假设有奇迹在当事人身上发生了，所有的问题都不见了，让他想象奇迹解决了什么问题。许多成人及孩子都相信自己的问题是造成他们活不下去、干扰正常活动的主要原因。我们可以理解这种想法，但这种想法却可能弱化当事人的行动力。如果他们觉得可以克服障碍、继续过正常的生活，那么他们就可以感受到自己很有能力。因此，一旦可以想象出这些奇迹图像，他们就可能已经开始塑造自己的生活，因为从“奇迹问题”中，已足以瞥见不同的生活形态，这可能也是帮助儿童跳出强迫症状的一个契机。

需要提到的一点是，强迫症儿童非常需要权威性的肯定和鼓励。他们内心往往有几种并存的声音，即强迫与反强迫的声音此起彼伏，虽然在内心也知道强迫性的思维有些小题大做，强迫行为是徒增困扰，但往往自我的力量太弱，理智的声音总是淹没在无休无止的强迫反复里，这时候就需要有一种权威性力量的出现来给予他们力量。如，有的患者通过药物调控和心理治疗的作用能够生活和学习，即做到在别人看来社会功能正常。但是稍遇到关注的事情就会担心害怕，辗转难眠，好像内心有个声音清楚地告诉自己没事，但是却总是被另一种忧心忡忡的声音压下去，只有询问自己认为有权威的人得到肯定回答后才放心。他也告诉咨询师，自己知道咨询师会说什么，但就是亲自听到后才能停止自己反复纠缠的思绪。

三、恐惧症儿童

儿童恐惧症又称儿童期恐怖性焦虑障碍，是指儿童显著而持久地、对日常生活中的事物或情境产生过分的、毫无理由的恐惧情绪，并出现回避或退缩行为，其程度严重影响了儿童的日常生活和社会功能。

（一）表现及类型

“恐惧症”是一种以过度、持续、不适宜的反应而产生的情绪障碍。恐惧症曾有多种名称，恐火症、恐人症、恐蛇症、恐毛发症、恐高症、尖锐物恐惧障碍、广场恐惧障碍、学校恐惧障碍和社交恐惧障碍等。研究者认为当表现出以下的内容时，便可以考虑为恐惧症：① 对情景有过分的需求。② 无法合理解释。③ 超越意志控制。④ 回避可怕的情景。正常儿童在发展过程中，可能对某些事物表现出一时性恐惧反应，这种反应短暂，一般随年龄增长而消失。恐惧症是一种病理性的恐惧，患儿恐惧情绪十分明显，整天沉溺于恐惧情绪之中，无法自拔，干扰着正常学习、生活。如“恐鼠儿”表现出“谈鼠色变”，出现惊恐和回避反应，伴有心跳快、呼吸快、出冷汗、面色苍白和尿频等症状，恐惧症有时伴有焦虑反应和强迫症状。

按照恐惧的对象和回避的反应，《精神障碍诊断和统计手册》（DSM-Ⅲ-R）中将恐惧症划分为五种类型，这些类型和各类型的恐惧对象如下：① 动物恐惧症：恐惧动物或昆虫。② 自然环境恐惧症：恐惧自然环境中物体，如高空、黑暗、暴风雨（暴风雪）、水。③ 血液-注射-受伤恐惧症：恐惧看见血、受伤、打针或其他侵入性的医疗过程。④ 情境恐惧症：对特定情境的恐惧，如飞行、乘坐电梯、穿越隧道、过桥、驾驶或在密闭空间里。⑤ 其他恐惧症：对噪音或其他类似对象的恐惧，对其他引起窒息、呕吐或传染病的情景的恐惧。

（二）诊断与鉴别

儿童恐惧症涉及两个概念，一是害怕，二是恐惧。害怕是指对客观存在的或想象中的具体事物或情境产生的一种主观不愉快的感觉，通常伴有特殊的表情和生理变化，如心跳加快、呼吸急促、血压升高及肌肉紧张，但面部表情和生理变化随着刺激源的消失而消除。恐惧是极端的害怕，不但程度严重，而且刺激源消失后仍持续存在，特别是其恐惧的对象对相同环境和文化背景的其他人并不引起同样的反应。所以，临床上首先分清害怕与恐惧症是非常重要的。

对儿童恐惧症的诊断可参考如下标准：① 在某一特定物体或情境下（如飞行、高空、动物、注射、看见血等），或对这些物体或情境的想象中，出现明显的、持续的、过度的或不可控制的恐惧。② 见到恐惧对象时，通常会马上引起心跳加速或惊恐发作等形式的焦虑反应（儿童的焦虑可能以哭、发脾气、身体僵硬、缠着大人等形式表现出来）。③ 个人意识到恐惧是过度的或不合理的（对于儿童，不需要这一特点）。④ 回避恐惧对象，或出现持续的、强烈的焦虑或痛苦。

（三）影响因素

1. 精神分析理论

经典精神分析理论认为，儿童恐惧症是对潜意识冲突的防御，这些冲突来自于儿童早期的教养。某些内驱力、记忆和情感是如此令人痛苦，以致必须对它们进行压抑和将其移到某些外部物体上，或将它们与现实的焦虑源建立起象征性联系，这样恐惧障碍保护儿童免受潜意识愿望和内驱力的影响。弗洛伊德最著名的恐惧障碍案例是有关5岁儿童小汉斯的，小汉斯对马非常恐惧。

弗洛伊德认为，在潜意识里，小汉斯认为他和父亲正在为母亲的爱而竞争，并对父亲的报复产生恐惧。汉斯的恐惧被压抑，然后移到马上，这里的马是小汉斯对父亲具有阉割情结的象征。与毫无原因的焦虑相比，指向特定物体的恐惧，对小汉斯来说，造成的压力相对较小。

2. 行为主义理论

行为主义理论认为，恐惧是通过经典条件反射学习而获得的。行为主义学者用操作性条件反射解释恐惧形成后持续存在的原因。其基本原理是，如果行为受到强化或奖励，那行为就会保持下去。每当儿童对某个物体或情境感到恐惧时，对物体或情境的回避可以马上缓解焦虑，这样就形成一个自动的奖励。如此，通过负强化，对恐惧性刺激的回避就成了习得性反应，这种习得性反应（回避），维持着儿童的恐惧，即使在没有恐惧性刺激时也如此。在恐惧的习得和维持过程中，经典条件反射和操作性条件反射的结合被称为双因素理论。如父母对恐惧行为有选择性的注意或奖赏能教会儿童恐惧；让孩子待在家中，提供可口的食品和游戏活动也会强化孩子不去上学的行为。儿童还可通过观察与模仿，学到恐惧反应。行为学派也认为“分离焦虑”是学校恐惧障碍的中心问题，母亲的威吓会强化患儿不去学校的回避行为；还有注意、条件恐惧方面的影响，学校教师的惩罚、父母的庇护、母亲的焦虑、患儿在校的不良体验、同伴的侵犯行为等均可作为强化因素，使孩子拒绝上学。

3. 生物学理论

按照依恋理论的观点，儿童恐惧是有生物学根源的，是建立在与生存有关的感情依恋基础之上的。婴儿只有亲近照顾自己的人，其生理需要和情感需求才能得到满足。像哭泣、恐惧陌生人和苦恼等依恋行为，代表着婴儿维持与照顾者亲密关系的努力。儿童对于分离的忍耐力会随着年龄的增长而增强。但是，过早与母亲分离的儿童、受到严厉管教的儿童或需要总不能被满足的儿童，对分离和团聚表现出非典型的反应。早期非安全的依恋一旦被儿童内化，将决定儿童如何看待世界和他人。对环境不信任、认为从环境中得不到帮助、敌视环境或认为环境中充满威胁的儿童，以后更容易出现恐惧行为。

（四）干预

在儿童恐惧症的干预上，要尽早。干预方法常见的包括以下几个类型。

1. 支持性心理疗法

对儿童加以疏导、鼓励，耐心询问，对于儿童内心的焦虑和恐惧，鼓励他们说出自己害怕的事物，帮助孩子克服恐惧心理，并给予耐心的指导与解释，设法改善相应的环境条件以及传授相关知识帮助他们克服对相关事物的恐惧。

2. 快乐疗法

对于患有学校恐惧症的儿童，最佳的心理治疗方式是让其自由发展，让他们体验快乐，忘记痛苦。尽量让他们感受人生积极的方面，快乐地享受生活。可以带领他们参加一些课外趣味活动，如旅游、体育活动、去游乐场等游玩，感受他们应有的快乐童年，逐渐消除对学校的恐惧感。

3. 暴露疗法

行为治疗对于恐惧障碍的主要治疗技术是暴露疗法，即让儿童面对令他们感到恐惧的情境或物体，并提供除逃离和回避以外的其他应对方法。这种治疗对大约75％的儿童有效。

治疗是个渐进的过程，称为分级暴露。接受治疗的儿童和治疗师一起，从恐惧程度最低的开始列出一系列恐惧情境。治疗师让儿童用1～10分对每一种情境可能引起焦虑的程度进行评分，这个量表被称为主观痛苦量表（Subjective Units of Distress Scale，简称SUDS）或恐惧量表。然后从恐惧程度最低的情境开始，逐步进入恐惧等级较高的情境，让儿童置身于每一个恐惧情境中。

在暴露疗法中，可以通过多种形式呈现令儿童恐惧的情境或物体，这些方法包括呈现现实的情境或物体、角色扮演、通过想象或观察他人在面对这些情境或物体时的表现（模仿）。还有一些实例表明，通过计算机虚拟的情境或物体，也可以成功实施暴露疗法。

4．系统脱敏法

系统脱敏法包括三个步骤：教儿童学会放松；建立恐惧等级；在儿童保持放松的情况下，逐步呈现引起恐惧的情境或物体。在多次体验后，使儿童面对这些曾引起焦虑的情境或物体时，仍感觉放松。

（五）咨询师如何与儿童进行互动

1．从儿童生活世界的历程中来看恐惧症的形成与脱敏

无论从恐惧症的分类上，还是在治疗的实施过程中，多数理论都是参照外在的恐惧对象来划分的，很少追究个体本身的体验及成因。即使了解了成因，在治疗的过程中也是按恐惧对象来进行的。

从现象学的观点出发，一个人的神经症表现必然有其生活世界中丰富的意义关联。当下的症状可能只是过去事件的身体表现。根据个人意向性的不同，相同恐惧症的恐惧指向对象也不尽相同。在很多个案中，当事人所需要的并不是单纯对于一种事物或情境的脱敏，更重要的是个体经验（如愤怒、悲伤、痛苦）的表达和整个现象场的充分完型。治疗中关注当事人本身、关注其存在状态是一个极其重要的先行因素。

理论的视角各有不同，但是研究的多种理论取向反映了各学派背后的不同哲学基础。精神分析关于儿童期的性冲动、原始焦虑的投射理论，行为主义关于条件刺激的形成与消退，存在主义关于神经症式焦虑的转化和对于人本身的关注，现象学关于经验的表达和生活世界的流变性，这些心理学理论为我们呈现了对于恐惧症的不同解读声音。即使是看似相同的同类恐惧的形成过程也可能是千差万别，回到个体本身，每个儿童的生活经历、性格形成、创伤性事件都有着其唯一性和独特性。

2．儿童特有的故事治疗

六岁女孩的惊魂之夜：在一个漆黑的晚上，有一个小偷潜进夏夏的家里意欲行窃，但是被夏夏的爸爸发现并与之进行搏斗，当时年仅六岁的小女孩夏夏被惊醒并看到了这一幕，虽然最后小偷落荒而逃，但事后夏夏却表现出一些异常的恐惧情绪。晚上不敢一个人睡觉，对小偷进来的窗台也变得不敢靠近，一上楼梯就紧张，原来在爸妈身边蹦蹦跳跳的她要缠着父母才会安心。在事

情发生后，妈妈看到吓得把头蒙在被子里的夏夏，告诉她说这是一个人来考验爸爸是否勇敢，爸爸把他打出去了，爸爸特别勇敢。虽然夏夏当初没有相信，但是妈妈这种游戏化的暗示对缓解一个六岁的孩子的紧张还是起到了一定的作用。

心理咨询师在与夏夏做游戏的互动中发现，夏夏对那天晚上爸爸与小偷打斗的情景记忆很模糊。那夏夏的恐惧情绪为什么在九个月之后还是持续存在呢？与夏夏的父母交流时发现，因为对孩子的担忧，父母无论在事情发生当时还是以后都表现出特别的紧张和关注，这种恐惧的情绪传染给了夏夏。也许夏夏的恐惧不是因为怕小偷的伤害，而更多地来源于看到了平时温和的爸爸突然变得激动暴怒与一个陌生人搏斗，对一个六岁的孩子来说，这可以算作上一个暴力事件。此外，父母紧张害怕的表情也是夏夏从来没有看到的，这种情绪感染了孩子。后来妈妈的担心就把儿童一个正常的心理发展构成与小偷联系在一起不断强化，慢慢就形成了夏夏对小偷的特定恐惧。

针对这样的情况，咨询师除了让夏夏的父母意识到这些外，建议他们在以后先从情绪心态上来感染孩子，给孩子营造一种轻松安全的感觉。如孩子再问起这件事情，就笑着说一些轻松的话。孩子当时看到的就用这种方式解释给她听，没看到的就不要告诉她。针对儿童对故事较之片段更容易记住的特点，建议父母用片段的讲述来带过这件事情，避免故事化，从而来淡化这件事。因为孩子的记忆是模糊朦胧的，父母可以给孩了建构好一点的记忆来抵消恐怖的记忆。

对于儿童的心理治疗，特别要提到的一点就是，由于儿童记忆片段、零散的特点，在一些事情发生后，也许只是听大人的信息来建构这个故事的，有些恐惧的概念是后来被感染和灌输的。有时候暴力场面带来的冲击，不在于被打的对象是谁，对孩子来说，亲人一改往常的陌生形象受到的震撼会更大。父母的反应和目睹暴力事件导致了这样一个恐惧。父母的担心对孩子是一种关注，她觉得自己很弱，需要保护。儿童由于情绪没有发展成熟，无法对情绪进行识别和管理，更不知道如何释放情绪，就把这种恐惧的情绪转移到一个特定的恐惧点上，如果不断被强化、激发且又处理不了，是对孩子的又一次伤害。

除了故事治疗以外，读书治疗，游戏治疗，叙事心理治疗，对儿童恐惧症也有一定的效果。近年来，通过系统的环境改造进行生态化的心理干预，应该得到重视。

思考与练习

1. 简答焦虑的分类。
2. 简要叙述焦虑与恐惧的关系。
3. 如何应对儿童学校恐惧？

推荐阅读

A. 卡尔. 儿童和青少年临床心理学[M]. 张建新，等译. 上海：华东师范大学出版社，2005.

Timothy E. Wilens. 直言相告：儿童精神健康与调节[M]. 汤宜朗，等译. 北京：中国轻工业出版社，2000.

保罗·贝内特. 异常与临床心理学[M]. 陈传锋，等译. 北京：人民邮电出版社，2005.

Hollander E，Kim S，Khanna S，et al. Obsessive-compulsivedisorder and Obsessive -compulsive spectrum disorders：diagnostic and dimensional issues [J]. CNS Spectr，2007，12(suppl3)：5-13.

周朝昀. 儿童强迫症现象学的研究进展[J]. 中华脑科与疾病杂志，2013，3(3)：204-206.

吴增强. 儿童青少年心理矫治问答[M]. 上海：上海人民出版社，2000.

玺璺. 儿童心理障碍个案与诊治[M]. 广州：广州出版社，2004.

余强基. 当代青少年学生心理障碍与教育[M]. 北京：北京师范大学出版，2001.

第7章　品行障碍儿童

1. 掌握儿童品行障碍的定义、分类、行为表现。
2. 了解儿童品行障碍的发生率、影响因素。
3. 重点掌握儿童攻击行为的理论以及相应的预防、干预方法。

本章在考察当今国内外对儿童品行障碍的研究资料的基础上，简要介绍了它的一些诊断标准、成因分析及干预策略，并针对最为突出的攻击性行为这一特征，综合诸多理论与实践研究，对原因及治疗的理论进行了详尽的梳理，最后简单介绍其他的品行障碍。

一、概述

（一）定义

品行障碍（Conduct Disorder）是指侵犯他人基本权利或违反与适龄相称的主要社会准则的持久反复发生的行为，被列为儿童和青少年主要破坏性行为障碍（Disruptive Behavior Disorder）的类型之一，主要表现为攻击他人，破坏财物，欺骗或行窃，逃学或离家出走等品行问题，结果是带来社交、学业和生活层面的不良适应，甚至严重损害。品行障碍的早期表现是对立违抗性障碍，儿童往往表现出敏感，易怒，不顺从；成年后则很容易演变成心理和精神问题，犯罪行为，以及社会适应失调。霍姆斯（Holmes）强调预防由未成年犯罪演变成成人反社会性行为的第一步就是识别风险因素并在学龄期给予及时干预（Holmes，2001）。

（二）诊断标准

美国精神医学学会在《精神障碍诊断和统计手册》第五版（DSM-Ⅴ）对于品行障碍的诊断标准为包括以下方面。

1. 一种重复的和持续的、违反他人的基本权利或违反与其年龄相适合的重要社会标准或规则的行为模式。有关证据表明，在过去12个月中出现以下标准中的 3 项(或以上),而在过去 6 个月内至少出现其中 1 项。

对人和动物的攻击:

(1) 经常欺负、威胁或恐吓他人。

(2) 经常挑起打架。

(3) 使用能导致他人严重身体伤害的武器(例如短棍、砖头、破瓶、小刀、枪等)。

(4) 曾对他人身体进行残害。

(5) 曾对动物身体进行残害。

(6) 曾当面偷窃或抢劫(例如背后袭击抢劫、攫取钱包、敲诈勒索、持凶器抢劫)。

(7) 强迫他人发生性行为。

破坏财产:

(8) 故意纵火。

(9) 故意破坏他人财物(除了纵火)。

欺骗或行窃:

(10) 曾经非法侵入他人的房子、建筑物或汽车。

(11) 经常撒谎以骗取物品或好处而不履行义务(例如欺骗)。

(12) 曾经偷窃价值不菲的物品(例如商场偷窃;伪造)。

严重违反规定:

(13) 起自 13 岁以前,经常不顾父母的反对在外过夜。

(14) 住在父母或父母的代理人家中的时候,曾经至少两次离家出走,在外过夜(或有一次长期不归)。

(15) 经常逃学,起自 13 岁以前。

2. 此类破坏干扰行为会带来社交、学业、就业能力上的严重损害。

3. 年满 18 周岁或以上,且不满足反社会人格障碍的诊断标准。

(三) 影响因素

品行障碍的原因有很多,有生物、心理和社会因素。其中社会因素和家庭问题是主导因素,如父母对子女不良的教养态度和方式等。儿童在早期并没有建立起相应的价值判断标准,因而容易习得他人的不良行为,并认为这些行为理所当然,没有什么不好。

1. 社会原因

社会政治思潮、经济状况、社会道德标准、社会风气等都对儿童的道德、品质、行为和性格的发展有重大影响。社会学习理论认为,品行问题和犯罪行为是后天习得的,如影视中的暴力镜头和黄色刊物对儿童的社会化过程有明显的塑造作用，使他们耳濡目染，出现暴力、抢劫、强奸和吸毒等问题。

亚文化的影响是团伙犯罪的重要原因，有品行障碍的青少年常常纠合起来，发展小团体的生活方式、行为准则，形成一致的评价自己和他人的标准，这就是犯罪团伙的亚文化。许多学生由于学习困难等多种原因，辍学或退学，流向社会后易被坏人利用，加入犯罪团伙，在不良的亚文化环境中形成错误的价值观和人生观，学到不良的生活方式，走上违法犯罪的道路。另外，社会结构的突然变化或瓦解会削弱原有的社会控制性规范，产生社会异化状态，成为儿童品行障碍的一个重要诱因。外来文化的引入和旧有文化的冲突、社会生态环境的破坏等均是品行障碍的诱因。

2. 家庭原因

家庭是影响儿童品行发展的最重要方面。许多调查表明，家庭教养不良和物质剥夺、亲情淡漠、亲子感情对立、敌视、袒护、家庭有犯罪成员、对子女缺乏适当的监督和养护、父母不合或离异、虐待儿童等均与儿童品行障碍有关。据报道，60％的少年犯来自破裂家庭。有研究提出儿童品行障碍的预测因素包括：母亲对男孩管教放松、过严或前后不一致，父母对孩子缺乏感情，母亲对孩子监督不适宜，听任其自由活动而不予以指导和约束，家庭缺乏亲密等。对孩子的过分溺爱是品行障碍的常见原因之一，孩子为所欲为，以自我为中心，自控力差，道德观念薄弱，缺乏行为准则和规范，事事依赖成人，犯了错误也会受到父母过分保护。这类儿童适应社会困难，与人交往产生挫折后，易产生对立、仇视情绪，从而发生侵犯行为。

3. 教师与学校的原因

教师对儿童品行的塑造有重要作用。教师对学生简单粗暴、冷漠、忽视、惩罚、不公正对待、严厉批评等都可能导致学生品行障碍的发生。学业成就也是个重要的危险因素之一。有研究认为，学业失败可以预测后来的品行问题。学业失败的学生更容易出现品行障碍。在学校中同伴的影响是不可忽视的。在小学时期，与同伴交往在儿童生活中地位日益重要，并对儿童发展产生重大作用。有研究表明，儿童拥有攻击性同伴的数量可以预期以后的攻击行为。此外，同伴拒绝对于儿童品行障碍也有重要影响。被同伴拒绝的儿童表现出更多的品行问题。

4. 其他原因

自然灾害、意外事故、患重病、受惩罚等均可对儿童的情感和行为产生重大影响。儿童的心理需要不能满足，生理发育冲动与社会规范的矛盾不能解决，经济上依赖父母而自我独立意识又不断增强，青春期面临的心理困惑，复杂的人际交往等，均可导致青少年精神紧张，焦虑不安，产生品行问题。

研究表明,外伤和患脑病的儿童、精神发育迟滞儿童、精神病和遗传病患儿都可能出现品行问题。XYY 核型者的行为问题发生率高于一般人群四五倍,原来认为它是侵犯性行为的主要原因,现在多数的看法是遗传和环境的共同作用才使患者侵犯性行为增加。雄性激素与侵犯性有关,所以男性的侵犯性行为多见。中枢神经递质 5-羟色胺的降低、大脑边缘系统的调节活动异常等均和侵犯性行为有关。

二、干预方案

综合国内外对品行障碍的干预进行的有益尝试,主要对认知问题—解决技能训练(Cognitive Problem-Solving Skills Training,PSST)、家长管理培训(Parent Management Training,PMT)、多系统治疗(Multisystemic Treatment,MST)、基于学校的干预(School-Based Intervention)等干预策略进行介绍。

(一) 认知问题—解决技能训练(PSST)

认知问题—解决技能训练主要针对有品行问题的儿童和青少年在人际交往场合的认知缺陷和扭曲。该策略认为儿童对周围事件的看法和评估触发了攻击性和反社会的反应,以及错误思维的改变将导致行为的改变。

基本方法是,治疗师用指令、练习和反馈来帮助儿童发现处理社交情境的不同方法。通过完成这些活动,儿童学会评估情境,学会预期别人的反应,以及调整他们对其他儿童行为动机的归因,对社交问题使用恰当的解决办法。

该策略的显著特点是认为,虽然由思维产生的行为是重要的,但儿童思维的重要性不可忽视。通过使用自我叙述,将注意指向能引导有效解决问题的各方面。治疗使用结构性任务,包括游戏、学校活动或讲故事。儿童学会将认知问题—解决技能应用于真实的生活情境。治疗师在治疗中扮演一个积极的角色,举例讲述认知加工过程,提供反馈和表扬。治疗结合示范、练习、角色扮演、行为感染、强化和轻微的惩罚。通过使用家庭作业和父母参与,治疗强调把问题的解决扩展到儿童日常生活中。

关于该策略的有效性评价显示,PSST 对就诊的品行问题儿童和青少年是有效的,而且有益于扩展其父母和家庭的功能。研究结果支持 PSST 的理论基础,即错误的认知和攻击行为有关。但还不清楚错误认知的改变是否是行为改善的原因。事实上,认知过程的改变不一定导致行为的改变。尽管接受 PSST 治疗的大部分儿童的行为有所改善,但依然有一些儿童继续表现出比普通同伴更多的问题。

（二）家长管理培训（PMT）

家长管理培训训练家长改变儿童在家里的行为。该策略认为家长与孩子的不良互动至少部分地产生和维持了儿童的反社会行为，所以改变家长与儿童的互动方式能够改善儿童的行为。它的目标是让家长学会一些特定的新技能。培训方法上采用单独或集体培训、在诊所或在家培训、人员培训或通过录像资料培训。

显著特点是，治疗师很少或不直接干预儿童。父母学习用特定的程序来改变互动，提高儿童的亲社会行为和减少不良行为。治疗师在家里及诊所用一系列教学方法，包括相互讨论、直接指导、示范、行为感染、行为演示、塑造、反馈、角色扮演和结构化的家庭作业。

家长学习用新的方法来识别、确定和观察他们孩子的行为问题。治疗晤谈涵盖社会学习规则，包括有效应用指令；制定明文规则的办法；运用分化注意；运用表扬和切实的奖励或积分来鼓励期望的行为；运用轻微的惩罚，例如失去一些权利或不得外出；商讨等。晤谈提供机会给家长看新措施是怎样执行，如何练习使用技术以及如何在家庭中回顾进步。家庭作业和其他方法用来提升晤谈中学来的技巧。仔细监督治疗的进展，在治疗中按需要调整治疗方法。

关于该策略的有效性评价显示，参加过 PMT 的家长，其子女在治疗后比80%没有参加培训的家长的子女有更好的改善。除了就诊儿童有所改变外，还使兄弟姐妹的行为问题减少，并能缓解父母的压力和抑郁。PMT 对 12 岁以下儿童的父母最有效，对青春期青少年的效果比较小。短期效果比较明显，但长期效果不那么明显。对父母有许多要求，对于处在压力下且资源不足的家庭来说，难以在治疗中坚持。未来越来越重视教导一般的解决问题的策略和游戏技巧，以增强父母与孩子的关系，以及注重家长的认知、婚姻和社交支持、治疗风格和种族、文化因素。

（三）多系统治疗（MST）

多系统治疗是一种强调社会相互相应的家庭系统治疗方法，强调儿童品行问题实际上反映了家庭关系的功能紊乱。治疗的开展涉及所有家庭成员、学校人员、同龄伙伴、负责青少年的司法人员以及与这个儿童有关的其他人。MST 是一种强化方法，它吸收了其他各种方法，例如 PMT、PSST 和婚姻治疗，同样也吸收了特殊的干预方法，例如特殊教育、滥用毒品治疗方案和法律服务。MST 试图有效地处理严重的反社会行为的各种决定因素。

多系统治疗的指导原则包括：评估的目的是理解确认的问题和其广阔背景之间的“吻合”。干预应当以当下为焦点，以行动为导向，目标是定义明确的问题。干预应该将焦点集中于多系统内部或多系统之间的相互作用。干预应该对发展是恰当的,应该是适合青少年的发展需要的。干预需要家庭成员每日和每周都努力。干预效果的评估应该是多方面的和持续的。干预的设计应该能促进治疗的泛化和治疗改变的长期维持。治疗接触应该强调积极的方面,干预应该使用系统的力量。干预的设计应该能促进负责任的行为,减少不负责任的行为。

关于该策略的有效性评价显示,MST 对极端反社会和暴力的青少年的治疗效果比一般性服务、个人咨询、社区服务和精神病院治疗都要优越。这种治疗减少了违法和攻击同伴的行为,并且改善了家庭关系。重要的是,经过 5 年的治疗后,研究者发现 MST 能降低长期犯罪率。但 MST 的研究没有区分持续一生和局限于青春期的青少年的反社会行为,所以很难知道这种方法的成功效果是否对两者都同等适用。

(四) 基于学校的干预(School-Based Intervention)

学校教育是一段完整的教育历程,在学校里,学生可以通过相对集中的、丰富多彩的课程获得学业和社会化方面的经验。因此,在对品行障碍青少年进行教学和干预的过程中,应该考虑结构化和实用的策略。大多数的行为障碍儿童都能从日常安排与规则都具有可预期性的结构化环境中受益(Connor, 2002)。以教育和社会性发展为目标的课堂干预应该是的密集的,即具有连贯性、系统性、累积性。具体的干预策略包括行为评估、制订方案和选择干预方法。

1. 行为评估

行为评估,比如功能性行为评估(Functional Behavioral Assessment, FBA),是基于问题行为与特定的环境因素有直接关系的假设,这些变量或因素能够通过评估得以确认,系统解决这些因素能减少问题行为,有益于功能性更强的亲社会行为的形成。

对于品行障碍儿童或青少年,这种评估方法尤其适用于教师,因为它能帮助教师辨认适应不良行为及背后原因。FBA 可以通过教师实际观察和日标行为记录直接进行,也可通过同伴、家庭成员等其他人员间接进行。进行直接的 FBA 评估的简单方式是使用 ABC 行为分析模式,强调行为改变的三个要素:前因(Antecedent)、行为或个体(Behavior)和后果(Consequences)。A(Antecedents)即前提,指行为发生前的情境,包括物理环境和他人行为等,它会刺激问题行为的发生。前因为行为的发生提供了机会。B(Behavior)即行为,紧跟在前因之后的一个可以看得见的行为,通常为不恰当的或不正确的。一个可操作的行为定义必须具体的(避免用模糊的概念)、可观察的(能为人眼所看见）、可测量的（频率、长度和程度等）。C（Consequences）即结果，指行为发生后的情境，也包括物理环境和他人行为等，它对行为有强化作用。行为结果对该行为的发生会产生重要影响（增加、减少或维持）。影响行为结果的类型主要有正强化、负强化和惩罚。比如，有儿童为阻止同学的语言侮辱而实施攻击，结果或许是语言侮辱停止，攻击行为由此得到负面强化。然而，如果儿童借助攻击方式恐吓同伴而获得满足感，那么受害者的恐惧和胆怯就是攻击行为的正面强化物。

2. 制订干预方案

由于品行障碍儿童通常表现出攻击性、恐吓性和胁迫性行为，常被看作学校安全和秩序的威胁因素，所以他们常在中学或高中阶段被开除。这种趋势强调早期有效评估和制订科学干预方案的重要性（Walker，2002）。但现今的大班制教学使得教师没有足够的时间或资源对品行障碍儿童进行细致的评估，更为复杂的是，环境因素严重影响心理社会和生理的发展，一些即将步入青春期的学生和青少年偶尔会有犯罪行为和反社会行为。在课堂的真实世界里，教师在危难关头需要有合理的在课堂有限时间内能产生即时效果的策略，关于这方面的研究相对较少。

但可以明确的是，在学生获得有效干预前，教师必须理解学生的人际交往，包括学业和社会交往的优缺点及个人喜好。接下来，教师需意识到自己对这类儿童及青少年可能存在的偏见，从改变自身出发，找到教育及干预这类儿童的动机，确立学年干预的目标。最后，教师需要寻找和组建自己的支持团队，尤其是那些在干预适应不良或反社会行为儿童及青少年方面取得成功经验的其他教师。

3. 选择干预策略

选择恰当干预策略的第一步是营造接纳、友好、融洽的班级大环境，与每一个学生建立和谐的关系。教师要尊重学生作为独立个体的存在，保证他们拥有一定选择权和决定权，逐步建立师生、生生彼此间的信任关系，从而确保品行障碍学生能够参与到干预过程中。在许多案例中，这种集体联盟的形式具有显著的效果。教师获得学生信任和尊重的一个有效途径是在教室里培养他们的集体意识。要实现这一目标，教师可以给学生提供有意义的投入和参与机会、训练学生积极的倾听技能、为学生提供目的明确的学习体验、提升学生选择的能力水平。在此基础上，可以选择更具针对性的干预策略，包括指导性干预方法和认知-行为干预方法。

（1）指导性干预方法

指导性干预方法是为了给品行障碍儿童提供有一定难度和富有意义的学

习经历。但前提是，先要全面了解儿童学习方面的优缺点。具体内容又包括激发学习动机，确认学生的优势和能力，提供恰当的策略，在真实情景中学习等。

① 激发学习动机

对品行障碍的学生而言，动机是学习的基础。期望价值理论是一种有效激发学生学习动机的模型。该理论假设，人在活动中的积极投入程度取决于：他们是否有信心完成任务；他们对任务成功完成后奖励的重视程度；还有一个因素是“氛围”，即任务完成过程中所体验的人与环境的重要关系。品行障碍学生的学习动机不太可能被激发，除非满足全部三个条件：一是他们有信心能完成任务，二是他们认为任务有价值，三是他们在基本需要获得满足的氛围中完成任务。活动无法满足这三个条件时，教师让学生完成其他活动任务是一个更加合适的权宜之策。

② 确认学生的优势和能力

教师需要帮助品行障碍学生了解自己的学习优势或特殊才能。比如，品行障碍学生不善于处理人际关系，但他也许表现出学习和获取知识的艺术或空间天赋。同样，理解和容纳品行障碍学生不同的学习方式也能促进他们的学习参与。如有些学生偏向听觉或口语表达学习，但却无法加工书面知识信息，教师可允许他们通过朗诵或倾听用磁带录音好的文章或课文，以达到同样的学习效果。此外，优化学习环境也很重要。品行障碍学生极易分心，注意力维持时间短，教师应为其创设“少刺激”的学习环境，如教室相对靠边的位置或课外辅导时的小单间。

③ 提供恰当的策略

一些品行障碍学生在学习方法选择上存在困难，因此给他们提供合适的学习策略会有助益。方法之一就是教学生一些学习技巧，如教授一些完成特定任务所需的认知技能。这些技能包括画线、标注、使用助记符号、列提纲和总结。其次，元认知干预也较为有效，包括策略运用的选择和监控、确定一种策略在何时和何种情景下比其他策略更佳。最后，教品行障碍学生一些反映学习态度端正、学习意愿、乐于配合教师的行为。尤其需要强调的是，应结合当天或本周教学内容传授这些学习技巧，而不是脱离实际的高谈阔论。

④ 基于真实情境的学习

对品行障碍学生的研究表明，学业课程与现实学习的融合非常重要。其中一种方法是“实际问题解决”，要求学生团结协作共同解决与自己生活和社区紧密联系的问题。学生在小组中协同找出学校或社区需解决的问题，然后研究出解决方案。每个学生都需参与其中，付出努力。由此演化出一个概念：

服务学习(Service Learning)。服务学习已作为扩充课程广泛被学院和大学采用。随着该概念在学校的运用，它的意义在于丰富学生经历，建立学生与社区之间的良性互动。学校课程开设本项目的计划方案应：选择要解决的问题；进行展望；研究问题；接受风险；做出决定；策划方案；实施方案(Jones，2004)。

⑤ 适当的调整与修正

对品行障碍儿童的指导的另一个重要方面是进行调整、适应性调节和修改。调整是对环境、课程、指导或评估所做的基本变化，以帮助学习者获得成功。适应性调节是外在表现形式和反应方式、时间安排、环境和计划等方面的变化。这种变化虽然没有影响水平、内容或表现标准，但它们却使学生有同等机会学习和展现已有知识。修改是指导等级、内容和表现标准方面的调整，以保障学生获得有意义和有效参与学习的机会。对情绪和行为障碍学生的课程和环境做出有效的调整取决于下列条件：调整措施针对全体学生；调整不是全新的；调整方案最好是在协作解决问题过程中产生的；调整始于学生个体目标；调整措施使参与标准课程的学生数量最大化；调整措施有指导性策略的支持。

有些特定领域会自我引向改变，包括任务的多少(减少问题数量，以缓解过度学习任务所产生的压力和乏味感)；学习、完成任务、测试的时间分配(如分配的时间增加)；支持的力度(如学生通过同伴辅导或教具获得更多个人关注)；信息的输入(如学生获得更多举例，或可复述和强化的指令)；技巧、问题或规则的难度(如学习把技巧或任务可以分解为更易掌控的部分或步骤)；信息输出，或学生证明掌握的方式(如学生可以通过作品、项目、图片模型、演示、报告等提供掌握的证据)；参与(如由于自身障碍无法用传统方式参与，学生可以通过其他方式参与，比如他们可以用建造模型代替撰写报告)。

(2) 认知-行为干预法

与品行障碍学生交流需注意的重要原则是让学生意识到自己是有价值的且教师很在乎自己。具体要做到以下方面。

① 创建积极的氛围

科恩(Kohn)对“创建积极氛围”进行了详细论述：主张教室是一个社区，是一个学生感到被关心和鼓励相互关怀的地方。他们体验一种被认可和受尊重的情感；儿童彼此来说很重要，对教师也非常重要。鉴于品行障碍学生反社会性本质，他们在家尤其是在学校的经历常常是被拒绝和受排斥。由此，一个支持并包容他们的课堂对他们的康复非常关键。

② 提出高期望

教师与品行障碍学生共处的另一个原则是给全体学生提出学业成绩和行为的高期望。品行障碍学生善于通过恐吓、胁迫或谈判迫使教师降低要求。

但教师的反应和态度应让学生了解上述方法无效,教师期望他们与其他学生一样会有出色表现。

③ 构建学习环境

教师应提供一个结构化学习环境,让学生知道他人对自己的期望是什么,及有社会和学业问题时应向谁求助。研究发现,由于他们的生活和家庭一般无序,增加了他们的沮丧感和无常行为的出现,因此为品行障碍学生的生活搭建构架很重要。

④ 合作学习

教师应多采用合作学习策略,允许不同学生小组互相合作解决问题,培养集体协作能力。多数品行障碍学生在社交情境中的态度是"我跟他们是对立的"。让他们与情趣相投且富有同情心的学生共同学习有助于品行障碍学生产生价值感和亲密感,并形成适宜的社会行为。

⑤ 积极强化

研究和实践表明,品行障碍学生行为出现小改进时进行表扬具有重要价值。鼓励和称赞特定的成绩或成就有很大的强化作用,因为他们更多时候由于失败和缺乏能力受到批评和责备。教师可以通过真诚表达对学生学业进步和个人发展成就的在意,表明自己对学生的关心。

⑥ 社交技能训练

行为改变项目对品行障碍学生的效果不明显,但有些社交技能训练项目却有更好的效果。进行任何形式的社交技能训练,重要的是在自然的环境里。比如,目标技能是训练学生如何与权威人物进行恰当交流时,学生应该有机会真正与父母、老师和管理人员进行交流,以训练交流技能。另外,社交技能训练应包括以下几方面:合作(如帮助他人,遵守规则);要求(如向他人要信息资料);责任心(如关爱他人或自己的财产或工作);同情心(如尊重他人情感和观点);自控(如对戏弄、辱骂和妥协恰当反应)(Walker,2002)。同样,选择的社交技能干预应该有利于获得技能、强化技能、消除或减少对抗性问题行为、有助于泛化和保持所获得的社交技能(Gresham,2006)。

模仿的基础是观察学习和替代强化原理。品行障碍学生在观察教师或同学时可获得有效社交技能的强化。通过这种替代强化,他们学会行为。他们的模仿发生在自然情景中和常规的时间、地点。比如,教师可以邀请校长在上课期间到教室视察,由此创设与上级领导进行合适而恭敬的交谈场景,随后就交谈的实质和内容与全体学生开展讨论。

行为演练指在结构化角色扮演中实践新获得的社交技能。这种方法的优势在于给学生实践社交技能的机会,而不必在意错误导致的负面后果。在鼓励品行障碍学生尝试新的社交技能而不必担心负面的社会影响或被拒方面，这种保护措施尤其有作用。行为演练可用三种方式进行：隐蔽、口头和公开。在隐蔽演练中，学生想象社交技能在特定环境中运用。口头演练要求学生口述社交技能的运用。公开演练是学生在假定情景中实施运用社交技能。

三、攻击行为

历史上，人类很早就对攻击行为加以关注。在20世纪过去的岁月里，很少有哪几个课题，像关于攻击及其控制的研究那样，引起如此之多的理论与实践研究的关注。

攻击行为之所以引起学术界这么大的兴趣，这与20世纪中心理学兴起的两大学派有很大关系。其中之一就是对整个20世纪产生了重大影响的精神分析学派，这个学派对社会的影响远远超出了心理学本身，它涉及哲学、社会学和文学等传统学科，它使人类重新思考自己在世界中的地位，重新思考自身所处的社会文化。这个学派的领导者弗洛伊德提出死本能的概念，他认为攻击行为就是死本能的体现。其二是行为主义，此学派的影响主要限于心理学界，由华生发起的行为主义运动得到了洋溢着实用主义的美国文化的大力支持，以至于在后来的心理学中总能看到行为主义的影子。如果说精神分析侧重于了解攻击行为的本质和背后的动机，那么，行为主义则关心如何对行为进行控制，前者是哲学和心理学意义上的，而后者则类似于一种社会控制。

（一）定义

攻击行为被埃伦（Eron）定义为“是一种经常性有意的伤害和挑衅他人的行为”。它包括言语伤害、身体伤害和权利侵犯等种种行为。攻击行为又称侵犯行为（Aggressive Behavior），是指基于愤怒、敌意、憎恨和不满等情绪，对他人、自身和其他目标所采取的破坏性行为。

攻击性行为表现为具体的行动和语言文字，具体行动包括打斗、损坏物品、对他人的伤害、对自己的伤害等，语言文字包括讽刺挖苦等。

攻击有主动性攻击，还有被动性攻击。主动性攻击比较常见，表现为对他人、对外物的敌意和攻击；被动性攻击则表现为对自己的消极态度，比如绝食、磨洋工、自虐等。处于被动性攻击的患者，一般是因为受到了外界挫折或打击，而自身的能力又无法进行抵抗或改变现状，或自己没有勇气去反抗，于是就消极地对待自己，以对待外来压力。这种攻击表现更为深刻，也比较难处理，因为面对外面的世界时，他们通常把自己封闭起来，使人们难以琢磨他们内心的想法。

攻击性行为又可表现为自卫性攻击、非自卫性攻击、强迫性攻击。自卫性攻击指儿童对同伴的攻击所反映出来的自卫方式，非自卫性攻击指儿童为了支配或打扰同伴而表现出来的打架、咆哮等行为，强迫性攻击指无法控制的攻击行为，一般为神经症。

（二）攻击行为出现的原因

1. 神经生化因素

（1）边缘系统

从一些动物的研究资料可以看出，攻击行为是位于大脑深层的边缘系统，包括下丘脑、隔区和杏仁核的共同作用的结果。实验表明，如果部分切除或刺激这些区域，将会导致增加或减少攻击性行为。一些有关脑肿瘤和精神运动发作的研究显示，边缘系统活动与攻击行为有关。而边缘系统的这种作用又和存在于其中的某些激素核的激活有关。研究者采取直接注入睾酮激素到豚鼠下丘脑的办法，激活了豚鼠的攻击性行为，而且除去边缘系统中的储存睾酮的核，则使攻击性下降。此外像5-羟色胺一类的神经递质，抑制攻击性水平也具有作用。一般男性比女性更具有攻击性，因为男性激素会增强攻击倾向。

（2）血液中的激素浓度

改变血液中的激素浓度也会使人焦躁不安。人们发现，人类和动物中，攻击性与激素尤其是雄性激素（如睾丸素）的分泌有关，与人类种系最近的动物狒狒、黑猩猩等，其雄性比雌性更富有攻击性。遗传基因也影响着个体的兴奋水平，攻击型幼儿父母的性格特征有73.7%具有好动性急的特点。对296对同卵双生子和277对异卵双生子进行了敌意和攻击行为的追踪测量发现：同卵双生子攻击行为的相关（$r=0.40$）明显高于异卵双生子（$r=0.04$），说明了人的攻击性倾向在某种程度上受遗传因素的影响。最近，有研究提示：攻击性儿童大脑半球均衡性发展与协调功能较正常儿童低，左半球抗干扰能力较差，右半球完形认识能力较弱，这一研究为道奇（Dodge）的攻击行为认识模式提供了一定的神经心理学依据。

2. 社会环境方面

包括家庭、社会文化等因素都会刺激和影响儿童青少年的攻击行为。目前已经有大量的研究证据证明了这一观点（曾玲娟，2001）。

（1）亲子关系

大量研究都认为婴儿的不安全依恋与攻击行为相关。母亲的抑郁对婴儿反应的拒绝性与幼儿攻击性存在着正相关。家庭环境中父母的婚姻冲突、争斗及随之而来的离婚等，由此而造成双方在儿童养育问题上的冲突使儿童更易遭到他们的拒斥，这样不安宁的家庭使儿童得不到快乐、情绪消极，有的儿童会通过模仿增加对他人的攻击性。一个在家庭中因攻击行为而受到严厉惩罚的孩子，在外边往往有更大的攻击性。不良的亲子关系成为攻击性行为增加的一个习得性条件。

（2）同伴关系

同伴关系对攻击行为的影响非常复杂。许多研究者发现，攻击行为的“早开始者”在入学后继续发展并为其他儿童所不喜欢，但不可否认的一个事实就是，很多有攻击行为的儿童并不被拒斥，而许多被拒斥的儿童并无攻击性。在不被喜欢的儿童中，非攻击性的比攻击性的儿童更易受到漠视而感到孤独。攻击性儿童很少有同学朋友，但在社会上和邻居中却有不少相似的朋友，他们互相支持。攻击性与拒斥又彼此相关，既具攻击性又被拒斥的儿童更易走上犯罪的道路。

（3）学校

师生关系在一定程度上也影响着儿童的攻击行为，如教师对攻击性的态度和行为都影响着攻击行为的产生。攻击行为因学校的不同而存在着差异，这与学校文化、风气有着重要联系。但总的来说，这方面的研究在国内外似乎非常少，而且也不够深入，这也许与学校和教师在儿童社会化过程中主要扮演的是正面督导的角色有关。但是师生交往也不可避免地会存在一些冲突，这些冲突对攻击行为有着怎样具体的影响，有待进一步的研究。

（4）其他

社会传媒对儿童攻击行为也有很大影响。如：电视常传播有关攻击如何正当的错误观念，这会使观看者产生错误的期望，而且电视、互联网等现代传媒以直观形象的方式教给儿童一些攻击性的行为方式，使儿童去除对攻击行为的抑制，使暴力“合法化”。常观看暴力行为电视节目的儿童更多地表现出攻击行为。

（三）攻击行为发生的理论假设

关于攻击行为的理论有很多，早期的解释主要依据弗洛伊德的精神分析理论和罗伦兹的生物习性学观点，强调早期经验对于反社会行为的影响作用。但后来又出现了一系列的新学说，使得攻击行为有了新的解释。

1. 精神分析理论

在弗洛伊德看来，个体之所以有攻击行为，在于无意识中的动物性本能冲破前意识的抑制和阻碍，进入了意识领域并占据了支配地位，从而将其所携带的各种野蛮、残忍和非正常的冲动及欲望释放出来，因而产生了攻击行为（王林松，2004）。由此，弗洛伊德指出，人必须适时地把积聚在体内的攻击冲动释放和表达出来。如果不能用社会可接受的方式，如体育竞赛的方式来释放，那么这种攻击本能就必定会以更具破坏力的其他方式表现出来，如言语的诋毁、打架斗殴甚至战争(叶茂林,2005)。

弗洛伊德在对人类攻击行为的起源和本性的认识方面是极为悲观的。他认为,不仅攻击行为是天生的,是源于与生俱来的死亡本能,而且这种攻击行为还是不可避免的,因为如果这种死亡本能不能外泄出来而施加到别人身上,那立刻就会摧毁掉个体本身。而唯一的希望则是用攻击行为把与之相连的情绪发泄出来,主要是有敌意和愤怒的情绪,这样也许能够解除这种摧毁的力量,并通过这种方式减少更为危险的行为出现的可能性。

2. 习性说

习性学的创始人洛伦茨认为,人类的攻击行为最初起源于人类和许多其他有机体共有的打斗的本能。这种本能在长期的进化过程中得到了发展。打斗具有三个非常重要的功能:第一,打斗能使某个物种的数量遍布到更广阔的地域,这样就能保证最大限度地利用有效的食物资源。第二,打斗有助于使某个物种的遗传变得更强壮,从而保证只有最强壮有力的个体能得以繁殖。第三,这些强壮的动物能更好地保护其后代,使它们得以生存下来。洛伦茨认为,打斗本能的攻击性力量,是以一种持续的和固定的速度自发地产生的,并且是随着时光的流逝而有规律地积蓄而成的。由此可见,外部攻击行为的出现就成为这样两个方面的联合功能:① 积蓄到一定数量的攻击性的能量;② 当时情境中存在的某种特定的、导致这种攻击本能释放的刺激的强度(叶茂林,2005)。

洛伦茨和弗洛伊德一样,认为攻击行为是不可避免的,这种行为又大部分源于一种先天的力量,但他在我们是否能够减少或控制这类行为方面,较之弗洛伊德而言是乐观的。他曾经指出,通过进行许多强度很小的、不会造成任何伤害的活动有可能防止攻击性的能量积蓄至危险的水平,这样就可以减少伤害性暴力行为迸发的可能性。齐尔曼通俗地说:“戏剧性地说,在人类身上的一次暴力行为的迸发,可通过1000次顽皮的行动而加以避免。”

3. 挫折—攻击理论

挫折—攻击理论是由多拉德(Dollard)和米勒(Miller)等人在20世纪30年代提出的。多拉德认为,人类的攻击行为不是来源于攻击本能,而是由挫折引起的。其假设的中心思想是:挫折总是引起攻击行为;攻击行为总是起源于挫折。

多拉德认为,挫折并不会直接引发攻击行为,而是诱发出某种导致攻击行为的刺激(一种攻击),然后这种刺激会促进或加速攻击行为的出现。后来,他们通过进一步的研究,发现了如下几方面的规律:(1) 青少年遭受挫折的程度与其攻击行为的意识强度成正比,即对青少年来说,他们在社会冲突事件中所遭受到的挫折程度越高，其发动攻击行为的意识就越强，也就越容易导致攻击行为的发生；一个遭受挫折的人，总会做出某种攻击行为，所有攻击行为肯定是某种挫折导致的结果。例如，在童年受到虐待或被父母忽视的人，由于积累和强化了一种挫折经验，成年后发生反社会行为的比例会大大增加。这也在一定程度上解释了为什么家庭不和、父母离异及父母教养方式比较简单的家庭中儿童的攻击行为及青少年违法行为的发生率比较高。(2) 青少年对攻击行为的抑制与其预期这种行为将受到的惩罚程度呈正比，就是说，青少年预期攻击行为将受到的惩罚越轻，就越易于发起攻击行为(王林松，2004)。

这种理论曾经对早期的社会心理学家和发展心理学家关于攻击行为的研究产生了相当大的影响。之所以这样，部分是因为这种假设观点鲜明，通俗易懂又有其合理性的一面。但同时这一理论又受到很多质疑，首先，并非受到挫折的个体都总是做出语言的或身体的攻击行为，对待挫折的方式各种各样，从屈服、绝望到积极尝试去克服都有。其次，攻击总是由挫折引起的，这一论断也过于武断，挫折之外的其他因素同样可以引起攻击行为，当没有挫折情境的时候，攻击行为也常常出现。

4. 班杜拉的社会学习理论

该理论把儿童的攻击行为看作是观察学习的结果。根据这一理论，儿童可以通过观察特定的榜样进行学习。在这里，社会生活中的各种现象都可以成为儿童青少年的榜样。在现代社会中，影响力最大的榜样示范包括电视、电影、广告、网络等大众媒体传播的内容。为了证实这种影响，1961 年，班杜拉做了一项“观看攻击行为”的实验。在实验中，研究者把儿童分成两组，让其中一组儿童观看成人对充气娃娃进行攻击(拳打、脚踢、口骂)，然后让他们进入同样的环境单独同这个塑料娃娃相处，观察其行为表现；另一组儿童观看成人平静地对待同样的充气娃娃，在成人和娃娃相处的过程中，没有发生攻击性行为，然后，也让孩子进入这个环境，与充气娃娃相处。最后，研究者把这两组儿童的行为进行了比较，发现实验组儿童的攻击性行为明显高于对照组。这一结果证明了他的假设，即攻击行为是习得的，他与挫折的关系不大。根据这一理论，一些不良的社会文化生活方式对于儿童的社会化过程起着直接的刺激影响作用。因此，要对涉及色情、暴力及污言秽语等影视、文化作品标定等级，以限制儿童青少年接触某些不宜观看的内容，这是使儿童免受社会不良文化方式影响的有效方法。

5. 信息加工理论

20 世纪 80 年代，信息加工理论出现以后，又有一些学者尝试采用社会信息加工理论的思想来解释儿童青少年的反社会性行为。其中主要的代表人物是道奇。他认为，个人对于挫折或其他明显的挑衅的反应不仅依赖于情景中出现的社会线索，而且还依赖于个体对这些信息的加工和解释。按照道奇的观点，儿童由于过去的经验和信息加工的技能不同，做出的攻击行为也会出现很大的个体差异。攻击性比较高的儿童之所以如此，是因为他们在记忆中存有“同伴对我有敌意”的观念，这使得他们会注意搜寻与这种观念相一致的社会线索，随后一旦真的发生意图不明的伤害事件，他们会过分归因于对方的敌意企图，这是因为他们预置了一种更强的攻击性。同时，攻击性儿童的这种反应会触发同伴的对抗性行为，这样又强化了儿童认定对方有敌意的印象，一个恶性循环就开始了。

为了论证攻击性行为儿童会歪曲事件中意图不明的信息这一假设，道奇进行了一系列的实验。他从小学二、四、六三个年级中分别挑选出一批具有高攻击性行为的和低攻击性行为的学生，让他们各自单独在房间里做拼图游戏。在进行一段时间后，再让对方互换，单独到另一个孩子的房间观看对方的进展。当他们观看进展时，试验者故意让他们听到一些假装是对手发出的声音。这类声音被设计成三种信息：① 有敌意的信息（如对方喊道：“他弄了这么多，我要毁了它！”）。② 善意的信息（如“我要帮他一下，噢，我不是故意的”）。③ 意图不明的信息（“他弄了这么多了”）然后是一阵倒塌的声音（假装拼图被弄乱了）。借此来观察被试的不同反应。结果发现，无论高攻击性行为的儿童还是低攻击性的儿童在听到有敌意的声音之后，都比听到善意的声音之后表现出更高的攻击性。这说明，即便是高攻击性的儿童在对方意图明显时，也并没有歪曲社会线索。但是，当同伴的意图不明显时，高攻击性的儿童明显表现出对社会线索的歪曲，他们大多会把对方的信息理解为是有敌意的，并立刻进行报复；而低攻击性的儿童却并没有做出这种过激的反应。

在进一步的研究中，道奇用口头访问的方法评价了这些儿童对这三项模拟情景的归因差异，结果，高攻击性的儿童对于“意图不明”破坏事件所做的归因明显不同于低攻击性的儿童，他们更倾向于把这种情况归结为对方的敌意企图。这些高攻击性的孩子更容易挑起事端，而且他们比起普通的孩子也更容易成为被攻击的对象，因为经常有普通的孩子在意图不明的情况下受到伤害，所以，他们也比较容易受到报复。

道奇等人在诸多研究的基础上提出了一个儿童攻击行为发生的社会信息加工模型，认为儿童在进入某种社会情境时会有过去的经验材料和某种目标。这时，如果突然发生一件事并需对此作出解释，那么儿童对这种情境及它所提供的社会信息的反应依赖于五个步骤的结果：① 编码。儿童从环境中收集关于这一事件的信息，他收集信息的熟练程度会影响他对此事件的反应。② 解释。收集信息并关注到情境线索之后，儿童会把这些与过去相似事件的相关信息和他在这一情境中的目的整合起来，试图判断这种行为是偶然的还是敌意的，当前信息与他过去类似事件的解释会影响到他对当前事件的解释。③ 搜寻反应。儿童会考虑几种他可以实施的行动。④ 决定反应。儿童权衡了各种可选择反应的有利因素与不利因素后，会选定一种最适合当前情境的反应。⑤ 实施反应。儿童实施所选择的反应。

对社会信息的认识加工包括“评价-解释-寻找反应-决定反应-作出反应”这五个子过程，从环境中输入的信息依次通过上述五个加工阶段，而后作出行为反应。若儿童不能按顺序对输入信息进行加工，或在某个环节发生意外念头，就有可能导致攻击行为的发生。在这一理论中，儿童记忆中存储的过去经验和信息加工的技能对攻击行为的产生有着至关重要的作用。儿童对社会性信息加工的技能越高，所表现出来的社会性技能也越高。道奇等人的一系列实验表明，高攻击性儿童更多地会将他人意图进行敌意归因，并据此作出攻击反应，这一理论很好地预期了行为的个体差异。

杨治良等用实验对成年人攻击行为的社会认识的某些特点进行了探索，发现攻击行为在社会认识上存在着内隐和外显记忆间的任务分享的加工演变过程。教育使人们在意识形态中更加同情被攻击者，而本能和后天习得经验等使人们无意识地保存一定的攻击性。在适当的条件下，这种攻击性会被启动并产生相应的行为，即人们在面对攻击行为时，由于攻击行为的内隐社会认识特征的存在，人们更有可能选择保持中立或是奋起攻击。而结合中国的具体情况，“和为贵”的思想成为中国人自动化的内隐态度，又从另一个侧面影响着人们对攻击行为的社会认识模式，使中国人可能更多地选择保持中立。

(四) 攻击行为的相关研究

1. 攻击行为的年龄差异

许多研究表明攻击行为随年龄的增长而发生变化。在类型上，由工具性攻击向敌意性攻击变化；在起因上，由争夺物品和空间引起的原因向缘于游戏行为规则等社会性原因变化；在形式上，由身体攻击向言语攻击方式变化。

中国一些学者也在研究中得到类似结论，张文新等在观察研究中还发现，中国儿童由物品和空间争夺而产生的攻击行为所占比例最大，由报复还击而产生的攻击所占比例较少。他们的另一项研究发现，儿童攻击性的高低与是否独生无必然联系，独生儿童并不比非独生儿童更具有攻击性。由此看来，中国儿童攻击行为的这种差异以中国家庭教养方式来解释也许更为合理。

2. 攻击行为的性别差异

一些研究者认为，女性的攻击性低于男性；而另外一些研究者认为性别差异并不存在。但大量研究都表明，男女两性在攻击行为的开端、方式、发展过程及评价方面存在显著差异。

（1）攻击行为开端中的性别差异

1984年海德（Hyde）等人的研究表明，攻击行为的性别差异在2～2.5岁时就可表现出来，而且在自然观察的实验情境中比在严格控制的实验室中更为明显。1997年洛伯（Loeber）和海（Hay）再次验证了这一点，并指出在不同发展阶段（学前期、小学、中学）攻击行为所表现出的性别差异越来越明显。

（2）攻击行为方式中的性别差异

女性的攻击行为更多的是使用间接和言语的攻击，包括社会孤立、散布谣言和诽谤等有效地伤害别人，而男性普遍使用的是直接的身体攻击。进入中学后，男性比女性更多地采用暴力方式来表现攻击行为，如群体斗殴、袭击、性暴力以及杀人等。

（3）攻击行为发展过程中的性别差异

女性以反社会行为方式出现的攻击行为比男性晚，而且这些行为中很多是没有攻击性早期表现的，主要是到青少年期才表现出来。是否容易成为攻击的目标随年龄增长也存在性别差异。男孩之间的攻击性冲突要比男孩与女孩之间的和女孩与女孩之间的多得多。男孩不仅易挑起更多事端，而且也更易成为攻击的对象，高攻击性男孩因其敌意倾向也常会招致同伴的攻击。至于异性间的冲突，随年龄增长，女性所报告的比男性报告的多（Cains &Lains，1994）。

（4）对攻击者评价上的性别差异

大学女生对攻击者的评价高于中学女生，而男性的评价相对稳定。这一现象的出现可能是大学女生对爱情的期冀使得她们更为欣赏主动攻击者，国外对欺负行为的研究也得出一些女孩（尤其在中学）可能崇拜较高地位的欺负者的结论。

（五）干预方案

1. 优化生态环境

消除可能导致攻击行为的因素，也就是从外部环境的角度来减少刺激攻击行为发生的源头，这需要社会、学校、家庭等多方面的共同努力。如：营造民主、温馨的家庭氛围，培养良好的亲子关系。儿童青少年精力过剩，情绪多变，自控能力较弱，攻击、挫折、愤怒等消极情绪积累到一定水平可能会触发暴力性或破坏性的反应，从而引发攻击行为。

对于攻击性儿童，家长和教师特别要提供和谐环境，营造良好氛围以避免争执、冲突等不协调关系的存在。不太成熟的儿童需要家长和教师投入更多的时间照料，才能减少其攻击行为的出现。挫折是产生攻击行为的关键，应设法减少挫折因素特别是那些使个体觉得专横、不公平或自我贬值的挫折，可以降低攻击倾向，同时也要引导学生练习使用建设性方式来应付挫折，也会有利于攻击行为的预防。

教育者可为孩子选择一些亲社会的节目来引导孩子的非攻击行为，并通过剖析那些不切实际的电视节目来抵制攻击行为。教育者还应更多地关注女性儿童青少年中“隐形”的攻击者和被攻击者，正确引导她们对攻击行为的态度。对于缺乏朋友的非攻击性儿童，要培养他们的交友技能以满足其必要的归属需要，以免他们因受忽视或因偏激而发展攻击行为。

2. 培养儿童的社会信息认识加工能力

根据社会信息加工理论，适当引导儿童青少年，以实现其对事件的正确认识以及提高正确的反应能力。儿童如何给一个社会性刺激赋予意义是儿童是否选择恰当性社会反应的主要依据。在儿童的日常生活中，应教会儿童对所接收的社会性信息正确分析，区分哪些对他是有意义的，哪些是无意义的，帮助儿童积累良性生活经验，使其在解释判断某一社会性信息时，更多的是与其已有的良性经验进行对照比较，进行非敌意性归因。通过对道奇社会信息加工过程的分析，我们还可以看到，主体对社会性信息的加工更多地依赖于来自外界的反馈信息，并据此对自己的行为目标及行为方式不断进行调整，逐渐发展起一套更具适应性的社会行为。由此，我们应为儿童提供正面积极的榜样，或直接教育儿童使用非攻击性方式解决问题，儿童很可能会用同样的方式解决自己的问题。建立一套奖惩制度，对攻击者给予惩罚是制止攻击的一种最简单的方法。但对儿童而言，更有效的方法应是奖励，或者是消除攻击行为的强化源，如奖励那些能够克制自己，与同伴团结友好的儿童，或忽视儿童的敌意表现而去强化他与攻击行为不一致的行为，当儿童表现出敌意时，成人对之置之不理，使攻击行为不能得到强化。此外，还可以采用互换角色的方法，如果两个孩子打架，就可以请他们以互换角色的方式在小组或全班面前讨论，以了解每个问题争执的两面与处理技巧，然后集体讨论。如果其中一名打架的学生缺席也可以用空椅子代替，由另一名打架的学生同时担任对立的两个角色进行讨论。经常欺负小学生的，现在可以扮演被欺负的小学生，使经常欺负小学生的能体验到被欺负的感觉，学会设身处地地为他人着想。

3. 奖赏技术

操作条件学习的许多应用技术都是基于通过奖赏以增加合理行为这一设计思想来建立的。奖赏通常包含了称赞、积极关注、给予特权以及实际的强化等内容。在这方面应用最多的是代币管理技术，儿童通过某些合理的行为来赢得筹码(如小红花、某种票据、累计点数、钱等)。代币管制技术可以用于某个儿童,也可以用于某个群体中的全部儿童。

教师的签字可以作为儿童获得奖赏的凭据,据此他可以获得诸如图书馆自由借阅自己喜欢的读物或多睡15分钟懒觉的奖赏。试验者发现,随着实验的进行,儿童的攻击行为开始明显减少,大约经过3周的训练,攻击行为已经完全消失。并且在此后的7个月的随访中,该儿童没有再出现攻击行为,显示效果良好。

有人设计了一项奇特的代币管制策略,在这些策略中,实验者设了一个所谓"嘲弄"的游戏,让一些孩子故意去激发而不是设法减少待治疗儿童的攻击行为。首先试验者训练一些与儿童同龄的孩子,让他们通过各种讥讽或挖苦的方法去故意激惹儿童,引逗他们产生攻击行为。如果儿童面对这种激惹能克制住自己,或给予合理的反应,他便可以得到相应的奖赏。在这个游戏中,儿童的行为因为这种代币管制的酬赏进步十分显著。

这种操作性条件学习技术除了可以用来对行为后果进行管理外,还可以对于各种刺激变量加以管理,通过选择性的强化刺激变量来让儿童发生相应的行为后果。

在应用这项技术的时候,有一些基本的要点还是要进一步加以重申。首先,在治疗之前必须对靶行为进行精确的定义和测量。在这里至少有两个靶行为需要测量:一个是攻击行为,另一个是适当的社会行为。对于强化物的选择,主要是一个经验问题,根据不同的儿童可以做出相应的选择。其次,在实际治疗开展以后,如果连续几天强化不能导致孩子的靶行为发生改变,则说明该强化物缺少强化意义,需要考虑及时改变强化物。为了使奖赏达到最大效果,切记一定要在儿童青少年出现合理行为之后及时给予强化。

4. 惩罚技术

惩罚技术可以被用来阻止和消除各种攻击行为。它与在日常生活中经常运用的各种惩罚方法并不完全相同,它通常要伴随着奖赏共同使用。在治疗儿童青少年的攻击行为时,通常是以取消儿童的奖赏为代价来实施惩罚的。

(1) 暂停法

在实施此法时,治疗者在一段时间内去除可以令儿童获得奖赏的活动内容(如停止游戏或不许看电视)。儿童接受暂停的过程中,治疗者必须严格控制情境,以确定他不可能通过其他任何途径得到奖赏。同时还必须有足够的时间让儿童受到惩罚。社会性隔离是一种最典型的暂停法操作。治疗者让儿童在一个短暂的时间中无法参与其他任何社会活动,像学校中的罚站、军队中的关禁闭等都属于这种情况。但是,过长时间的暂停是没有意义的,会引起儿童的反感和身体的不适。

（2）反应代价法

这是通过使儿童失去得到奖赏的机会来进行的。与暂停法不同，在这种惩罚中，不需要有一个时段的考虑。反应代价法的常用策略包括撤销代币或对一些不合理行为进行代币交换，作为代币管理中的一个组成部分。当儿童做出适当的社会行为时，便获得代币酬赏；当作出攻击行为时，便要交出一定量的代币。在这种情况下，明确列出靶行为，即让儿童感受到何为适当与不适当行为是非常重要的。

（3）矫枉过正法

这项技术包括两部分内容：第一部分是还原，主要是要求儿童将那些由于不良行为而造成的对环境破坏的内容加以恢复；第二部分是积极尝试，主要是让儿童在这个情境中反复练习各种适当的行为。目的是为了去除不当行为。但是对于许多行为来说，由于不会造成环境的破坏，所以也就无需对破坏的内容加以恢复。对待这些行为，只需要单纯做积极行为练习，要求儿童做合理行为就可以了。

5. 学会发泄情绪

有些攻击行为是由于情绪无法发泄引起的。近年来的研究揭示了情绪对儿童认知的影响，在培养儿童的认识加工能力时，设法激发那些与攻击行为不相容的反应，如同情心和幽默感等。同情心能彻底改变我们对一个潜在牺牲品的态度，一个富有同情心的人往往是非攻击性的；幽默同攻击是不相容的，它能化解一个人心头的怒气从而减少攻击性。国外有些学校专设学生情绪发泄室，学生可在发泄室里大喊大叫、乱涂黑板、打击塑料人等，让学生发泄潜意识里的怒气，消除恨意，缓解紧张的情绪，降低攻击行为的产生。另外也可以开展体育锻炼，让愤怒的情绪得以疏解和转换。

如果是全班或一个小组一起活动，可以两个人一组背靠背站立，手臂与手臂挽紧，甲先弯腰，使乙被背起双脚离地，要求被背的乙全身放松尽量呼气，然后甲使乙缓缓双脚着地，再由乙背负甲，做同样的动作。这一活动可以使肌肉松弛，使攻击性的儿童在紧张焦虑的气氛中和同伴一起学习放松情绪。这项活动可以消除心理压抑和愤怒情绪，削弱攻击行为。借有规律的深呼吸，增强心灵感受，借心理的舒畅消除忧郁与罪恶感。

6. 家庭疗法

（1）父母行为管理训练

父母行为管理训练（Parent Management Training，简称 PMT）可以有效治疗攻击行为。对父母的行为训练基于这样一个原理：即问题行为的出现是由于儿童个人发展中的某些方面受到疏忽和家庭中父母与子女的不良互动造成的。具有反社会行为的年轻人，他们的父母都显示出对攻击行为的默许或赞同以及对亲社会行为的怀疑倾向。

父母行为管理训练存在很多不同的变式，但还是有一些共同之处。第一，所有的治疗操作都是在家庭中，并且主要是针对父母进行，而不是仅仅通过治疗者去干预儿童。第二，需要帮助父母学会重新去观察、辨别儿童的某一问题行为。第三，实际治疗的内容包括社会学习的一些基本要点，以及根据这些要点派生出来的一些操作策略，包括积极强化、适度惩罚、妥协以及条件性契约管理等。第四，训练中还要提供机会，让父母看到这些技术实际的应用情况，尝试练习使用这些技术以及检讨在家庭中的行为改变计划。

这个训练计划的直接目标是帮助父母发展一些可以帮助自己孩子的专门技能，学习避免卷入一种过激的家庭争战之中(如避免过度惩罚、相互争吵)，这主要是通过让父母们在一些相对比较简单的行为中尝试应用这些技能来实现。随着父母专业水平的提高，相应的儿童问题行为难度也可以增加。

(2) 功能性家庭治疗

功能性家庭治疗(Functional Family Therapy，简称FFP)是一种互动式治疗方法，主要依赖对人类行为和治疗手段的两种看法而建立。功能性家庭治疗需要通过对家庭功能关系的分析来发现问题。治疗者从他们的日常行为功能中，指出家庭成员彼此之间的依赖和联系，为治疗寻求契机。一旦家庭成员可以从不同的角度看到他们自己的问题，进一步深入互动的可能性就增加了。

治疗的主要目标是促进家庭成员彼此之间增加互惠和积极奖赏，建立合理的相互交往关系，并找到解决人际关系问题的合理方法。在治疗前，需要让家庭成员阅读一份有关社会学习策略的简要介绍资料。在治疗过程中，治疗者对于那些促使问题被解决和得以澄清，以及从其他家庭那里取得反馈经验的交往活动随时提供社交性奖赏。

使用功能分析这项技术要求治疗者能掌握家庭中各种类型行为的功能。这些功能包括家庭成员之间维持关系和睦紧密的行为、减少心理紧张及相互依赖的行为以及他们的和睦与分离。在一个家庭之中，其家庭成员的行为可能是复杂的，在对待同一个个体时可能会出现相反的行为。同时，同一行为又可能表达了不同的含义。几种不同的行为(如孩子与伙伴争斗、在学校中犯了错误、离家出走彻夜未归)也可能表达了几乎相同的功能(如设法使父母重归于好)。

许多家庭开始时进行功能分析可能是有困难的。因为许多父母亲都相信问题是“孩子造成的”，与父母无关，在这种情况下，治疗者需要设法引导家庭成员作一些变换思考，通过提醒让孩子改变原来的不合理行为的做法，使父母感受到一些不同的后果。

随着外界刺激量的增长，有些性情温和的孩子会突然间变得极度暴躁、敏感易怒、情绪难以控制、暴力倾向严重。家长往往求助于医院，而医院一般会建议用药物控制。这样造成的后果，睡眠和食欲的影响暂且不管，孩子不但会因为长期服用药物变得神情僵硬、思维缓慢，而且恐惧社交，变得自卑敏感，对家庭极为依赖，对未来的生活缺少信心和安全感。

（六）咨询师如何介入治疗

儿童攻击行为是一种复杂的现象，必须详加探究背后的动机，了解孩子想通过暴力行为达到的目的。这种探究往往不容易实施，因为大部分孩子不容易说清他们的理由和感觉，因为缺乏适当的解释，这往往会给治疗带来困难。

身为临床人员，我们必须把焦点放在应该怎么做，以及如何与这些孩子沟通，而不是一味地找出暴力行为的原因（导火索）。暴力通常是对社会情境的反应，暴力行为的发生往往是因为经历了某些事情。因此，探讨让儿童变得暴力的社会脉络非常重要。在了解了行为脉络后，才能对个别的孩子给予忠告和建议。

此外，治疗时了解儿童的攻击行为背后的维持因素也很重要。了解了儿童品行障碍的维持因素后，有助于治疗师选择最佳的治疗方案。如果某个有攻击行为的儿童最初动机是获得或逃避别人的注意，治疗就可能需要集中在儿童、其父母和相关的人上面。可是，如果他最初的动机是强化感觉刺激获得实物报酬，那么治疗就应该特别着重在该儿童身上。当然，有很多品行障碍的儿童有多种多样的原因，这自然使得治疗变得更加复杂。不过，总是存在可能的解决方式，有创意的治疗师可以在错综复杂的状况下创造出解决方法。当然，这是我们的心愿，也是我们努力的方向。

四、其他品行问题

除了人们研究得较多的攻击行为，说谎、逃学和离家出走以及偷窃也是一些令父母和教育者非常头痛的问题，下面就这些问题行为做一些简要的介绍。

（一）说谎

说谎是指儿童有意或无意讲假话。年幼儿童由于认识能力和思维能力未发育完善，分不清自我与环境以及事物的真伪，常由于无知而说谎，这被视为天真幼稚。稍大的儿童富于幻想，常将幻想与现实结合在一起，为了满足自己幻想中的某些欲望而说谎。这两种说谎可随年龄的增长与认识发展得以纠正。

有些儿童常采用说谎来达到自己的目的和愿望，说谎成为一种待人接物的模式，这种说谎就是一种品行障碍。父母等成年人的不良言传身教，对儿童某些缺点采取过于粗暴的惩罚态度，会对儿童起到潜移默化的作用，使他们通过模仿学习或为了逃避惩罚、取得父母欢心、获得某些奖励而不惜说谎。如果说谎达到目的会受到阳性强化，儿童会更加喜好说谎。所以，对儿童的说谎应及时纠正和加以教育。说谎行为还会在一些病理状态下发生，如癔症性说谎、脑病、精神病说谎等。这些说谎的干预应重在治疗原发病。青少年说谎的矫正可从如下方面入手。

1. 减少说谎的机会

既然儿童青少年容易在有压力的情况下说谎，那么减少他们不必要的压力，实质上就是减少了让他们说谎的机会。要让儿童青少年既守纪律，又有一定程度的自由。所以，家长和教师不能对儿童青少年过分严格，而是要严得合理，要注意教育方法，给儿童青少年创造讲真话的环境。

2. 进行诚实教育

教育儿童青少年保持诚实的品质，让他们懂得真诚是一种心灵的开放，生活是欺骗不了的，重要的是讲真话。巴金老人说："说真话不应当是艰难的事情。我所谓真话不是真理，也不是指正确的话。自己想干什么就干什么；自己想怎么说就怎么说——就是说真话。"因此，关键是培养学生的道德心，使他们有自尊、自重、自爱之心，以说谎话为耻，以讲真话为荣。

3. 改变环境，形成对说谎行为的谴责

在说谎无所谓的环境里，即使不说谎的人也容易学会说谎；相反，在人人谴责说谎的环境里，有人想说谎也不敢说谎了。这是环境对人行为的影响。我们在学校和家庭中，要逐步形成人与人之间待之以诚的关系，父母和教师不应有高人一等的思想，要平等待人，以身作则，具有真诚的态度。在集体中形成容不得说谎的气氛，在这样的集体环境里，青少年是不会轻易说谎的。

4. 树立榜样

儿童青少年容易模仿，因此榜样教育是行之有效的。一方面，要在他们所熟悉的同伴中选择"说真话，不说谎"的榜样，让其学习榜样的诚实品质。要注意，这种榜样不是高不可攀的，而是有血有肉、实实在在的，对其来说是可亲可学的。另一方面，要使他们明白，说谎是可以改正的，同样要学习过去说过谎、现在已改正的好学生，这种榜样也是有吸引力的。要教育儿童青少年懂得：说了谎并不可怕，重要的是认识说谎的不对，从今以后只要不再说谎，重新做一个诚实的人，仍然是好的。

（二）违拗与不服从

违拗与不服从的儿童行为表现出不顺从和抗拒性，对权威人物特别是父母进行“挑衅”反抗。此种问题以年幼儿童多见，常常因父母未能满足其某些要求而爆发。儿童虽表现出违拗与不服从，但内心常感焦虑与害怕，怕受成人惩罚。调查表明，这类儿童的父母常常对其要求高，质疑与批评多，经常用羞辱、生气和找碴等方式对待孩子。

对这类行为的矫治可采用多种行为疗法，如暂时隔离法和消退法等。儿童的症状出现后，父母的反应要注意两方面问题：一是不要粗暴，打骂虽可暂时消除儿童表面违拗，但孩子常口服心不服，打骂行为还给儿童提供不良的示范作用，导致儿童今后更加执拗；二是不能迁就，不能因为孩子哭闹就放弃原则，否则儿童会以此为“武器”迫使父母迁就，满足其不合理的要求。

如果儿童从小不听管教，有了不良行为也未及时干预，品行问题会愈加严重，甚至导致违法犯罪。因此，对孩子要从小注意教育，既要解决违拗问题，又要帮助他们认识到自己的错误。在儿童情绪平静时说清道理，养成遇事讲道理的好习惯。

（三）逃学与离家出走

儿童逃学多是由于厌恶学习、反抗教师或家长以及贪玩等原因造成的。家长与教师要密切合作，经常互通信息，发现问题及时干预。

儿童的离家出走并不少见，多数是因为遭受父母的惩罚与打骂、继父后母等的虐待、学习成绩不好而怕见父母等原因出走。第一次出走如获得满足，以后会多次离家出走。孩子出走是希望寻求新的温暖。针对这种情况，父母要及时发现原因，和有关方面合作，劝说孩子回家，或让孩子在亲友家中小住一段时间，说清道理，消除误会，解决存在的问题，以防再次出走。如采取严厉惩罚或乞求等方式，均不能使孩子的出走行为得以纠正。

年龄较大的青少年出走的原因和手段更为复杂，如，为了冒险、自暴自弃、认为流浪生活比家里自由、恋爱与性问题、对家庭歧视和虐待的反抗、不良影视榜样和坏人的引诱等都会使他们多次出走，四处流浪。对他们的干预比年幼儿童难，重要的是要查明原因，辅以心理行为治疗和教育辅导。

（四）偷窃

偷窃不仅是一种品行障碍，也是少年违法的重要表现之一。1～2 岁的幼儿由于不能完全分清“我的”和“别人的”东西，看见自己喜欢的就拿；随着自我意识的萌芽，父母与老师要注意对儿童的教育和道德品质的培养，使儿童逐步控制自己，不拿别人的东西。如果家庭教育不良，父母袒护和偏爱，儿童会养成偷窃行为。开始偷窃的对象常是父母、兄弟姐妹、同学或小伙伴的钱物。偷窃的动机有的是想买糖吃，父母不给钱就去偷父母钱包；有的是偷玩具和零食自己享乐；有些是偷别人的心爱之物作为报复对方的手段。开始偷窃时，儿童心情常矛盾：一方面认识到偷窃是不道德的行为，怕被发现后挨揍、丢人，为之焦虑和恐惧；另一方面又迫切想得到钱或物，经不住诱惑。一般儿童在家偷父母钱包是很容易的，如不及时纠正，给予严厉批评教育，这种行为会因几次侥幸成功而继续发展，孩子的胆量会变得越来越大，偷窃的技巧会越来越高。此时如有坏人引诱、社会风气不良，会走上违法犯罪道路。

还有一种偷窃称"偷窃癖"或"偷窃狂"，它是一种冲动控制障碍，指反复出现不可克制的偷窃冲动，偷来的东西不是为了满足个人需要和达到什么经济目的，而是将它们隐藏，暗地里退还原主、送给他人或丢弃。儿童在偷窃行为发生之前紧张感逐渐升级，偷盗东西后有极大的轻松感与满足感，间隔数周或数月，再出现强烈偷窃欲望。这种偷窃行为均系单独进行，儿童不与人合作，人际关系差，女性多于男性，偷窃行为自儿童或少年时期开始。未成年儿童偶有偷窃行为者并不少见，但发展成为成年的偷窃癖少见。

这类行为的干预需要家庭、学校和社会的共同参与和努力，从品德与法制教育入手，对偷窃行为及时批评。对偷窃癖患者可采用厌恶疗法和系统脱敏疗法。

思考与练习

1. 简述攻击行为的挫折—攻击理论。
2. 导致儿童品行障碍的因素有哪些？
3. 谈谈儿童攻击行为的家庭疗法。

推荐阅读

Association A P. Diagnostic and Statistical Manual of Mental Disorders. Fifth Edition. Arlington VA：American Psychiatric Press，2013.

Gresham，Frank M.，Liaupsin，CarlJ. A treatment integrity analysis of function-based intervention. Education & Treatment of Children，Vol 30(4)，Nov，2007. Special Issue：Papers presented at the 30th annual Teachers Educators for Children with Behavioral Disorders（TECBD）conference in November 2006. pp. 105-120.

李宏利，宋耀武．青少年攻击行为干预研究的新进展[J]．心理科学，2004，27(4)：1005-1009．

杨慧芳．攻击行为的社会信息加Z-模式研究述评[J]．心理科学，2002，25(2)：244-245．

叶茂林．青少年攻击行为研究[M]．北京：经济管理出版社，2005．

余强基．当代青少年学生心理障碍与教育[M]．北京：北京师范大学出版社，2001．

第 8 章　多动症儿童

1. 掌握儿童多动症的定义、行为特点。
2. 了解儿童多动症的发生率、影响因素，掌握治疗方法。

早在 1845 年，霍夫曼(Hoffman)就把儿童活动过多作为一种病态症状加以描述。1902 年，斯蒂尔(Still)发现，患此症的儿童缺乏内化外在要求和原则的能力，故称其为"道德控制力缺乏"(Deficit in Moral Control)。1932 年，卡默(Kammer)和皮洛(Pillow)用"活动过度综合征"(Hyperkinesis)名称予以报道。1947 年，斯特劳斯(Strauss)和雷婷恩(Lehtinen)认为这类症状与脑损伤有关，故命名为"脑损伤综合征"。1949 年，盖塞尔(Gesell)提出"轻微脑损伤"这一名称，在 1962 年的国际儿童神经病学专家研讨会上，又暂定名为"轻微脑功能失调"(Minimal Brain Dysfunction，简称 MBD)。1968 年，美国精神医学学会在《精神障碍诊断和统计手册》第二版(DSM-Ⅱ)中，将这一障碍命名为"儿童期多动反应"(Hyperkinetic Reaction of Children)。

上述术语的共同点集中在多动行为上，却忽略了注意力的问题。直到 1972 年，才强调有必要把儿童的分心和冲动看作是伴随着多动行为的更具广泛性和长期性的问题。1980 年的 DSM-Ⅲ认为，此症的主要问题是注意障碍，因此诊断命名为"注意缺失障碍"(Attention Deficit Disorder，简称 ADD)，对于同时有多动症状者，定名为"注意缺失障碍伴多动"(Attention Deficit Disorder with Hyperactivity，简称 ADDH)。1987 年美国精神医学学会发表的《精神障碍诊断和统计手册》修订本(DSM-Ⅲ R)认为，注意力缺失是主要的，多动现象只是一个从属因素，并首次使用了"注意缺失多动障碍"(Attention Deficit Hyperactivity Disorder，简称 ADHD)这一名称，现在广为研究者所接受和使用。

一、定义

儿童多动症，全称为注意缺失多动障碍，是儿童注意力缺乏、唤起过度、活动过多、冲动性和延迟满足困难等一系列心理行为问题的总称。它是儿童期最常见、最复杂的心理与行为障碍之一，对儿童的身心发展会产生十分不利的影响。

二、主要表现

注意障碍和活动过度是多动症的主要特征。概括起来，多动症的主要表现包括以下六个方面。

（一）注意集中困难

近年来，对多动症儿童的研究发现，注意集中困难是这类儿童最突出的表现。这类儿童比一般的同龄儿童更缺乏专注及贯彻到底的能力，易受环境的影响而分心。到了小学，症状表现更为明显。坐在教室里总是东张西望，心不在焉，注意听讲的时间很短。即使是看漫画书或卡通片，也只能够安坐片刻，便要站起来走动。干什么事总是半途而废，即使做游戏也不例外。

（二）活动过度

这类儿童似乎有一种用不完的精力，会不断活动。有的儿童从婴儿期就有过度活动的特点，爱哭闹，难以入睡，喂食困难，常以跑代走，平时老是翻箱倒柜、拆卸玩具等。上学后，在需要安静的场合也表现为明显的活动过度。上课不断做小动作，敲桌子，摇椅子，削铅笔，撕纸条，拉同学的头发、衣服，屁股在座位上扭来扭去。严重的则擅自离开座位，在教室里走来走去。

（三）情绪不稳

多动症儿童情绪不稳定，冲动任性。高兴时手舞足蹈，难以自控，令人感到莫名其妙。不高兴时，就大喊大叫，甚至咬人、踢人或自虐。不愿遵从规则，往往冲动任性，遇事不考虑后果，经常是行动先于思维。比如在课堂上大喊大叫，甚至离座奔跑，抢同学东西或袭击别人。他们也经常破坏东西，但出现这些行为并非故意捣乱，而是没有考虑行为后果，想到什么就做什么。做事缺乏条理性，经常频繁变换活动内容，自控能力差，明知上课要安心听讲，可就是控制不了自己，甚至老师已经示意不要做小动作，也不能完全停止。想要什么就非马上得到不可，稍不合意，就会表现出捣乱行为。这种喜怒无常、冲动任性的坏脾气常使同学伙伴害怕他，讨厌他，而不与之交往，因此这类儿童一般不易合群。久而久之也可造成他们的反抗心理，常常发生伤人与自伤的行为，甚至导致一些灾难性的后果。

（四）学习困难

在多动症儿童中，多数人智力正常或接近正常，但由于他们的注意力集中困难，不能安心听讲、做作业，不能静心应付考试，使其视-听或视-动功能受到严重影响，导致阅读、拼写、计算、临摹绘图、辨别左右等方面产生困难，结果学习成绩低下，常常不及格或者成绩忽上忽下，波动很大。

（五）行为问题

多动症儿童由于好动冲动，常常是适应困难，表现出一系列的行为问题。如在课堂上插嘴，开玩笑，扮小丑，喜欢惹别人，常与同伴发生纠纷，打架斗殴等。为了逃避惩罚，这些儿童还常常表现出说谎、逃学、偷窃、离家出走等行为问题。这些不良行为的出现不是由于品行不良，而是由于他们实在不能控制自己。但是，如果不注意教育可能就会发展成为品行问题。

（六）动作协调困难

几乎半数的多动症儿童的动作协调有困难。在快速轮替运动和精细动作方面显得笨拙、不自主，并有习惯性的抽搐等表现。其中有的是平衡方面的问题，如不易学会骑自行车，体操动作不准确、不协调。有的是手眼协调差，如投球、使用剪刀时，手眼配合不好。

而在日常生活中，家长、教师经常将多动症儿童与普通的顽皮儿童相混淆。通过以上六条多动症儿童的主要表现，可以看出多动症与顽皮有以下三个方面的区别：① 多动症儿童活动常无目的性，行为杂乱，有始无终；而顽皮儿童淘气的行为有一定的目的性，是有计划有安排的。② 多动症儿童的行为常不分场合，不顾后果，无法自制；而顽皮儿童的多动受时间、地点等环境因素的限制而有所约束。③ 多动症儿童对有兴趣的和新奇的游戏娱乐活动，也不能产生持久的注意；而顽皮儿童对有兴趣的新奇的游戏及活动，能持续注意并能坚持很长时间。在以上的六个症状中，注意集中困难、活动过度、情绪不稳三种为多动症的核心症状，学习困难、行为问题、动作协调困难是一些继发性的行为障碍。

三、发生率

儿童多动症的症状一般在7岁以前表现出来，8～9岁为发病的高峰期。儿童多动症发病率的统计差异很大，我国儿童多动症的发病率为5.7%，高于世界5.3%的发病率。其中，男童发病率为6.4%～8.8%，女童为2.7%～4.4%，城市发病率高于农村。近年来，我国学龄儿童患病人数约在500万以上，并且有逐年上升的趋势。有些（但不是所有的）问题会随着年龄的增长而逐渐减少，大约有40%的多动症儿童在青少年后期仍然存在此类问题，10%的儿童在成年以后仍部分地表现出此类问题。

四、评定标准与方法

目前多动症由于病因未明确，尚缺乏有效的检查依据，因此诊断主要依靠家长和教师提供的病史及表现特征，家长与教师要特别注意区分开多动症儿童与普通的顽皮儿童，下面介绍一些多动症的评定标准和鉴别的方法。

（一）评定标准

美国《精神障碍诊断和统计手册》第四版（DSM-Ⅳ）的诊断标准如下，凡满满足注意缺陷或多动冲动行为症状六条以上并至少持续六个月，可诊断为多动症。

（1）注意缺陷：① 在学习、工作或其他活动中往往不能注意到细节或者发生粗心大意所致的错误。② 在学习、工作或游戏时，注意力往往难以持久。③ 与之对话时，显得心不在焉，似听非听。④ 常常不能听从教导去完成作业、日常家务或工作。⑤ 往往难以完成有组织的工作和活动。⑥ 往往逃避不喜欢的或不愿意参加那些需要精力持久的工作或家务。⑦ 经常遗失作业或活动必需的东西，如玩具、作业本、铅笔等。⑧ 经常容易被外界刺激所分心。⑨ 经常忘记日常活动。

（2）多动冲动行为：① 四肢经常动个不停或者在座位上扭动。② 在教室或其他要求坐好的地方常常擅自离开座位。③ 常常在不合适的场合过多奔跑或攀高。④ 常常难以安静地参加各种活动或游戏。⑤ 常常活动不停，好像身上装着马达。⑥ 经常讲话过多。⑦ 常常在他人（教师）问题尚未问完时便急于回答。⑧ 常常难以排队等候。⑨ 经常插嘴他人的讲话或干扰别人的游戏。

（二）鉴别方法

1. 临床观察法

教师或家长通过直观观察，感觉到孩子具有多动症的行为表现后，首先不要急于作最后的判断，而应在专家的指导下，对孩子的行为进行精确的记录，教师记录孩子在班级中活动和学习的表现，父母记录孩子在家中的行为表现，一般持续半年。然后，由专家评定双方的结果并作比较。如果孩子在家中没有明显的多动行为和注意涣散，则可能是教师的教法和教学内容等方面存在问题。

2. 量表测验法

魏金凯等人综合已有的研究，提出目前常用的心理学检查方法有：① 行为评定量表，目前较常用的有 Conners 父母量表（PSQ）、教师评定量表（TRS）、Achenbach 儿童行为量表（CBCL）、教师报告表（TRF），等等。② 智力测验，常用的是中国修订的学龄儿童智力量表（WIS-CR）、韦氏学龄前儿童智力量表（WIPPS-CR）。③ 学习成就及语言功能测定，国外使用广泛成就测验（WRAT）。④ 注意测验，目前最常用的是持续性操作测验（CPT）。要求儿童紧盯着荧光屏上某些信号（字母、数字、图形）时，便迅速按按钮。通过计算按钮的准确率、错误率、漏检率、速度等结果，反映儿童的主动注意力及冲动。

五、影响因素

儿童多动症的病因可能与多种因素有关。神经递质缺乏、脑组织器质性损害等生理遗传因素，可能诱发多动症，这些先天因素可能控制起来比较困难。但不良的生活方式、不科学的教育方式也会诱发多动症，这些控制起来相对容易，所以我们要相对注重对这两种后天因素的控制，以避免多动症的发生。

（一）生理遗传

儿童多动症形成可能是由于患儿的脑干网状结构上行激活系统内，缺乏去甲肾上腺素、多巴胺、5-羟色胺等神经递质中的某一种，使得神经不能及时传递信息而造成的一种病态。脑内神经递质浓度降低，可降低中枢神经系统的抑制活动，使孩子活动增多。国内外许多专家对多动症儿童的血、尿及脑脊髓液中的多巴胺、去甲肾上腺素等进行多方面的研究，试图发现某种神经递质的改变与多动症病因有关系。但是这些研究结果常常是不稳定或不一致的，所以还无定论。另据统计，大约85％的儿童多动症是由于脑组织器质性损害（多为额叶或尾状核功能障碍）所致，包括母亲孕期患有高血压、肾炎、贫血、低热、感冒等疾病，分娩过程有早产、钳产、剖宫产、窒息、颅内出血等异常。出生后一两年内，中枢神经系统有感染或外伤的儿童发生多动症的机会较多。自20世纪40年代起，便有人认为儿童多动症是由于脑损伤所致，还提出了“脑损伤综合征”的命名。造成脑损伤的原因很多，产前、产中、产后的窒息或脑外伤等都有可能造成脑损伤。一般认为，如果脑损伤严重，则可能出现脑瘫、发育不良等后遗症，若脑损伤轻微则可能出现多动的症状。但临床上发现，不少多动症儿童并无脑损伤史，也无神经系统异常表现，因此有人称其为“轻微脑功能失调”，是诱发多动症的可能因素之一。

除了以上的生理因素，遗传因素也会诱发多动症。许多研究者发现，多动症有很强的家族聚集性。有研究发现，多动症患儿同胞的患病率为65％，而正常儿童同胞的患病率仅为9％（赵日双，2013）。大约40％的多动症儿童的父母，其同胞和其他亲属在童年也患有此病。同卵双生子的同病率明显高于异卵双生子。多动症同胞比半同胞（同父异母、同母异父）的同病率高，而且也高于一般孩子。这些都能揭示遗传因素与多动症关系密切。

（二）不良的食物和生活方式

研究表明，铅中毒是引发儿童多动症的原因之一，摄人含铅量过多的食品，即使未达到中毒的剂量也会诱发多动症。现代社会中随着工业的发展，空气污染加剧，人们吸铅中毒的机会增加。如吸入汽车废气，接触大量的油漆、塑料玩具及其他化学物品等。调查表明，儿童血铅含量增多会有多动的表现，许多儿童课堂上的不良行为都与此有关。因此，日常生活中要尽量防止孩子与铅污染源的接触。

近年来，随着加工食品等不断增加，食品添加剂如着色剂、香料、防腐剂等也不断增多，人们开始怀疑食品添加剂是导致多动症发生的又一因素，但也有人持反对意见。对此，有待进一步的具体研究来说明食品添加剂是否是致病因素。

不良的环境（包括不良的社会环境、家庭关系不融洽）亦可能成为多动症的诱因。研究表明，即使是在襁褓中的婴儿，也需要一定的手足活动作为适宜的刺激，但是，如果儿童成长中受到过度的刺激（如噪音、频繁争吵等）或良好的成长环境遭到剥夺，都可能引发多动症。

另外，后工业时代紧张而单调的生活方式和空洞的话语模式使疲乏的父母疏于照看自己的孩子，他们可以给孩子买一大堆玩具，但是，没有时间或者说不知道怎样引导孩子深入认识一个事物，比如一个洋娃娃，导致这些孩子不知道如何把玩具纳入自己的世界之内。

（三）不合理的教育方式

据调查结果显示，65％以上的多动症儿童家教过严，其活动受到父母的横加干涉，过多的批评指责甚至体罚给孩子造成心理压力，使儿童缺乏安全感，情感的需求得不到满足，以致引发儿童多动症。然而，儿童长期的多动行为又会引发家长的粗暴式教育，从而形成负面行为互动（叶微，2012）。尤其是近年来，许多独生子女家长“望子成龙”心切，早期智力开发过度及教育方法不当，致使外界环境的压力远远超过了孩子所能承受的程度，是当前造成儿童多动症的主要原因之一。从目前的状况不难看出，学生之间的竞争越来越激烈，孩子们的作业负担越来越重，父母经常把他们放在家里做作业，带他们去上各种各样的辅导班。有资料表明：在多动症儿童的不良家庭教育方式中，“严格管教者”占 61.7％，“放任不管者”占 3.5％，“过分溺爱者”占 7.05％。也有国外专家认为，暴力式管教会使患儿症状发展，并增加口吃、挤眉等新症状，而对儿童漠不关心、放任自流或过于溺爱，则可能促使症状出现或加重。

六、预防与干预

多动症儿童的患病率高,影响面广。孩子的心理行为问题会给他们的正常发育、学业和人格的形成带来不利的影响。这些儿童好动,注意涣散,不能像常态儿童一样深入思考某个问题,沉浸到一个完全属于自己的世界中,因此很难形成深刻的观点,对一个论题往往不能发表自己的独特见解。他们经常会受到老师的批评和忽视以及同学的取笑,有可能对老师和同学的态度感到莫名其妙,“为什么大家都笑话我?我只是想站起来走走而已,老师的那个粉笔盒对我太有吸引力了”。面对外界的消极评价,有的孩子可能会感到自卑,觉得自己无能,有的孩子也会因为自己能够给他人带来笑声而倍感快乐,他们是同伴们的“开心果”。不论如何,对儿童多动症一定要加强认识,及时诊断,认真诊断,才可以进行一系列的治疗与指导。

以往有人认为多动症是一种自限性的疾病,即随着年龄的增长,多动症状会逐渐减轻或者消失,并能适应社会和从事劳动。但是,经过专家们的长期观察发现,仅有部分多动症儿童可以自愈,而多数儿童的症状可能会延续到成年,他们延续的症状往往不是活动过度,而是冲动任性、情绪不稳以及其他一些问题行为。这些不良的性格特征会严重影响他们的心理健康、社会化进程、人格的完善。而且还有研究表明多动症的治与不治、早治与晚治,在疗效和预后状况上有显著的差异。因此,对于多动症的儿童一定要进行治疗,而且越早越好。要想取得良好的效果,家长和教师必须密切配合。

目前,对于多动症的治疗主要采用教育指导、心理治疗、药物治疗、饮食治疗的综合性治疗方法。但是药物治疗只起一时的作用,一旦停药,症状马上会重新出现,而且还会有副作用,它只能为教育提供条件。饮食疗法是日常生活中最易实施的治疗方法,只要家长熟悉多动症儿童的饮食禁忌,不要顺着孩子的意思想吃什么就吃什么,而是让儿童进行科学的饮食,治疗的效果也就达到了。教育性指导、心理治疗的疗效是深刻而长远的,贯穿于孩子的一生,对孩子的影响是巨大的,对于家长和教师来说,也是最为复杂与繁重的治疗。所以这是我们重点讨论与分析的治疗方法。

(一) 教育指导

多动症儿童的教育不同于正常儿童的教育,它属于特殊儿童教育。家长与教师要重视教育工作,要学习了解有关多动症的知识,要做好持之以恒长期教育与训练儿童的准备。不要歧视打骂孩子,要耐心教育抓紧辅导。具体来说,对多动症儿童的教育要注意以下几点。

1. 要求必须切合实际

家长和教师应了解多动症的特点，对于多动症儿童的要求不要像对待正常孩子那样严格，只要求他们的多动能控制在一个不太过分的范围内就可以了。一般的孩子能够规规矩矩地坐着写作业，多动的儿童可以在自己的位置周围活动，但是不要满教室到处乱动，拉扯其他同学，不拿别人的东西玩。

2. 增加活动

增加一些户外活动、身体活动，如打球、跑步、滑板及各种需要身体各部分协调活动的游戏。这样做一方面有利于多动症儿童释放过多精力，另一方面可锻炼儿童动作协调能力，促进其脑功能全面发展，增强其自控能力。就像弗洛伊德所说的，特定的能量用在一个方面就不会用在其他方面了，用于建设性的活动上就没有机会消耗在破坏性活动上了。

3. 控制环境

在环境上，也要尽量消除可令其多动的因素。如在座位的安排上，可让多动症儿童坐第一排，以利于教师对其进行监督和指导。教师应多向这些学生提问，但问题不要太难，只要求提醒学生集中注意力。在家做作业时，尽量给他安排一个较为安静的地方，周围不要放置可引起其分心的玩具或其他物品。

4. 培养有规律的生活习惯

要按时饮食起居，有充足的睡眠时间。迁就儿童的兴趣，让他们玩或干别的活动直至深夜，这会影响睡眠。孩子吃饭时要求他们不看图书，不看电视，做作业时不玩玩具等。

5. 培养他们的自尊心和自信心

对这类儿童应耐心反复地对其进行教育和帮助，要积极发现儿童的特长和爱好，以增强他们的自尊心和自信心，消除他们紧张的心理，帮助他们提高自控能力。在学习生活中尽量提供给儿童展现自我能力的机会，让他们品尝到成功的喜悦。

6. 培养社会化技能

多动症儿童大多表现为孤僻、任性、脾气暴躁、做事不顾后果、不善于与他人沟通，在游戏中稍不顺心就哭闹、发脾气、动手打人。这些行为会导致同伴孤立他，不与他交往，因而多动症儿童一般都在社会化过程中出现问题。教师和家长应尽量为儿童提供与同伴相处的机会，教儿童如何与同伴友好相处。在平时多给儿童说话的机会，使其学会表达自己。另外还要为儿童提供一些榜样，供儿童模仿。

另外，在多动症的成因中，我们已提到对多动症儿童的暴力性管教，会加重儿童的症状，而对他们漠不关心、放任自流，或者过于溺爱，也会出现同样的后果。所以,对多动症儿童的教育除遵循上述的几条指导外,要把握好一个度,既不过分严厉,也不过分溺爱,要相对民主宽容。

(二)心理治疗

1. 行为治疗

行为治疗主要采用斯金纳的操作性条件反射技术,通过强化技术控制儿童的行为。按照行为主义的观点,任何一个动作反复多次便成为习惯,因此要求儿童形成一种良好行为,就要反复训练。改变不良行为较为有效的是代币法。代币是一种象征性的强化物,在教育上常用的有小红旗、小红花、五角星等。学生的代币积累到一定的数量后就可以换到自己想要的物品或奖励。应用代币法的目的是以代币作为强化物,当学生出现良好行为时就给予代币,如表现不良就扣减代币,以此来强化良好的行为,减少不良的行为。

代币法应用到矫正儿童多动症上,可以这样实施。教师先仔细观察学生每节课的表现,比如他喜欢说话。首先记录他每节课讲话的次数(如每节课十次),然后对其进行教育,使之有改正的决心,再与之签约。如约定每节课说话次数不超过五次,可记小红花一朵,超过五次则画一个黑圈。每画一个黑圈,就扣除小红花一朵,一周结算一次。小红花记到十朵就可换取他喜欢的物品。达到要求后,可提高标准,每节课讲话不超过三次,记满十朵小红花,又可获奖品。最后要求每节课都不能随便讲话,直至彻底改掉这个毛病为止。奖品不一定是物品,还可以是游乐项目或某种权利。比如得到十朵小红花可以去公园玩一次,这可与家长配合,看他喜欢哪一种活动,再采取恰当的奖惩措施。纠正好这个问题后,可以再采取相同的措施纠正另一个问题,要慢慢地一步一步地来教育孩子。

2. 认知疗法

认知疗法强调通过改善患儿对自己不良行为或情绪的错误认知,来达到纠正情绪障碍的目的。许多情绪与行为,常常植根于对事件错误的思维。所以,通过改变思维模式,尤其通过使他们认识到自己认知中存在的非理性的、自我否定的部分,通过获得和强化思维中理性的、自我肯定的部分,来帮助他们解决情绪与行为障碍。

根据苏联心理学家维果斯基的言语内化说,可以采用自我指导训练的方法,即发展儿童的自我对话,加强语言对自身行为的指导与控制作用。如让儿童边说指导语边做作业:“我现在要做作业了,必须集中注意力认真细心地做。第一题是……”开始时由家长或老师进行示范,然后让儿童自己做。这样有助于儿童集中注意力较快完成作业,亦可逐渐由出声的自言自语过渡到内心独白。在儿童尚未形成自我控制的行为之前,必须有成人在旁指导和督促。

3. 课堂环境管理策略

儿童课堂环境管理策略出自美国，该策略认为班级环境与学生需求的不匹配是造成注意缺陷多动障碍的主要原因，因此需要构建物理封闭式的课堂以避免吸引多动症儿童注意力的多余因素。基于这一思想，教师不应该一味斥责多动儿童，而应合理分配班级资源，尽可能满足儿童的需要（张庆华，2009）。比如，教师对班级物理环境应有合理且舒适的规划，运用空间进行儿童行为的管理，环境布置尽量简洁，实用，避免过多分散注意力的摆设。

4. 团队式援助

团队式援助出自日本，该手段以提高教师职业能力、缓解家长压力、促进儿童问题解决为目的，提出建立专家指导型、家长指向型、教师合作型团队和三级干预水平，注重理论培训和能力的培养（胡金生，2009）。

（三）其他治疗方法

1. 提供良好的自然环境

现在社会空气污染严重，人们吸铅中毒的机会增多，如吸入汽车废气，接触大量的油漆和塑料制品等，这些也是诱发多动症以及加重症状的一个可能原因。因此，要多带多动症儿童到有新鲜空气的地方，不要让他们过多地接触汽车尾气。另外要避免让多动症儿童接触刚刚上过油漆的物品，以及用一些木头、竹子的玩具来代替塑料玩具。一言以蔽之，多与自然接触都可以起到缓解症状的作用。

2. 饮食疗法

在多动症的成因中我们已经提到摄入含铅过多、含食品添加剂的加工食品，可能也是诱发多动症的原因，因此要限制这些食物的摄入。多动症儿童的饮食要注意：少吃含酪氨酸（如挂面、糕点等）、甲基水杨酸（如西红柿、苹果、橘子等）的食物；少吃辛辣的调味品（如胡椒）和含酒石黄色素的食品（如贝类、虾等）；少食含铅食物（如皮蛋、贝类等）；多吃含锌、铁、维生素丰富的食物（如蛋类、肝脏、瘦肉、新鲜的蔬菜水果等）。

3. 药物治疗

药物治疗一般采用兴奋剂如苯丙胺、利他林等。研究表明大部分儿童在服药期间是易于管理的。但药物的短期作用非常明显，并没有确实的证据证明有长期作用，并且易造成心跳过速、反胃恶心、失眠等副作用。所以一般而言除非多动症症状十分明显，已严重影响儿童的正常生活，否则不予用药，即使用药也必须在医生的指导下使用。

4. 放松训练

由于多动症儿童的身体各部分总是长期处于紧张状态，如果能让他们的肌肉放松一下，多动症状就会有所好转。放松训练可采用以下的方法，让孩子自然地坐在舒适的椅子上，根据音乐或语言的指导，要求儿童从精神到肢体都处于自然放松状态。在进行放松训练时，每小时放松 15 分钟，达到放松要求就给予奖励，其余 45 分钟可安排儿童感兴趣的游戏，但一到放松时间就必须结束游戏。

思考与练习

1. 如何理解多动症儿童？
2. 谈谈对多动症的预防与干预。

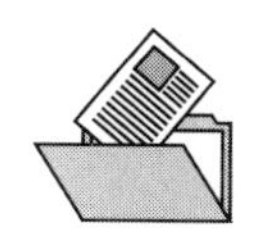

推荐阅读

雷燕，李燕红. 儿童多动症的表现特征及教育干预措施[J]. 重庆职业技术学院学报，2005，14(4)：119-120.

赵日双. 儿童注意缺陷多动障碍致病因素及治疗研究进展[J]. 中国儿童保健杂志，2013，21(6)：620-622.

张庆华，邵景进，韩晓慧. 美国 ADHD 儿童课堂环境管理策略及启示[J]. 心理研究，2009，2(2)：92.

胡金生. 日本轻度发展障碍儿童的团队式援助[J]. 现代特殊教育，2009，11：41-43.

(美)巴克利(Barkley，R. A.). 如何养育多动症孩子——给父母的权威完全指导[M]. 王思睿，等译. 北京：中国轻工业出版社，2016.

第9章　自闭症儿童

1. 掌握儿童自闭症的定义、行为特点。
2. 了解自闭症诊断标准的演变。
3. 了解儿童自闭症的发生率、影响因素，掌握教育干预措施。

自闭症的最早发现可以追溯到1938年，美国儿童精神医生利奥·凯纳(Leo Kanner)观察到一个5岁男孩儿唐纳德表现出一系列的奇怪症状：似乎生活在自己独有的世界里，旁若无人，记忆力惊人却不能正常与人对话，两岁半流利背诵《圣经》23节以及历届美国正副总统的名字，但说话却你我不分，迷恋旋转的圆形物体，对周围物体的安放位置记忆清楚，同时对位置的变动以及生活规律的轻微变动感到烦躁不安。后来凯纳又陆续观察到10例类似的案例。1943年，他首次报道了这11名儿童，描述他们的特征为拒绝交往，不说话或以自己的方式喃喃自语，对周围环境有着相当或极端固定的要求。他把这些症状称之为"情绪交往的孤独性障碍"及"婴儿孤独症"，这也是第一次提出自闭症的概念。

此后至今70多年的时间，自闭症从低出现率的障碍类型，成为今天的高发障碍类型，对自闭症的干预从传统的医学矫治到今日的跨学科研究，从过去封闭、隔离的训练环境到今日开放、生态的融合教育，从机械单调的行为矫正训练到更加注重情感与社会适应的教育支持，从对家长的指责到强调家庭的积极参与，自闭症研究的各个领域都发生了革命性的变化。

一、诊断标准

目前国际公认的自闭症两大诊断系统，即美国精神医学学会(American Psychiatric Association，APA)的精神疾病诊断与统计手册(Diagnostic and Statistical Manual of Mental Disorder，DSM)和世界卫生组织(WTO)的国际疾病分类(International Classification of Diseases，ICD)。其中DSM为公认最

具权威的诊断标准之一，下面以DSM为例梳理自闭症诊断标准的变化历史，并探讨这种变化产生的影响。

（一）演变历史

1. DSM-Ⅰ、DSM-Ⅱ中不存在对自闭症的诊断

1943凯纳首次报告了11名具有很多共性特征的儿童，称其为“婴儿孤独症”。1944年，奥地利儿童精神科医生汉斯·阿斯伯格(Hans Asperger)也描述了一群存在社会交往困难、兴趣狭隘并且表现出特定重复动作的儿童，但他们的语言及认知发展并未表现异常。这一病症之后被命名为阿斯伯格综合征。在这两种表现类似的病症被命名后的近40年时间里，由于各种原因，它们并未引起临床工作者和研究者的特别关注。1952年出版的DSM-Ⅰ以及1968年出版的DSM-Ⅱ，这两部20世纪70年代之前出版的诊断手册中自闭症及其谱系障碍都还没有成为单独的障碍诊断类别，两部手册都只是在描述儿童期精神分裂症状时，提到了自闭症(Autism)或自闭型(Autistic)这两个名词。

2. DSM-Ⅲ

20世纪70年代后期及80年代初，随着临床精神病学的发展以及对儿童期精神问题的关注，越来越多符合凯纳所描述症状，但又无法被诊断为精神分裂症的儿童开始引起临床精神病学家的关注。为这一病症确定诊断标准成为当时美国精神病协会修订DSM的重要任务之一。在1980年颁布的DSM-Ⅲ中，儿童期自闭症(Infantile Autism)首次作为一项单独的诊断类别出现，与儿童期起病广泛性发展障碍(Childhood On-Set Pervasive Developmental Disorder)以及非典型广泛性发展障碍(Atypical Pervasive Developmental Disorder)共同组成DSM-Ⅲ中的新诊断类别——广泛性发展障碍(Pervasive Developmental Disorders)，而此时阿斯伯格综合征仍未被列入诊断系统。DSM-Ⅲ中所罗列的婴儿期自闭症诊断标准相对笼统，三大核心症状也尚未形成。

其中自闭症的6项诊断标准包括：(1) 起病于30个月前。(2) 普遍缺乏对他人的反馈(表现自闭)。(3) 存在严重的语言发展障碍。(4) 即便出现语言，其语言模式也表现特殊，包括回声性语言、代词使用错乱。(5) 在各种情景中反应异常，包括无法适应改变、对某些事物表现出特别的爱好等。(6) 但不存在幻想、幻听，与精神分裂症状不同。

在DSM-Ⅲ-R中，首先，合并了原儿童期起病的广泛性发展障碍和非典型广泛性发展障碍形成新的诊断类别，并以待分类的广泛性发展障碍(Pervasive Developmental Disorder Not Otherwise Specified)统而称之。其次，明确了自闭症的三大核心症状，即社会交往障碍、言语与非言语发展障碍以及重复行为

和异常的兴趣爱好，手册规定对于自闭症的诊断必须同时满足上述三个方面的缺陷，并将起病时间确定为3岁前。

3. DSM-Ⅳ

1994年发布的DSM-Ⅳ中，APA沿用了自闭症三大核心症状的诊断标准，并且将瑞特综合征、阿斯伯格综合征以及儿童期瓦解性障碍从待分类的广泛性发展障碍分离出来，与自闭症（Autistic Disorder）一起并列归属于广泛性发展障碍。2000年APA再次对手册进行修订，调整了部分文字描述以及障碍编码，形成了DSM-Ⅳ-TR。此版本手册一直沿用至今。

4. DSM-Ⅴ

自闭症谱系障碍必须满足以下A、B、C及D四项标准。

A. 在社会性交往方面存在缺陷，这些缺陷具有一定的持续性，且并非由于普遍发展障碍所致，症状表现同时包括以下三项内容。

（1）缺乏社会性情感互动的能力，具体症状表现从轻到重包括：缺乏恰当的社交技能，无法运用对话交流来分享兴趣、情绪及情感，对社会性互动缺乏回应，以及无法进行自发性的社会活动。

（2）缺乏运用非言语交流行为进行社会性交往的能力，具体症状表现从轻到重包括：无法融会使用语言交流与非语言交流技能，表现出异常的目光接触以及肢体语言，对非言语交流的理解与运用存在障碍，以及缺乏面部表情或非言语姿势。

（3）无法开始或维持一段符合其年龄发展水平的社会关系，具体症状表现从轻到重包括：无法根据社会性情景的需求来调节自己的行为，无法进行想象性游戏，无法发展同伴关系，以及对人缺乏兴趣。

B. 表现出局限的、重复性的行为、兴趣以及活动，症状表现至少包括以下两项内容。

（1）刻板及重复的行为或语言；反复摆弄某些物件（例如，单一刻板的肢体行为、模仿性语言、重复使用某物体，或存在异常的语言）。

（2）刻板地遵守某些习惯、仪式化的语言或非言语行为，或是无法接受改变（例如，仪式化行为、刻板习惯、反复提问，或容易因为细微改变而引发强烈的负面情绪）。

（3）明显僵化及狭隘的兴趣爱好，表现出异乎寻常的专注强度及专注程度（例如，沉迷特殊物体、过分局限或固着的兴趣爱好）。

（4）对感知觉刺激表现过于敏感或过于迟钝，或是对环境中的感知觉刺激存在异常的兴趣（例如，无法辨别冷热痛觉、对特别的声音或材质反应异常、过度嗅或触摸某些物体、沉迷于光线或是旋转的物体）。

C. 症状必须出现于童年早期(但也可能由于个体的社会性需求尚未达到权限水平,而使症状无法全部表现)。

D. 症状导致个体日常功能受限或损伤。

表 9-1　DSM 系统中相关要素变化对比

项目	DSM-Ⅰ、DSM-Ⅱ	DSM-Ⅲ(DSM-Ⅲ-R)	DSM-Ⅳ	DSM-Ⅴ
名称	自闭症、自闭型	儿童期自闭症	广泛性发展障碍	自闭谱系障碍
归属	儿童期精神分裂症	待分类的广泛性发展障碍	广泛性发展障碍	自闭谱系障碍
类别	未划分	待分类	自闭症、阿斯伯格综合征、非典型广泛发展障碍	自闭谱系障碍
障碍程度	未划分	未划分	未划分	三级：需要支持(I 级)、需要较多支持(II 级)、需要极大支持(III)
核心障碍	未界定	社会交往障碍、言语与非言语发展障碍以及重复行为和异常的兴趣爱好	社交障碍、沟通障碍、狭窄的兴趣和重复刻板性行为	社交障碍、狭窄的兴趣和重复刻板行为
社会性	/	/	不包含语言与沟通	增加口语与非口语的沟通交流
感知觉	/	/	/	感知觉过度敏感或迟钝
年龄	/	3 岁	3 岁	婴幼儿时期

(二) DSM-Ⅴ存在的争议

2013 年美国精神医学协会最新颁布的《精神异常诊断和统计手册(第五版)》(DSM-Ⅴ),将自闭症的诊断标准重新进行修订,对名称、类型、障碍程度、核心障碍、社会性与感知觉内容、诊断年龄等方面作了调整,与第 4 版(DSM-Ⅳ,2000)相比发生了较大变化。

第五版的诊断标准被学界誉为最有理论依据与更具科学、实证操作流程的标准,未来将非常有利于开展自闭症婴幼儿的早期诊断和早期干预工作。但同时关于新版诊断标准也存在着较大争议,主要表现在以下三个方面。

1. 有关谱系障碍整体结构的调整

关于自闭谱系障碍整体结构的调整，用自闭谱系障碍（Autism Spectrum Disorder）代替广泛性发展障碍（Pervasive Developmental Disorder），取消了阿斯伯格综合征的诊断，有学者认为阿斯伯格与自闭症不存在核心症状的本质区别，也很难划定彼此之间的临界点（Gillberg，1990）。但阿斯伯格人士及其家属对即将失去现有诊断，而与那些社会功能极度受限的典型自闭症患者归入同一障碍诊断表示心理上无法接受（Ghaziuddin，2010）。

2. 有关核心症状的调整

关于核心症状的调整，由原来的三项缩减为两项，即社会/交流障碍和重复行为及狭隘兴趣，而取消了语言交流障碍的症状标准，这一方面对阿斯伯格人士意味着无法与典型自闭症进行区别，同时也会对早期筛查诊断产生负面影响。

3. 有关增加感知觉的诊断

增加了感知觉的诊断标准，这意味着过去很长一段时间的诊断标准仅限于对自闭症外显行为的描述，而开始转向对行为背后核心特质的提炼，这能够更好地鉴别自闭谱系障碍儿童，为干预提供更直接的指导。

二、发生率

国外有关自闭谱系障碍的流行病学资料显示，近 40 年来，自闭谱系障碍的发病率稳定增长。1976 年自闭谱系障碍的发病率为 0.4%，1988 年上升为 1%。2014 年，美国最新公布统计结果显示，自闭症的发病率已经高达 1/68。2014 年 10 月，中国发布的《中国自闭症儿童发展状况报告》指出，我国自闭症患者可能达到 1000 万，其中 0～14 岁自闭症儿童的数量可能超过 200 万。

自闭症的发生存在性别差异，男性显著多于女性。自闭症发生的男女比率为 4∶1～5∶1。美国疾病管制局 2012 年的资料显示，男孩出现自闭症的概率为 1/54，女孩出现的概率为 1/252，但在相同的智力情况下，女性患者的自闭症状较男性患者严重，尤其是语言沟通问题（Scott，2000）。

三、成因

自闭症的成因至今尚无定论。不同的历史阶段、来自不同领域的有关自闭症病因学的理论十分繁杂。早在 20 世纪的 40、50 年代，正是西方精神动力学理论盛行之时，自闭症被当作纯粹的心理学和精神病学问题来看待。注重对自闭症儿童所处环境的研究，自闭症儿童的父母成为主要的研究对象，提出了“冰箱母亲”的说法。认为自闭症是早期亲子关系疏远造成的，母亲冷漠、反常的人格与病态、不当的养育方式导致了孩子退缩、防御、拒绝与环境互动的行为。这一理论将矛头直指父母，使得许多自闭症父母陷入了自责和内疚的深渊，但该理论在当时只是乘精神分析学之风，从未得到过科学实证的检验。从20世纪60年代起，开始引起很多父母的抗议和反对，一些学者也开展了广泛而深入的研究，直至70年代，该理论才被科学研究彻底推翻。这是自闭症研究史上悲哀的一页，有人甚至将这30年称为自闭症历史上“黑暗的中世纪”。但历史已逝，余温犹存，时隔40年后的今天，又有人重新将该观点投入公众视野，认为婴幼儿时期父母的疏于照料，对孩子事事包办或处处指令，孩子缺少玩伴或过多使用电子产品，家庭环境压抑等因素构成了“创伤性的成长环境”，致使孩子出现心理或精神发育的问题。这一说法显然不被认同，提出后即在社会上引起轩然大波。虽然自闭症的成因至今尚不明晰，但目前较为一致的观点认为，自闭症通常是以器质性问题为基础的，而与父母的教养方式无关。

20世纪70年代以后至今，随着科学技术的迅速发展，人们将注意力更多的转向了对基因水平的探索和神经生物学领域的研究。基因学家普遍认同的一个观点是，自闭症儿童发育过程中，在错误的时间、错误的地点发生的极其微小的基因差错都可以导致自闭症的标志性症状，但如何找到在自闭症中扮演重要角色的遗传突变和共有变异是当前面临的最大挑战，而且未来基因的研究能否在符合伦理意义的基础上转化为有效的干预治疗，也是研究者需要突破的瓶颈和难题。神经生物学领域则借助核磁共振技术探索自闭症儿童脑部的异常结构，进而解读其异常的心理和行为反应。但到底是什么导致了大脑的异常，不同功能区之间异常的链条又是如何转化为异常的行为的，相关研究几乎每天都在更新。其中引起较大关注的是继弱中央统合理论、执行功能障碍等主流理论之后，瑞士两位神经生物学家提出的自闭症“强烈世界”的假说。一旦确证，这一研究团队显然将在自闭症研究上填写一条重要的新理论。该假说认为“自闭症患者不是接收的信息不够，而是信息超载，他们需要感受和记住的东西太多了”。自闭症婴儿正是因为面前的世界过于五光十色才困惑地退缩，最后造成他们社交语言发展的严重问题。同时，那些摇头撞头之类的重复动作，可以看作是他们在努力给喧嚣世界带来秩序和可预报性。以前的多数自闭症理论都认为患者有某种类型的神经功能缺损，患者大脑的某个区域不能正常工作，而该项理论则认为，大脑不是工作得不够，相反，是工作得太累。这为我们重新理解自闭症患者异常的感知觉提供了新的线索。但也有质疑之声，有神经生理学家认为“从神经元做什么到心理发生什么，其间的转变我们还不了解，这个跳跃显然太大了”。这项研究还在进一步的验证当中。

此外，有关沉积化学物质、超声波、疫苗、重金属中毒等的相关研究也在持续增多。其中麻疹疫苗与自闭症有关的假说一直存在巨大争议。20 世纪 90 年代末一篇研究显示接种疫苗会导致幼儿肠胃的异常，肠道功能的异常又导致了发展的退化，这种发展性障碍在当时被报道成自闭症，引起了家长的恐慌，报道过后疫苗接种的儿童数量明显减少。但之后的十多年里，不断有来自各个国家的试验和生态学研究证明，两者之间并无关联。对此，美国疾病控制与预防中心表示，大量科研结果显示，麻疹疫苗非常安全有效，少数人接种后可能出现发烧和轻微皮疹等不良反应，但绝不会引发自闭症。有关专家也指出，现在最有效预防麻疹的方法就是接种疫苗，也希望家长为孩子考虑，不要听信所谓的“麻疹疫苗致病”说。实际上，进入 21 世纪，有关自闭症成因的研究尤其强调以科学为基础，各领域专家也努力通过基于实证的研究来探讨问题，避免得出的草率结论引起不必要的恐慌。

近十年来，随着自闭症研究的不断深入，人们已经开始意识到自闭症的成因也许并非由单一的因素所决定，而是受个体发育和社会互动过程中多重因素的动态影响，因此有人提出生态学模式下的自闭症观。这种观点在承认自闭症是一种先天性的神经发育障碍的同时，注重后天环境的影响和改善力量。认为自闭症儿童后天与环境互动的质量决定着能否修正他们的神经连接以及大脑结构，进而影响心理结构的建构。若儿童能够尽早获得积极有利的经验，早期所具有的一些典型症状，如社交与沟通障碍、想象力缺失、狭窄的兴趣和刻板性行为等就可以在很大程度上减轻，将来融入社会的可能性也将大大提高。相反，若不能克服神经发育损伤所带来的障碍，尤其是后天不利的生长环境，累积过多的消极负面的体验，就会导致二次神经发展障碍，出现一系列的情绪行为问题，进而影响其他各方面能力的综合发展。生态学模式下的自闭症观为我们提供了一个新的理论视角，强调用系统、发展、动态的眼光来看待自闭症的形成与发展机制（王芳，2015）。

四、自闭症的理论解释

以神经心理病理学的角度探讨自闭症的核心或原发缺陷，有三个主要的假说得到了相关的验证支持，即心理理论、执行功能障碍理论和中心聚合缺陷（也称弱中心）理论。

（一）自闭症的有关心理理论研究

1. 心理理论的概念及提出

近年来，在自闭症的认知心理学研究领域中，“心理理论（ToM）”的研究给自闭症研究带来了新的视角。“ToM”是 Theory of Mind 的简称，国内一般译为“心理理论”或直接搬用日语译名“心的理论”，但这一译名并不确切，容易使人对其含义产生概念上的混乱。

心理理论的概念最早是由普雷马克(Premack)和伍德鲁夫(Woodruff)于1978年提出的。当时这两位心理学家正在进行一系列有关黑猩猩的实验，其中包括了解黑猩猩是否能在某种特定的情景中预测人的行为。通过实验，他们认为如果个体能把心理状态加于自己或他人，那么这个个体就具有“心理理论”。所谓“心理理论”是指个体对他人心理状态以及他人行为与其心理状态的关系的推理或认知。

目前，对于儿童获得心理理论的年龄已取得公认，即儿童在4岁时就获得了心理理论能力。但在研究的过程中，研究者发现同一年龄的儿童在完成错误信念任务上表现出很大的差异，近年来研究的焦点转移到儿童心理理论发展的个体差异的探讨方面。研究大致可分为两个方面：一是儿童心理理论获得速度的差异，另一方面是揭示儿童心理理论发展质量上的差异，主要探讨儿童已有心理能力(社会交往能力、语言等与儿童心理理论发展的关系)，目前这方面的研究主要集中在自闭症儿童心理理论发展的研究和跨文化研究上。

2. 心理理论对自闭症儿童的研究

自闭症儿童是一个特殊的群体。近年来，在心理理论研究领域中，自闭症儿童已受到研究者的特殊关注。为了证明自闭症儿童欠缺心理理论的假设，拜伦-科恩(Baron-Cohen)等人利用“莎丽与安的课题”对20名心理年龄超过4岁的自闭症儿童进行了测验。在测验中，首先给被试呈现叫莎丽和安的两个玩具娃娃。莎丽有篮子，安有纸盒箱。莎丽把自己的玻璃球放在篮子里后走开了。趁莎丽不在时，淘气的安把莎丽的玻璃球从篮子里挪到自己的纸盒箱里后走开了。过一会儿，莎丽回来了。被试看到故事的整个演示过程。最后问被试：“莎丽为了找自己的玻璃球，会找哪个地方?”研究者们发现80%的自闭症儿童不能理解莎丽有错误的信念(False Belief)，回答说莎丽会找玻璃球实际所在的纸盒箱。与此相反，心理年龄低于自闭症儿童的唐氏综合征儿童却通过86%，正常的4岁儿童也能理解莎丽持有错误信念。这方面的一系列研究结果表明自闭症儿童可能在理解人们持有与现实或自己不一致的心理状态的问题上存在独特的障碍。

最近，中国的研究者对“心理理论”也给予了关注，有研究者将49名自闭症儿童与30名智力落后儿童进行了比较研究，在研究中发现，自闭症儿童的“心理理论”能力明显低于弱智儿童。

(1) 心理理论与语言

DSM-Ⅴ对于自闭症患者的交往与语言障碍界定有：言语行为的迟滞或

缺乏(Delay or Absence of Spoken Language)，与人谈话的启动或维持的能力显著受损，词或词组的异质性的使用(Idiosyncratic Use of Words or Prases)，自发的假装游戏的缺乏，幼年发展阶段社会模仿游戏的缺乏等几个方面。自闭症患者的交往和言语能力发展迟滞是确定的。用错误信念任务测试自闭症儿童的 ToM 能力，结果发现 80%的自闭症儿童不能通过测试问题，其失败率高于控制组。已有研究者提出自闭症儿童不能完成错误信念任务和其他涉及心理的表征性理解的任务，可能与其语言能力有关。

语言能力和表征性的心理理论(Representational Theory of Mind)发展有系统的相关。研究提示表征性的心理理论任务(如错误信念任务)的成功依赖于语言心理年龄(Verbal Mental Age，简称 VMA)。

(2) 心理理论与认知执行能力(元表征)

元表征是主体对自己的和他人现实表征的表征，是主体对表征过程的主动监控。

心理学家的研究表明，患有自闭症的儿童不能形成“错误信念”的判断；在要求他们描述自己时，不会使用与人的心理状态有关的任何词语，不能区分心理现象与物理实体，不能理解人类大脑的社会心理机能。然而他们在完成一些纯数字和几何图形任务时，其表现与同年龄组的正常儿童并无很大差异，研究者们认为，虽然自闭症儿童可能表现出各种不同的症状，但其内部原因却是一致的，即不能形成或延迟形成元表征能力，“心理理论”发展处于空白状态。

儿童心理理论的获得与其元认知的发展密切相关，主体的认知能力表现在不同的认知活动中，如元记忆、元理解、元注意等，而“心理理论”与元表征能力的关系最为密切。

心理理论不等同于其他认知能力，但其发展和显现受语言、抑制控制与工作记忆等认知因素制约，心理理论发展与其他认知能力发展的关系还有待进一步探讨(王茜，2001)。

(3) 心理理论与社会关系

自闭症儿童为考察心理理论发展异常提供了一个令人感兴趣的范例，“自闭症的心理理论假设”，使心理理论发展研究蒙上一层更诱人的色彩。该假设认为，自闭症儿童不能形成正常的社会关系，在言语和非言语交流上均存在明显的困难，且缺乏想象力，所有这些症状均源自心理理论受损害。许多研究表明，自闭症儿童在对错误信念、知识状态、假装、基于信念基础的情绪等的认识方面存在困难，他们的自发语言中很少涉及心理状态词，难以区分心理和物理的本质及认识大脑的心理活动功能。

对自闭症儿童的研究发现，许多行为问题与潜在认知缺陷之间存在重要联系，这种缺陷的原因在于自闭症儿童负责形成元表征结构的认知机制存在缺陷或发展滞后，因此他们的想象活动和对心理的认识受到了损害。但这种潜在认知机制的性质颇有争议。另一类尚未解决的问题是，自闭症儿童的心理理论损害如何与行为症状相关联。为考察言语缺陷、社会性和交往缺陷与心理理论受损间的关系，尚需要更多的研究，尤其有必要考察这一关系的作用方向及起因：是心理理论的损害引起了与自闭症有关的社会和交往问题，还是社会和交往能力影响心理理论的形成与发展，或者是二者独立、平行发展？

以上是儿童心理理论方面对自闭症儿童的有关方面的研究，探讨儿童自闭症心理理论方面的知识，有助于培养自闭症儿童心理理论发展的机制，并为培养自闭症儿童的心理理论能力、发展其良好的社会交往技能、治疗自闭症儿童等提供理论指导。不过在心理理论方面对自闭症儿童的研究还存在一些局限性。

（二）执行功能障碍理论

在对自闭症个体的研究中，一些研究者把重点放在心理理论（ToM）的特殊缺失上，另一些研究者则引入神经心理学的一个概念——执行功能，认为自闭症个体表现出的一些特征性障碍与执行功能的缺失关系密切。执行功能是个体成功地从事独立的、有目的的、自我负责的行为的能力，包括目标形成、策划过程、完成目标导向的计划和有效操作成分，规则使用在其中起着重要作用。自闭症患者的仿说、反复性的思考和动作、缺少计划、难以抑制不适当的反应等，都符合执行功能缺陷的假说，但只能间接解释自闭症的社交及沟通障碍。

（三）中心聚合缺陷理论

中心聚合缺陷（Central Coherence Deficit，简称CC）理论主要是针对自闭症患者的智能不均衡，常有数字、绘图、记忆、视觉空间等的智能的火花而提出的。这个理论是指自闭症患者，当信息的来源有过多枝节时，无法将这些整合到较高层次来理解，而将注意力放在枝节上，以至于不能掌握整体或情境线索。

弗里斯（Frith，2004）提出弱中心理论来解释自闭症的发生机制。她认为正常人的信息加工倾向于把各种不同的信息在一定情景中建构出更高层次的意义，即中心信息整合。也有研究者将它界定为把各局部信息整合成一个意义的整体，这是一种注意刺激的整体而非刺激的各个部分的倾向。这种更高层次意义的整合经常是以对细节记忆的损失为代价的。而人类信息加工的这一特征在自闭症患者身上是反向的，自闭症个体表现出注意细节加工，各种刺激特征被知觉和记忆，整体意义或情境的意义则被忽略了，即表现为“弱的中心信息整合”。弱的中心信息整合是自闭症以局部而非整体加工为特征的领域一般性的认知风格或认知倾向。临床上，自闭症患者表现出关注细节和部分，却不能提取出中心意义。

根据中心聚合缺陷理论，自闭症被试在需要局部信息（相对的局部意义加工）任务上表现出优势，而在需要确定整体意义的任务上成绩较差。近年来，这一理论得到越来越多的证据支持。自闭症注意细节的加工风格在三个水平上得到了证实，即知觉水平、视空间-结构（Visuospatial Constructional）水平、词汇-语义（Verbal-Semantic）水平。

综合而言，这些理论都无法圆满解释所有自闭症的症状，可能要将这些理论整合，寻求更合适或更基础的理论，来解释自闭症。

（四）生态模式的自闭症观

传统知觉理论认为，感觉必须“译”为知觉，必须通过中介，如对刺激赋予一个名称，而吉布森（Gibson）认为知觉是一种不需要利用联想或其他中介变量就能从原始资料形成知觉印象的系统。一些研究发现，自闭症儿童并不存在知觉障碍，即他们并非无法认识事物的不同，而是在理解别人的不同情感状态时存在着困难。

自闭症是不是个体内部的问题？从某些方面说，的确如此。因为自闭症的某些症状特点仅仅是自闭症患者才会有，而且不同的自闭症患者所具有的行为特点都是与其个体内部的发展差异相关的。必须承认，神经心理学模式的自闭症观有一定的准确性，自闭症群体在感受他人、与他人分享有意义的情感和想法等方面的先天能力的确有缺陷，而这一缺陷导致他们难以准确推断他人在特定情境中的信念、看法、意图或情绪。但是这样的解释却仍然没有回答为什么这些缺陷会导致自闭症群体不恰当的行为，因此是不完善的。

从生态学的角度看，自闭症并不是存在于个体内部的一种静态症状，自闭症是一个发展着的过程，而且是发生在个体与环境相互作用过程中。也就是说，自闭症与个体遗传倾向、孕期环境、早期生活经历以及个体与环境交往的质量，都可能有密切关系。

生态模式对自闭症研究的贡献在于：① 开辟了从人与环境交互这个角度研究自闭症病因与发展机制的途径。心理模式或认知活动模式，以及脑科学的研究仍然处于摸索阶段，生态学模式避开了直接研究自闭症患者心理或大脑这个黑箱，而通过研究自闭症患者和环境的交互来解释自闭症患者的行为。② 根据生态学模式的自闭症观，我们可以这样理解自闭症：自闭症首先是一种先天的神经系统发育损伤，如果自闭症儿童在其与环境的相互作用过程中不能克服这种神经发育损伤所造成的障碍，那么就会导致自闭症儿童的二次身心发展障碍，出现认知问题、行为问题、情绪问题等。因此，自闭症儿童的父母应该及早认识到自己与孩子未来的发展所肩负的责任和义务。

五、教育与心理评估

教育评估与教育干预的具体开展紧密联系，旨在通过评量自闭症儿童各方面的能力水平，了解优势与弱势、学习前的预备能力和技能、具体的特殊教育需要及需要的优先等级，在此基础上为其制订符合其身心发展水平和教育需要的个别化教育计划，提供合适的教育（Elaine，2000）。通过对教育评估理念、评估工具与方法的变化进行梳理，明确国内外自闭症教育评估的动态与趋向。

（一）心理教育量表（PEP）

Schopler 等 1979 年编制的心理教育量表（Psycho-Educational Profile，PEP）是专为自闭症儿童及相关发育障碍儿童的个别化评估设计的。1990 年和 2004 年分别进行了第一次与第二次修订。修订的量表呈现出新特点：一是评估对象上，适合 6 个月～7 岁的儿童。二是在评估维度上，主要包括两部分：发展量表用于评定儿童的发展水平（包括知觉、运动和认知等领域的能力），病理量表用于评定自闭症症状的严重程度。三是在评估过程中，注重灵活性，充分考虑自闭症儿童的认知与思维特质，言语与语言沟通障碍，量表在测试时间、测试顺序、始测水平、指导方式的记录评定方面保持开放性和弹性。四是评估结果直接指导教育方案的制订，提供课程领域、活动内容等方面的建议信息。同时，该量表评分者信度、内部一致性、效度均较好，已被翻译成几种语言而广泛应用。中国学者孙敦科等（2000）引进该量表，并研制了信度和效度均较高、项目难度适中的中文修订版 C-PEP，修订后的 C-PEP 病理学项目能有效鉴别患儿的病理性反应，适用于中国自闭症及相关疾病儿童的评估。修订后的量表被用于中国自闭症儿童的教育训练之中。

（二）交往和交流障碍访谈量表（DISCO）

Wing 等 1990 年编制的交往和交流障碍诊断访谈量表（Diagnostic Interview for Social and Communication Disorder，DISCO），适用于儿童和成人。该量表不是诊断分类，而是基于谱系障碍的概念，系统记录个体广泛的行为和发展技能，是一个标准化、半定式的访谈量表。它的优势一方面表现在注重对全面临床信息的收集，不仅能够鉴别自闭症核心特征，还能收集被评估者技能、缺陷、非典型性行为等各个方面的临床信息，了解被评估者面对的实际困难，提供多维度的临床描述，为制订教育干预计划和开展临床工作提供有力帮助；另一方面表现在关注儿童的发展，不仅了解被评估者当下的情况，还需受访者提供相关行为的历史信息，对题项涉及内容过去和当下的情况分别进行描述和评判、计分。因此，DISCO可以反映被评估者在各行为领域从婴儿时期以来的发展轨迹，呈现被评估者更为立体完整的发展图像（Jeremy，2009）。

Jarymke（2011）对DISCO-Ⅱ的效度研究表明其对于自闭症儿童和中轻度智力障碍儿童有很好的鉴别力。

（三）青少年和成人心理教育量表（AAPEP）

青少年和成人心理教育量表（Adolescent and Adult Psycho-Educational Profile，AAPEP）是梅西伯夫（Mesibov，1988）等学者按照PEP的基本理念和哲学基础编制的适用于青少年和成年人阶段的新工具，旨在对自闭症者成功或半独立生活有重要影响的技能的实际和潜在水平进行的评估。在继承PEP优点的基础上，又呈现出新的特点：第一，面向青少年和成年。大多数自闭症诊断评估工具适用于儿童时期，而较少关注儿童期以外自闭症患者的评估工作。AAPEP面向青少年和成年，为儿童期以外的自闭症者提供了适用的评估工具，也为自闭症者的长期跟踪研究提供了工具。第二，对生存技能的重视。当儿童成长为青少年，他们将更多地参与到社区生活中，AAPEP围绕着社区生活的方方面面，以重度残疾个体在家庭和社区中实现成功半独立生活最为重要的六项功能领域（职业技能、独立生活、休闲技能、职业行为、功能性沟通、人际互动行为）构建了整个测试的内容框架。第三，家庭、学校、工作场所三位一体。AAPEP由直接观察、家庭和学校/工作三份量表共同组成，直接观察量表的测量是通过施测者直接指导和观察的方式进行，而后的家庭和学校/工作两份量表则是通过对家长、教师的访谈进行评估。将被测者生活中三处重要场所的信息都系统地纳入了评估之中。

（四）基于ICF的生态化评估

郭德华、杨广学（2013）提出了应用《国际功能、残疾和健康分类》（*International Classification of Functioning，Disability and Health*，ICF）对自闭症儿童进行生态化评估。生态化评估是指在自然情景（社会、生活和学习情景）中对自闭症个案进行全面的评价，是一种重要的评估趋势和实用的干预依据，主要内容如下：介绍个案与其家庭的故事、生理资源、活动能力居住、社会资源教育、就学资源、就医资源、经济资源等；呈现个案父母与专业人员的观点；设定服务目标与个案功能发展程度；决定家属与专业人员的分工及介入方式（个别家庭服务计划）；评估服务介入前/后的服务成效；呈现个案家长与专业人员的观点；设定服务目标与个案功能发展程度；决定家属与专业人员的分工及介入方式；评估服务介入前/后的服务成效；摘要服务计划及已实施/提供的协助；澄清家庭照顾者与专业协助者间的关系；回顾个案与其家庭的生命历程;ICF-CY 个案研究的限制、风险与争议。

整体来看,自闭症的教育评估呈现生态化的趋势,主要表现为以下几个方面:首先,强调在自然情境下实施评估,尤其注重考察自闭症儿童所处的生存、生活及心理环境,还原真实情境,挖掘其中的教育资源,在真实的环境中学习,在日常的环境中应用。生态化的评估,就是强调通过观察与评价,针对自闭症儿童在其所属的家庭、学校及社区等环境中所表现出的各种行为和能力进行分析,以利于干预目标及个别化方案设计的过程,同时实现儿童与环境的相互塑造和优化。其次,关注家长期望,重视儿童各个阶段的发展需求,充分秉持"扬长"而非"补短"的原则,重视评估中儿童的优势和特长,通过家庭、学校和社区相关人员的密切配合和有机衔接,帮助自闭症儿童实现游戏、学习和职业训练的贯通,使他们将来有机会有能力在就业、休闲和家庭中体验人生的意义。最后,观察法、访谈法、档案袋法等多种评估方法的综合运用。

六、教育干预

目前针对自闭症的教育干预方案和课程多达数百种,大致可以分为两种类型:一类是专项干预(Specific Interventions),一类是综合干预方案(Comprehensive Treatment Programs)。专项干预是指使用某种具体的干预方法对自闭症儿童进行干预,主要是以解决自闭症儿童的某种缺陷为目的。而综合干预方案是指把多种干预方法和技术整合使用,针对自闭症儿童的多种缺陷和发展目标而设计,以此提高自闭症儿童的整体发展水平(Odom,2010)。近十年的文献中,综合干预方案研究所占据的比例越来越大。

分析原因,主要有以下几点:一是自闭症作为一种广泛性发展障碍,同时存在感知运动、语言沟通、社会交往以及概念逻辑等多方面的异常,这些问题是综合的,单纯通过某种干预方法是无法解决问题的。二是自闭症儿童作为一个完整个体,各种能力的发展是相互影响的,需要通过系统而综合的方法进行干预,才能提高和改善整体的发展水平。因此,近年来,通过多种干预方案对自闭症儿童进行系统、全面、综合的教育干预成为特殊教育学界研究的重点和趋向。

(一) 理论基础

干预方案因所依据的理论基础不同而有所区别。美国辛普森(Simpson)对目前影响自闭症干预方法模式的理论流派进行了系统性的划分,主要分为三类:教导主义模式、发展主义模式、以及自然主义模式(Simpson,2008)。

1. 教导主义模式

该模式基于行为主义理论,从行为缺陷(语言及社交障碍)、行为过度(重复性行为）行为不当（询问不恰当问题或作出不恰当行为）方面定义自闭症。干预的目标是具体行为的习得，采用的教学策略是重复回合式教学，评估的标准以儿童外在行为的改变为依据。

基本要素包括操作性的教学目标、系统化的教学程序、多样性的教学策略、个别化的学生课程、依据持续评估获得的数据调整干预、采用教师指导和学生指导相结合的教学形式、强调技能在不同环境下的泛化。代表性的干预方案如应用行为分析（ABA），针对教育的综合行为分析运用方案（CABAS）。

2. 发展主义模式

该模式强调儿童是教学的带领者，干预者要给予自闭症儿童最大的尊重，通过创设自由、轻松的环境，鼓励儿童自主交流，激发他们交流的动机。干预者还要熟练而巧妙地应对自闭症儿童的各种行为，对干预者提出了较高的要求。

基本要素包括关注发展的各个领域，综合儿童生理、认知、情绪及社会性的信息来指导干预方案，尊重儿童的主体性和独特性，根据儿童发展能力和进展调整教学目标，选择教育课程，儿童在其自身发展过程中起着重要作用，干预指导儿童进行自我管理和自我组织。代表性干预方案有人际关系发展干预（DIR），地板时光（Floor Time），人际交流、儿童情绪情感的自我调节以及交往支持模式（SCERTS），早期开发丹佛模式（ESDM）。

3. 自然主义模式

自然主义模式是教导主义与发展主义的结合，一方面借鉴了教导主义中的应用行为分析，另一方面也吸收了发展主义模式下的儿童交流自主性。强调在自然情境下尊重儿童的自发活动，基于行为分析的干预原则，指导干预者进行系统化的训练。

基本要素包括自然的教学情境，真实需要的强化物，应用行为分析的干预原则，尊重儿童的主动沟通意愿，契机式的教学活动。代表性方案包括自闭症及相关沟通障碍儿童的治疗和教育方案（TEACCH），适合自闭症幼儿发展项目（DATA）。

（二）干预技术

1. 20 世纪 70 年代

（1）TEACCH 结构化教学

1966 年提出的“自闭症及相关沟通障碍儿童的治疗与教育计划”（TE-ACCH），是一项系统综合的干预方案，旨在提高自闭症儿童交流、认知、人际互动及社会性等各方面的能力。TEACCH 早期主要应用在隔离的教室环境下，后来逐渐扩大应用环境，如今已经广泛应用在家庭、社区以及学校中的融合班级当中，尤其强调培训家长在家庭日常生活中进行应用。它主要采用结构化的教学方法，有组织、有系统地安排学习环境、学习材料以及学习程序，如通过时间表和个人工作系统，帮助儿童理解环境、适应环境，集中注意力，稳定情绪，以此提高儿童的适应能力和学习能力。帕内拉伊(Panerai)于2002年的研究发现，TEACCH相比较于传统教育更能够增加儿童的自发性交流能力，并减少问题行为，使之适应学校和家庭生活。经过TEACCH训练的自闭症儿童中有47%可回归社会。TEACCH干预方法是基于尊重“自闭症文化”的哲学理念，承认自闭症儿童与典型儿童学习方式的差异，不强调强制性地改变儿童自身，而通过外界环境的调整以适应儿童的发展，体现出人本化的教育理念。

(2) 应用行为分析(ABA)

应用行为分析植根于斯金纳的新行为主义学习理论，由美国加州大学洛杉矶分校的洛瓦斯(Lovaas)教授于1977年创建。它包括以行为分析为原则而设计的用以改善问题行为、形成可测量的和有社会意义的行为的干预策略。ABA模式作为评估和实施自闭症儿童教学方案的有效性已被很多研究证实。ABA的指令可以以各种方式(分段回合教学法、自然教学、自然语言范式等)，但很多行为分析师主张采用“分段回合”(Discrete Trial)形式的指令，它包含4个部分：尽量简洁的指令，例如“到这里来”，使得儿童能够更独立地回应；儿童的回应，包括正确回应、部分正确、错误回应、反应迟钝；教学人员对儿童回应的反应，可采用口头表扬、玩具游戏、挠痒、零食等方式作为正确行为(前两种儿童回应)强化，或采用否定、撤去材料和关注的方式作为错误行为(后两种儿童回应)的反应；两次尝试之间的时间间隔，有助于确保每个回合的独立。

洛瓦斯的ABA模式指令(分段回合教法，DTT)是结构化的、成人主导和任务导向的。在洛瓦斯教授的亲自督导下，47%的接受干预的自闭症儿童的智商上升到正常水平，并在其他方面接近于普通儿童。可见，应用行为分析对教会自闭症儿童机械的行为有帮助，但对社会化行为的帮助不明显。应用行为分析为自闭症儿童的行为干预开了先河，并且至今仍在很多地区——尤其是发展中国家的自闭症干预中占有很大比例。

2. 20世纪90年代

(1) 关键性技能训练法(PRT)

继洛瓦斯教授创立应用行为分析之后，美国加州大学的凯格尔(Koegel)教授进一步提出了ABA的另一种情景化的干预方法——关键性技能训练法(PRT)，并获得了广泛的声誉。PRT于20世纪80年代首次公布。它以游戏为基础、关键行为为目标，瞄准自闭症儿童的核心障碍，产生最大最快的干预效果，使自闭症儿童回归到正常发展轨道。PRT 尤其强调在自然环境下，对儿童本身的动机、自我管理以及主动性等关键领域进行干预，以关键领域的改变带动一连串其他行为的正向转变，同时强调家长的参与。PRT 发展的早期阶段，被称为“自然语言范式”，用于提高语言技能，21 世纪后逐渐扩展到游戏技能和社会行为领域，被看作是行为干预中最自然化的一种干预手段，不仅能够提高自闭症儿童的语言能力，对儿童的情绪发展和人际关系也有积极影响。美国国家自闭症中心分别于 2009、2011 年认定，PRT 是建立在对近年来自闭症治疗全面回顾基础上的，是被证实的 11 种有效的自闭症干预方法之一。

（2）图片交换沟通（PECS）

PECS 是邦迪（Bondy）和弗罗斯特（Frost）于 1998 年提出的针对改善自闭症儿童社会沟通能力的干预手段，以提高自闭症儿童在社会情境下自发的、功能性的沟通能力。PECS 采用的衡量标准包括亲子互动中儿童的自发性语言、共同注意、请求行为的频率等多个具有社会意义的沟通变量，借由强化物、循序渐进的阶段、图像和句子，帮助自闭症儿童建立实用的沟通技巧。因为操作简便，PECS 在家庭和学校环境中被广泛使用。但凯特 · 戈登（Kate Gordon）等人于 2011 年的随机对照试验（RCT）研究发现，PECS 能够显著提高孩子的自发沟通，但提高的沟通能力更多的是机械的要求，而不是社会性的目的。此外，PECS 没有长期效应。但仍可以作为一种辅助性的沟通手段，结合其他干预方法综合运用。

此外，对根本缺乏言语交流能力的儿童，可使用辅助和替代性的交流工具（AAC），例如使用手势语、照片、特制的辅助性交流书籍以及计算机程序等。

（3）社会故事法

社会故事法是 1991 年由卡罗尔 · 葛雷（Carol Gray）提出的自闭症干预方法。它并不直接教授社会技能，而是利用自闭症儿童的视觉加工优势，通过编写故事，向自闭症儿童解释环境中可能会发生的事件，指出重要的社会线索，指导儿童做出符合社会规范的行为或社会技能。而经过二十多年的发展，社会故事法在表征方式上发展出了诸多变式，由最初的文字形式，到近年来根据自闭症儿童的兴趣和认知偏好不同，而选择图片、照片、录音带、录像带、视频等多种形式。但是，也有实验研究对基于心理理论的干预机制构成怀疑，认为这只是教会了儿童通过任务的规则，而不是对情感概念的真正理解导致行为的改变（Kate，2011）。

3. 21 世纪

（1）基于发展、注重个别差异、以关系为基础的模式（DIR）

2003 年，威尔德（Wielder）和格林斯潘（Greenspan）提出了“基于发展、注重个别差异、以关系为基础的模式”(DIR)。其中的D代表儿童发展早期的发展性能力,包括共同注意、参与、互动回合、问题解决、创造性的想法、抽象思维;I代表具有个体差异的感知觉处理,如听觉和视觉的处理;R代表能够提高情感、认知的社会性互动的关系和必要环境(Wielder,2005)。DIR模式干预的主要目的是让儿童能够形成自我意识,成为有意图、能互动的个体,与他人建立情感联系,而情感是自闭症儿童发展中的里程碑。

(2) 地板时光疗法(Floor Time)

DIR模式的核心组成部分是地板时光疗法,这是一项综合、系统的干预技术,强调治疗师、家长或教师要根据儿童个人独特的功能发展阶段,调整人际互动的具体方式,使其符合儿童当下的意义表达需要(Greenspan,2000)。

(3) 人际关系干预疗法(RDI)

近年来,美国临床心理学家史蒂芬·古特施泰因(Steven Gutstein)针对自闭症的核心缺陷,基于数十年的临床经验提出了人际关系干预疗法(Relationship Development Intervention,RDI)。该方法着眼于自闭症儿童人际交往和适应能力的发展,强调父母的“引导式参与”,在评估儿童当前发展水平的基础上,采用系统的方法循序渐进地出发自闭症儿童产生运用社会性技能的动机,进而使其习得的技能在不同的情境中迁移,最终发展出与他人分享经验、享受交往乐趣及建立长久友谊关系的能力(张旭,2006)。该模式在实施过程中有一套完整的评估、方案、课程及评量体系,重视生态学效度,体现了当前特殊儿童临床心理和教育领域中人本主义与现实主义倾向。

(4) SCERTS模式

自闭症干预的“SCERTS”(Social Communication, Emotional Regulation, and Transactional Support)模式以家庭生活中的人际交流、儿童情绪情感的自我调节、交往支持作为三个主要的干预维度,注重运用象征手段实现功能性的社会交往,为直接处理自闭症儿童的主要问题提供了一个综合的心理-教育干预的框架。SCERTS模式具有综合性特征:致力于理解自闭症儿童与环境和他人相互作用的方式,充分的家庭生活背景和功能性的任务要求,根据儿童心理发展的需求,规划周全的利用高度结构化(重复性和可预测性)的训练方案,通过周围成人和儿童玩伴的细心帮助,利用有效的学习机会,随时随地进行干预,这与当前关于早期干预的一般趋势和要求相一致。

(5) 艺术与音乐治疗方案

近十年来,关于艺术疗法,如绘画、园艺、泥塑等艺术形式在自闭症教育干预中的研究逐渐增多,尤其是音乐治疗在自闭症儿童教育干预中的应用。大量文献表明,音乐是一种综合的艺术,是一种结合动作、舞蹈、语言的有机整体，是人的一种本能，是源于生命开端的、接近土壤的、人之心灵最自然和直接的表露。目前已经应用的音乐治疗形式包括诺多夫-罗宾斯音乐治疗、心理动力取向音乐疗法、临床奥尔夫音乐治疗、应用行为矫正的音乐治疗等（刘凤琴，2011）。尤其是奥尔夫音乐教育体系，是当今世界最著名、影响最广泛的音乐教育体系之一。其教育的核心理念是原本性音乐教育，这种原本性的音乐教育重视体感，以节奏为基础，以综合性、参与性、创造性和互动性为基本原理，课程内容主要包括嗓音造型、动作造型、互动音乐游戏与戏剧表演、声音造型四方面（陈菀，2009），能够在很大程度上促进自闭症儿童的感知运动、语言沟通、情感交流及社交的发展。

从整个教育干预方案的发展脉络来看，一方面，不再单纯关注儿童的外在行为表现，更加注重干预过程中关系（亲子关系、师生关系、治疗关系）的建立和维系，强调儿童情感和社会性的发展，通过基于儿童经验、兴趣、特长的各项活动促进儿童感知-运动、语言-沟通、情感-社会等能力的综合发展。另一方面，将自闭症儿童视为身心一体的完整个体，把情感、活动、合作和交流融为一体，因而系统化的综合性干预方案的研究逐渐增多，展现了未来教育干预的发展趋势。此外，强调更加注重教育干预的生活化和功能化，将生活自理、人际关系、环境适应、休闲娱乐、职业养成等主题纳入其中，还充分利用游戏、音乐、美术等多种表达形式，让儿童习得良好的生活技能和积极的态度。

思考与练习

1. 简述自闭症儿童诊断标准的演变。
2. 综述自闭症儿童的教育干预方案。

推荐阅读

GhaziuddinM. Brief report. Should the DSM-Ⅴ drop Asperger syndrome? Journal of Autism and Developmental Disorders, 2010,(40): 1146-1148.

Jarymke Maljaars, Llse Noens, Evert Scholte, et al. Evaluation of the criterion and convergent validity of the Diagnostic Interview for Social and Communication Disorders in young and low-functioning children. Autism, 2012,16: 487-498.

Kate Gordon, Greg Pasco. A communication-based intervention for non-verbal children with autism: What changes? Who benefits [J]. Journal of Consulting and Clinical Psychology, 2011, 79(4): 447-457.

张旭. RDI：发展自闭谱系障碍儿童人际交往和适应能力[J]. 现代特殊教育, 2006, 6: 7-8.

刘凤琴. 音乐治疗对闭谱系障碍儿童社交障碍的改善作用[J]. 中小学心理健康教育, 2010, 5(152): 25.

陈菀. 儿童音乐治疗理论与应用方法[M]. 北京：北京大学出版社, 2009: 1-20.

杨蕢芬. 自闭症学生之教育[M]. 台北：心理出版社, 2005.

杨广学, 王芳. 自闭症整合干预[M]. 上海：复旦大学出版社, 2016.

第 10 章　言语和语言障碍儿童

1. 掌握言语和语言障碍的定义、二者的区别及分类表现。
2. 了解言语和语言障碍的发生率、影响因素，重点掌握相应的干预措施。

人与人之间的沟通需要借助各种传达工具和交流媒介，如语言、言语、表情、手势、音乐、绘画等诸多符号。语言和言语作为其中最为常见、便利的沟通方式，不仅是人们用以沟通思想、表达情感、适应生活的交际工具，也是思维的外部表现。在现实生活中，人们主要通过言语进行交往，并获得发展。对于言语能力正常的人来说，言语应当包括听、说、读、写，但也有一些人由于某种原因使语言信号的认识、接受、中枢整合及言语输出机制发生障碍，致使听、说、读、写有一定问题，并且言语发展水平低于正常同龄人的平均水平。言语障碍对心理发展有不良影响，对言语障碍儿童进行适当的矫治和康复训练，帮助他们克服由言语障碍产生的交往、情绪和个性方面的问题，使他们更好地适应社会生活，是特殊教育工作者义不容辞的责任。

一、定义

言语和语言障碍在许多文献中被统称为语言障碍。不过在专业著作中，二者是有区别的。一般地讲，言语障碍是指个体的言语或说话异于常人，使说话内容受损害，即妨碍个体间的交流，又造成自己的不良适应，通常包括构音、发声和语流方面的障碍。语言障碍则是指个体表现出的语言学知识系统与其年龄不相称，落后于正常儿童的发展水平。

例如，美国言语语言听力协会对语言障碍的定义是："在口语、书面语及其他符号系统的理解和/或运用上的障碍。这类障碍可能包括：(1) 语言形式(语音体系、形态音位学和句法)；(2) 语言内容(语义学)；(3) 在任何词句中的语言的沟通功能(语用学)上的障碍。"而言语障碍的定义是："与其他人的言语偏离甚远，以致(1) 引起了别人对言语本身的注意；(2) 妨碍了沟通；(3) 引

起了说话者或听者的不适。”(William,2007)

二、发生率

根据许多文献报告,儿童中具有言语、语言障碍的个体占有相当的比率。不过,由于不同调查者使用的定义、测查标准、目标人口的不同,所得的言语和语言障碍的发生率也有差异,一般估计这一人群大约占人口的10%或更高,且覆盖面广,既可见于正常儿童,表现为语言发育迟缓,也继发于其他疾患,例如自闭症、学习障碍、听力损伤等。

据国外报道,言语和语言障碍发生率,2岁儿童达到17%,3岁达4%~7.5%,6岁达3%~6%。学龄前儿童中,约7%~10%的儿童语言发育迟缓;而3%~6%的儿童有言语感受或表达障碍,并影响日后的阅读和书写。

三、分类及原因

(一) 言语障碍

言语障碍通常分为构音障碍、声音障碍和语流障碍。

1. 构音障碍

发音器官在构音过程中构音的位置、方式、速度、强度或动作协调发生问题,以致发出的语音产生错误,并影响到对方对说话内容的理解,称为构音障碍。这类儿童常表现出四种类型的构音错误:① 替代,即用另一个音代替正确音,如将“pao”发成“bao”,即“p”被“b”替代;② 省略,说话时将某个音或某些音省略不发,如“shao”发成“ao”,将“sh”省略;③ 扭曲,说话时把一个音发成近似或差别较大的在语音系统中没有的音;④ 添加,说话时增加某个音或音节,如将“yi”发成“ji”。此外,儿童还会出现四声错误。严重的,别人甚至完全听不清楚儿童讲话内容。

构音障碍可分为器质性构音障碍和功能性构音障碍两类。器质性构音障碍往往存在生理方面的异常,如裂腭、神经功能缺陷等,使舌头、嘴唇、牙齿、颌和腭的相互协调发生问题,无法发出正确的语音。比较常见的功能性构音障碍则往往没有明显的结构异常,儿童的吃、喝、咀嚼能力基本正常,但说话时常口齿不清,其原因还不完全清楚,但研究者认为儿童语音辨别能力不足、感觉运动发展缺陷、环境条件差、交替使用两种语言、情绪障碍或成熟缓慢都可能与此有关。

2. 声音障碍

声音障碍又称发声障碍、声音异常、嗓音障碍,即声音发生异常,通常表现为:① 不恰当的音调(太高、太低或单调、缺乏变化)。青春期学生常出现这一问题，男同学尤为多见，如使用假声说话。② 音量太高或太低。有些儿童说话声音太轻，甚至可能完全没有声音；有些儿童则可能持续地高声说话。③ 音质问题，如声音嘶哑、尖锐、有呼吸声、说话时鼻音过重或缺乏鼻音共鸣等。

造成声音异常的原因可能是个体咽喉部疾病，特别是声带疾病，如急性或慢性咽喉炎、声带结节、声带息肉等。也可能是因为个体的心理因素、性格、精神刺激，尤其是不正确的发声习惯造成。如果学生长期过度呼喊，则容易造成嗓子嘶哑，甚至无法发出声音，长期滥用声带则有可能引起声带结节或声带瘤。

3. 语流障碍

语流障碍的典型表现是口吃，指语流或说话节奏中断，言语不流畅，特别是在有些音、音节、词或词组上有迟疑、停顿、重复或延长现象，如句首的词、词组。口吃者通常还伴有不随意的挣扎和逃避说话行为，如挤眉弄眼、张口伸舌、甩头、耸肩等。但口吃者也可能在朗诵范文和唱歌时，相当流利。

对造成口吃的原因，研究者做过许多猜测，其可能原因包括遗传素质、中枢神经系统病变、儿童学语阶段模仿他人不流畅的语言而习得，以及父母在儿童学语阶段时施加过度的压力使儿童对说话产生紧张、焦虑、逃避反应而形成口吃等。但大多数原因只能解释少数人的口吃，许多人口吃的原因至今仍不清楚。

（二）语言障碍

语言障碍可分为语言发展迟缓和失语症。

1. 语言发展迟缓

语言发展迟缓又称迟滞性语言。这类儿童往往表现为表达和理解语言技能方面的障碍，语言技能出现的时间、发展速度和发展水平显著落后于同龄正常儿童。造成儿童语言迟缓的原因通常有脑伤、智力落后、听觉障碍、发声器官机能障碍、情绪困扰、环境剥夺等。

2. 失语症

失语症可分为获得性失语症和发育性失语症，是由器质性脑病变引起的理解和表达语言符号内容的异常。前者常指年长儿童和成人由于脑损伤或外伤出现的言语或语言丧失，后者常指由于先天原因不能学会说话的儿童。

最常见的失语症有运动性失语症和感觉性失语症。前一类，患者能听懂话，看懂文字，但不能说话或只能讲一些单词。后一类患者往往听力正常，但听不懂自己和别人所说的话或虽有说话和书写能力但语言混乱，无法被别人理解。

造成失语症的原因主要是大脑皮层中枢受到损害，使已习得的语言功能丧失或无法习得语言，如脑血管疾病、脑外伤、脑肿瘤、脑组织炎症。产生失语症的疾病中最多的是脑血管病变，其次是脑外伤、肿瘤、感染。

四、人格特征

（一）情绪特征

言语与语言障碍儿童的情绪特征主要表现在以下几个方面：① 言语障碍本身会导致许多不良情绪。② 由于对社会不适应也产生许多消极情绪。许多言语障碍儿童受同学、亲友乃至家长的嘲笑、耻笑，因而精神受到很大刺激，导致情绪发生变化，如愤怒、焦虑、敌意、负罪感。这些情绪反应如长期持续下去会引发其他身心疾病，而人们对言语障碍儿童的疏远和鄙视，又增加了他们在情绪方面的不良反应。比如，父母过于严厉、周围人的嘲笑等都有可能使儿童对自己的言语表达缺乏信心，从而引起焦虑、紧张、恐惧感等不良情绪。

（二）思维特征

言语与语言障碍儿童的思维特征主要表现在以下几个方面：① 思维要求高度的概括，儿童本身语言不流利、发音困难，要用语言进行高度概括就很困难，因而其思维能力必定受到极大限制。② 构音困难、发音不全、词不达意、口吃是思维发展的不利因素，影响思维的调节。言语障碍儿童普遍存在思维能力低、概括能力弱等特点，有的缺乏抽象意识。③ 由于人类的言语和思维的关系极为密切，言语障碍有时会直接导致思维的某些病症。如视觉性失读症患儿，视觉器官正常，也能开口说话和阅读，但无法辨别、解释或记忆所见到的字词，思维能力处于长时间的“中断”状态。

五、鉴别与评估

（一）鉴别与评估的目的

鉴别与评估的目的包括两方面：① 确定儿童是否存在言语、语言障碍，属于哪种障碍类型，可能的原因是什么，以及言语、语言发展的具体情况，以便制订矫治和训练计划。② 在实施矫治和训练计划前后要进行评估，以确定儿童是否受到了有针对性的帮助，评价治疗或训练对儿童是否有效。

（二）鉴别与评估过程

为了使评估结果更为客观、全面、准确，评估最好采用跨学科的团队合作形式，由家长、言语-语言治疗师及教师共同参与评估。

常用的语言能力测试包括皮博迪图片词汇检查（Peabody Picture Vocabulary Test，PPVT）、伊利诺斯心理语言测试（Illinois Test of Psycholinguistic Abilities，ITPA）、汉语版 S-S 法等。通过语言测试，能够发现儿童在词汇、语法、语义、语用等方面的问题，从而为语言障碍的评定、分类及矫治建立基础（盛永进，2015）。

鉴别与评估的过程包括如下四步：① 收集资料，即收集个体的背景资料，包括出生史、发展史、家族史、病史等，以尽可能了解导致言语、语言障碍的原因。② 生理或医学检查，建议专业人员检查儿童的生理器官，以确定儿童的言语、语言障碍是否由生理障碍引起。③ 语言、言语评估。④ 资料分析，完成评估报告，对收集到的资料做仔细分析，掌握儿童目前的发展情况，了解其言语和语言的发展状况，判断其是否存在语言、言语障碍，并制订相应的矫治和训练计划，完成鉴别、评估报告。

六、矫治与干预

教师和有关专业人员在对学生的言语和语言障碍做出评估、了解存在的主要问题之后，除可由言语语言病理学家直接帮助矫正外，教师也可以对学生进行矫正和训练，实施特殊教育，满足学生接受特殊教育的需要。

（一）构音障碍

构音障碍的矫治一般分为学习和类化两个阶段。

1．学习阶段

在这一阶段要训练儿童学会有意识地清楚地发出目标音。要先让儿童模仿发出正确音，当儿童模仿正确时，训练其自发地发出正确音。可以先训练单个词的发音，然后训练说词组、句子、短文；可以利用图片命名、看图说句子或朗读有目标音的单词等方法。整个训练要遵循循序渐进的原则，否则容易打消儿童的积极性，达不到训练效果。

2．类化阶段

当个体已经能够很容易地发出正确音时，训练就转入类化阶段。这一阶段要训练儿童在大量不同情境中能发出正确音，可以通过朗读和对话形式进行，比如与言语治疗师谈一些感兴趣的话题，在学校或其他场合与言语治疗师或其他人员交谈。

在整个训练过程中，教师或言语治疗师要与儿童建立信任与理解的关系，特别要注意获得儿童的充分合作，鼓励他们主动参与治疗、训练。训练内容也应以符合儿童的年龄、认知水平为标准，以适应他们的需要。

（二）声音障碍

对声音障碍的治疗要尽可能找出造成声音障碍的原因。一般来说，由于器质性原因如息肉、囊肿、乳状瘤等造成的声音异常要先接受医学治疗，包括手术、放射和药物治疗，在充分改善发声器官生理状况的基础上，再训练其呼吸与发声。对由心理因素造成的声音障碍，首先要去除心理方面的原因，再实施发声训练。由环境因素造成的声音障碍，要先考虑改变环境因素，如清除对喉和共鸣腔有害的刺激物质或过敏物，包括灰尘、花粉等类似的颗粒物质或空气中的其他污染物。

直接的声音训练内容包括训练合理使用声带、减少过度紧张的发声、改变不良的习惯性声音响度和音调、改善共鸣，以帮助个体建立适合环境的声音模式。对于经常大声叫喊、说话的儿童要帮助他们减少大声叫喊、说话的次数，降低声音的强度，并要帮助他们认清声带滥用这种不良习惯的后果。可以通过行为矫正技术来消除儿童声带滥用的习惯。另外，放松训练、呼吸训练可用来调整过分紧张的声音。有条件的也可以使用一些仪器如可视音高仪来改变儿童的习惯性音调与响度，帮助儿童找到最佳的声音模式。

（三）语流障碍

口吃是语言的流畅性障碍，是儿童常见的一种语言缺陷，程度轻重不同。口吃严重影响儿童语言发育，妨碍其正常学习、生活和人际交流活动。部分儿童可随着成长自愈，没有自愈的口吃常常伴随至成年或终生。通过训练大多数人可以得到改善，尤其青少年时期的口吃通过矫治往往能得到较好的疗效。

在影响口吃的因素中，心理障碍对口吃个体的危害尤为突出，消除心理障碍和改变对口吃症状的错误态度，是矫治口吃的关键，因此，对其进行心理测量及分析、评价，了解其心理问题，并施以针对性的心理治疗，是矫治口吃的第一步。在口吃治疗过程中，要尽可能让儿童知道自己语言的问题所在以及具体的训练内容，鼓励他们积极参加治疗和训练。

具体的治疗和训练内容因口吃的类型不同而有所不同，效果也有差异。一类儿童的口吃属于正在发展尚未定型的口吃，训练中要着重消除儿童说话时所感受到的焦虑、挫折、厌烦等不良情绪，增强儿童对挫折、压力的忍受能力。这可以通过环境控制、家庭咨询的方法，对家庭成员进行干预，减少他们对儿童口吃的埋怨、担心、焦虑及惩罚，创造一个有利于儿童改变口吃的生活环境，同时也可以通过系统脱敏法增加儿童对环境压力、挫折的耐受力。除此之外，也需要对儿童进行言语训练，以塑造流利的言语。另一类儿童的口吃发展的时间已经很长，属于已定型的口吃，治疗一般比较困难，目前没有一种普遍认可的方法。一般来说，首先要对其进行心理方面的咨询，以尽可能消除负面情绪和心理压力，然后确定目标进行言语流利性的训练，比如训练儿童放慢语速、运用长句分短方法。另外，与尚未定型的口吃不同的是，这类儿童在说话时常伴随有挣扎行为、逃避行为，因此训练的另一个重要任务是通过行为矫正技术消除儿童存在的上述行为。

目前国内外对口吃的治疗方法主要有如下几种。

心理疗法。研究表明，成年口吃者比儿童的社交恐惧水平更高，从儿童到成人，口吃潜在的消极的影响可能会发展成特征焦虑（Trait Anxiety）水平。复杂而困难的交谈与较高的状态焦虑相联系，较高的状态焦虑可反过来强化口吃。治疗后复发的被试经历高水平的焦虑是没有复发被试的三倍多。可心理治疗强调行为的、认知的和情绪的治疗。如，强调承认口吃，允许口吃，敢于开口说话；进行放松训练，或系统脱敏（按照说话情境的焦虑等级逐渐进行言语训练）。研究认为，提倡“不惧怕，不逃避，顺其自然，为所当为”的森田疗法对口吃矫治的疗效显著，可明显改善口吃者的焦虑、抑郁情绪，缓解口吃者的心理压力，从而使口吃症状明显减轻或消失。治疗也强调建立和维持流利的情绪控制，加强自我情绪管理是预防和控制口吃复发的重要手段。

呼吸训练。口吃者的呼吸器官、肺活量一般正常，但口吃者说话时常常呼吸紊乱，呼吸方式不当，或呼吸和发音不协调，言语产生的发音和呼吸的动力机制出现问题。采用符合发音规律的呼吸疗法，如练习呼吸操，进行呼吸和发音的协调训练，结合言语训练和系统脱敏，能取得良好的效果。目前国内外口吃矫治普遍强调或进行呼吸训练。

药物治疗。人们也试图用许多药物治疗口吃，吩噻嗪、钙通道阻断剂、β阻断剂、各种抗焦虑药、抗抑郁药和抗痉挛药等都可用于治疗口吃。但多数口吃者不愿意长期服药，因为多数药物都有不同程度的副作用，也容易引起药物依赖。

生物反馈治疗和计算机辅助的流利言语训练。通过生物反馈，如呼吸、肌电反馈，进行放松训练；或者通过提供反馈和指导的计算机程序来减少口吃，可以提高言语的流畅性。

（四）语言发展迟缓

对语言发展迟缓的儿童，如果存在医学方面的原因就必须先进行医学治疗，倘若存在人格、行为、心理等方面的不良因素，应让他们接受心理方面的治疗与咨询。然后再进行构音器官的机能训练和语言训练。语言训练的内容包括认知训练、词汇训练、语法训练与语用训练。可以根据儿童的语言发展的具体情况，选择合适的内容进行训练，如语用、语法发展迟缓的可以分别着重于语用与语法方面进行训练。训练中可以采用个别训练方式或团体训练方式，视儿童的具体情况而定，同时也需要指导家长在家里配合教师或言语治疗师进行训练。要尽量消除妨碍儿童语言发展的因素，创造轻松、愉快的训练气氛，以利于儿童语言的发展。

（五）失语症

适当的语言治疗可使失语症患者的语言机能得到改善。临床上对失语症的训练主要包括：语言训练，以改善语言机能为目的，代表性的方法有刺激促通法（通过给予适当的强有力的反复的语言刺激引出患者相应的反应，并进行有选择的强化）、阻断去除法（将未受阻断、保留较好的语言形式中的语言材料作为前刺激，引出对语言材料的其他语言形式的反应，去除由于大脑损伤造成的功能阻断）、功能重组法（对受损的功能进行低一级水平的训练以减少障碍后果或运用其他正常的功能来协助受损功能的改善，以达到对功能系统的重新组织，产生适合于操作的新的功能系统）；实用交流能力的训练，可用来提高儿童在实际交流中的信息传达能力，如训练他们采用手势、绘画及其他符号作为交流工具；家长指导和环境调整，要让儿童的家长及其他家庭成员了解语言交流的特征，以促进个体间良好的交流，一般通过集体指导方式进行；心理咨询，消除由于语言问题造成的心理方面的问题。训练可以采取个别训练、团体训练的方式，视儿童具体情况而定，也可以指导家长对儿童进行训练。

由于失语症儿童往往存在大脑语言中枢或其他中枢的损害，而且大脑损伤的部位不同，失语症表现出来的类型也不同，因此对训练内容的选择及语言能力的恢复有很大的影响。在训练过程中，要注意防止意外情况的发生。

七、教育与支持方案

（一）教育安置

对言语和语言障碍儿童的教育，各国存在很大的差异。在美国，有专门为言语、语言障碍儿童开设的特殊班和特殊学校，大多数儿童则在普通班级中与正常儿童一起接受教育，同时接受资源教师、巡回教师、言语语言病理学家的帮助与训练。

在我国，对于言语、语言障碍问题的研究历史还很短暂，言语和语言障碍儿童的教育尚未得到足够的重视。目前还没有专为言语和语言障碍儿童开办的特殊班或特殊学校。构音障碍、发音障碍、口吃以及一部分轻度语言障碍儿童基本上在普通学校内就读，严重的语言发展迟缓、失语症儿童以及由于听觉障碍、智力落后造成的言语、语言障碍儿童基本上在特殊学校就读，少数的儿童可能到医院接受治疗。

（二）教育服务措施

言语、语言障碍儿童由于语言发展的异常，与他人的语言交流存在困难，接受知识的能力相对落后，往往造成学业成绩要落后于正常儿童。同伴的排斥、嘲笑，还会导致儿童出现退缩、焦虑、仇恨、攻击性等情绪反应，造成社会适应、人际关系不良，如果父母对孩子采取过度保护或拒绝的态度，更会加重这种不适应。另有一部分可能存在中枢神经系统损伤的儿童如脑瘫儿童，还会在生活自理能力的发展上出现问题，这对儿童的发展是很不利的。对于这类儿童，学校有必要为其提供特殊的教育服务措施，以促进儿童各方面能力的健康发展。

在普通学校，通常可以为学生提供以下几种服务措施：① 普通班教师的辅导和帮助。普通班教师通过特殊教育培训或自学专业知识与技术，对言语语言障碍学生提供辅导和帮助。② 巡回服务。对在普通班就读的言语、语言障碍儿童，可以由巡回教师定期到学校为学生提供直接的服务、帮助。担任巡回教师的人员可以是言语语言病理学家，也可以是受过这方面专门训练的特殊学校教师。③ 辅导室或资源教室。在普通班级内上课的言语、语言障碍儿童，可以每天或每周安排一定时间去辅导室或资源教室接受辅导与训练，这样可以既不影响正常的课程安排，又能直接改善学生的言语、语言问题。辅导教师或资源教师可以由言语、语言病理学家及接受过专门训练的特殊教师担任。④ 咨询服务。有条件的学校或学区可以邀请或设一名言语语言病理学家，为言语、语言障碍学生所在的班级教师、家长、学校管理人员提供咨询服务，包括帮助提供有关资料和教育方法，设计一些有利于改善儿童问题的活动等。

我国香港地区语言矫治机构特别强调家庭在矫治中的作用，十分重视对家长进行训练。有这样一些具体的做法：① 家长参与治疗。对儿童进行语言治疗时一定请家长参加，有时语言矫治师在矫治的过程中请家长自己试一试。② 培训家长。成立正式的家长训练小组，由语言治疗师授课，家长报告自己最近的进步。有时还进行现场演示，其他家长观摩学习。③ 家庭成员全面参与。语言矫治中不仅父母要积极配合，有时语言障碍儿童的兄弟姐妹等也参与进来。要尽量利用矫治中所有的有利因素。

（三）辅助与替代性沟通

与传统矫治理念与策略不同，辅助与替代性沟通（Augmentative and Alternative Communication，AAC）最终的目的不是寻找一个科技的技术来解决沟通问题，而是基于个体的能力和需求，借助儿童能够学习的沟通媒介和途径，尽可能参与到多种活动以及互动中，实现传递信息，表达需求，实现社交以及自我沟通的目的。

1. AAC 定义

美国听语学会（American Speech-Language-Hearing Association，ASHA）特殊利益部门定义辅助沟通系统为：AAC 是一个研究、临床和教育实践的领域，AAC 涵盖研究尝试和在必要时补偿因暂时性或永久性的损伤，导致言语/

语言表达和理解的严重沟通障碍者在活动和参与的限制,它包括口语和书写的沟通模式(蒋建荣,2012)。2010年美国健康保健改革中,涵盖AAC介入服务和技术是康复和复健服务的一部分。

2. AAC分类

(1) 无辅具系统

包括手语、手势、面部表情、肢体动作等。

(2) 低科技辅具

包括沟通板或沟通簿、列字表或列字册、目光对话框、简易沟通器等。

(3) 高科技辅具

包括微电脑沟通板、计算机辅助沟通系统等。

3. 图片交换沟通系统

图片交换沟通系统(Picture Exchange Communication System,PECS)作为AAC中常用的教学策略,言语和语言障碍儿童被教导通过符号去交换想要的物品,目的是鼓励主动沟通的主动表达。PECS共分为以下几个阶段。阶段一,儿童拿出单一符号(如照片,线条图)并交给协助者,协助者将给予儿童那个物品。一开始,协助者的协助仅提供肢体或手势线索来提醒儿童提出交换。经过一段时间后,逐渐褪除提示的协助,直到符号与物品的交换不再需要协助时;阶段二,协助会移开固定位置,儿童可学习找到符号,再将它交给协助者,在协助下获得想要的物品;阶段三,可选用的符号增加了。一旦儿童对于基本的请求熟练后,协助者在阶段四—六以简单句扩展课程内容(例如,我要……我看到……或我听到……)去回应"你想要什么?"的问题,接着具体描述与符号有关的颜色、大小、数量等。

八、对普通班教师的建议

(一) 教师要掌握儿童语言发展的规律以及言语、语言障碍方面的专业知识

在普通班级中的言语、语言障碍儿童,可能除了言语、语言问题之外,其他方面的发展基本处于正常状态,他们的问题与需要往往很容易被家长和教师所忽视。因此,普通班级内的教师有必要了解儿童语言发展发面的知识,以便能够及时发现语言、言语问题的儿童。教师也需要掌握一些儿童言语、语言障碍方面的知识,以便对儿童的言语、语言问题做出初步判断。对于简单的言语、语言问题,不需专业人士介入即能有适当的处理方法,严重的也能及时转介,以免延误儿童治疗、训练的时间。教师要特别注意的是:有些儿童表现出的言语、语言问题可能是由器质性原因造成,比如声音障碍,可能是由于声带

或其他发声器官出了问题。教师若有这方面的知识，就能及时发现儿童的问题，儿童则可以得到及时治疗，生理原因对言语、语言的影响也就能得到及时控制。

虽然一般言语、语言障碍儿童的鉴定、评估以及训练基本上由言语语言病理学家完成，但是只有教师与言语、语言病理学家密切配合，才能取得良好的效果。因此教师也有必要掌握这方面的知识。在没有言语、语言病理学家的情况下，普通班教师更需要掌握这方面的知识，才能针对儿童的障碍程度与类型，在课堂教学与课外辅导、训练中给予儿童充分、适当的帮助。他们可以通过培训、定期研讨以获得这方面的知识。

（二）教师应积极寻求言语语言病理学家、资源教师及其他专家的帮助、合作

对于教师来说，所掌握的言语、语言方面的知识常常不足以解决儿童的困难，特别是当儿童的言语、语言问题相对比较严重、所导致的原因比较复杂时，普通班教师有必要寻求有关专家的支持，从他们那里获取必要的充分的信息资料，全面了解儿童的语言及其他方面的发展情况，要向专家咨询在对这类儿童教育中应注意的事项，以充分指导对言语、语言障碍学生的教育。对于需进入资源教室或去言语语言病理学家那里接受治疗、训练的儿童，普通班教师更需与他们密切合作。除了以积极的态度支持儿童进行训练外，还要了解儿童的训练计划内容，关注训练进展的情况，以便在课堂教学中能够适当考虑儿童的训练内容，注意教学内容适应儿童的语言发展。这样不仅能够起到巩固训练的结果，而且能提高儿童参与治疗、训练的积极性。教师还可以与学生讨论言语、语言训练的活动及内容，帮助减少学生对训练的负面情绪，并以积极态度对学生在交流中的努力做出反应。

（三）教师需要在班级中创造积极的沟通环境

儿童由于言语、语言方面所存在的问题，会对自己的能力感到怀疑，觉得自卑、焦虑，不愿意与其他学生交往，性格往往比较孤僻。如果班级同学再对其进行嘲笑、讥讽，儿童则会更加退缩。普通班教师在这方面需要做许多工作。要让普通学生了解言语、语言障碍学生所存在的言语、语言问题对学习与生活造成的困难以及言语、语言障碍学生为此所感到的痛苦与难堪，教育他们要理解、尊重、团结、帮助言语、语言障碍学生，但不是以同情、可怜的态度对待他们，可以组织班级同学开展各种互帮互助活动，让言语、语言障碍学生充分体会到集体的温暖。同时，普通班教师要鼓励言语、语言障碍学生自信、自尊、自强，不能因为言语、语言的问题对自己降低要求，要坚持训练，克服言语、语言问题带来的困难，平时要加强与其他同学的交流。建立一个良好的班集体

对言语、语言障碍学生的个性、心理健康发展有很大的促进作用。总之，普通班教师必须对可能危害学生的环境有敏感性，以为儿童改变言语、语言问题创设一个有利的环境。

（四）教师要对儿童的言语表达进行评估并掌握语言干预方法

教师应在平时仔细观察学生的言语表现，有时甚至要逐字记录他的语言样本。这些资料在转介时可以提供给言语、语言病理学家作为鉴定儿童语言问题的依据。在治疗、训练中，可以作为言语、语言病理学家评估资料的补充，更加全面了解儿童的言语、语言发展情况，制订的训练计划也更有针对性。根据这些资料，教师可以找出儿童的语言缺陷，确定合乎儿童需要的长、短期目标，并能根据儿童的表现及时修正训练的内容。

在课堂教学上，合适的座位安排可促进学生在教室中使用口语的机会，要让言语、语言障碍学生处于一个良好的语言氛围中。教师可以根据儿童的需要设计一些有趣的学习活动，使用儿童喜欢的教材和教具等，为学生语言的发展创设一个良好的环境。同时教师还需要掌握一些语言训练以及替代性的沟通方法，以便能够引导和训练学生。教师可以通过读故事为学生提供正确的读音；可以让学生听磁带扩大他们的词汇量；也可以对学生进行语言节奏方面的练习。教师要记住：儿童的语言发展是一个模仿的过程，教师的语言可以为言语、语言障碍学生矫正构音、发展适当的语言用法提供良好的榜样。

（五）教师密切与家长的合作

大多数学生有一半的时间可以说是与家长一起度过的，父母是他们语言发展最好的榜样。因此必须充分发动家长的积极性，让他们参与学生的教育、训练，才能更好地达到预期目标。

普通班教师有必要督促言语、语言障碍学生的家长为孩子创设一个良好的学习语言的家庭环境，特别是一些儿童的言语、语言问题是由家庭不和谐、父母关系不和睦、父母对孩子的过度压力等不良家庭因素造成时，教师有必要帮助家长消除这方面的不良因素，这对于儿童的个性发展也是很重要的。

思考与练习

1. 简述言语障碍与语言障碍的定义，以及二者的区别。
2. 语言障碍的分类有哪些？
3. 综述言语障碍的教育和干预措施。

推荐阅读

艾里克·J.马施，大卫·A.沃尔夫.儿童异常心理学[M].孟宪璋，等译.广州：暨南大学出版社，2004.

William L. Heward.特殊需要儿童教育导论[M].第八版.肖非，等译.北京：中国轻工业出版社，2007：268.

盛永进.特殊儿童教育导论[M].南京：南京师范大学出版社，2015：326.

蒋建荣.特殊教育的辅具与康复[M].北京：北京大学出版社，2012：144.

第11章　精神分裂症儿童

1. 掌握儿童精神分裂症的定义、分类、特征表现以及与儿童自闭症的区别。

2. 了解儿童精神分裂症的发生率、影响因素，熟悉心理与医学干预措施。

古代对精神分裂者的态度差别很大，在有的地方，人们把精神失常的人视为灵性的人，是神与人之间的信使，相信他们能够帮助大家做决策，甚至帮助部落渡过难关，在另一些地方，人们却认为这些人是魔鬼附体，通过火烧或放血为他们驱鬼，而在现代，随着医学、社会学和心理学的发展，对精神分裂症又有了新的视角，由早期的医学模式到后期的社会-心理模式，都给我们进一步理解这个不一般的群体提供了丰富的资源。

克莱佩林(Kraepelin)最早用“早发型痴呆”(Dementia Praecox)这一术语描述我们现在所说的精神分裂症。他试图表明，精神分裂症是一种累积性的、逐步恶化的疾病，一旦患病就不能恢复到病前的功能状态。许多年以后，布吕勒(Brule)指出了他所认为的精神分裂症(字面意思是“心灵分裂”)人群的四种基本症状：矛盾心理、联想障碍、情绪紊乱以及对现实的妄想偏好。

精神分裂症可发生于成年人和儿童，症状有很多共同性，因此，DSM-Ⅴ、ICD-10、CCMD-3均未将儿童精神分裂症诊断标准单独列出。但是，由于儿童本身经验与成人经验的巨大差别，因此儿童精神分裂症也有其自身的特异性。

一、定义

儿童精神分裂症(Childhood Schizophrenia)是指一种病因未明、发生于青春期前，以基本个性改变、特征性思维障碍、感觉异常、情感与环境不协调及孤独性表现为主要特征的精神障碍，是儿童期最严重的一类精神病(曹静，2013)。

儿童精神分裂症是一组少见的精神障碍，发病大多是隐袭性的，在逐渐演变成精神障碍之前，有长期的前驱性总体行为障碍，而成人以急性起病为主。罗塞尔(Russell)等(1994)对35例12岁前起病的精神分裂症进行研究，结果表明，绝大多数起病是隐袭性的，普通精神症状出现的平均年龄为4.6岁，精神病性症状出现于6.9岁，而诊断的平均年龄为9.5岁。同时，儿童发病率较成人低，据统计，15岁前发病者占精神分裂症的4%，10岁前发病者则占0.5%～1%。在总的人群中，一万名儿童中有一名为儿童精神分裂症患者(余海鹰，1997)。儿童精神分裂症有的表现出急性起病，间歇波动后才有所缓解；有的缓慢起病，逐步恶化，不缓解或不完全缓解。

二、类型

青少年时期的精神分裂症与成年精神分裂症类似，一般有思维障碍、情感障碍、意志活动异常、幻觉、幻想、自知力受损等，一般查不出智力活动受损。常见类型有以下几种。

（一）青春型

此型比较常见，发病于青春期，起病较急，发展快，主要症状是思维离奇，难以理解，思维破裂；情感喜怒无常，表情做作，扮弄鬼脸，傻笑；行为幼稚，常有兴奋冲动行为及性欲和食欲等本能的意向亢进；幻觉妄想片段零乱，精神症状丰富多变。此型发展快，如及时治疗，效果较好。

（二）偏执型

又称妄想型，最常见，在青少年期开始，起病缓慢，病初表现敏感多疑，逐渐发展成妄想，内容日益脱离现实；情感和行为常受幻觉或妄想支配，表现疑惧，出现自伤和他伤行为。此型病程发展慢，在相当长的时期内能维持正常学习和生活，自发缓解者少，治疗的疗效较好。

（三）单纯型

此型较少见，青少年时期发病，起病缓慢，持续进展，自动缓解者少。早期表现出神经衰弱的症状，易疲劳，软弱无力，睡眠、学习、工作效率下降；孤僻日益加重，被动，生活懒散，情感淡漠，缓解妄想不明显，发病早期常被误认为是思想不开朗或思想问题，数年后病情严重时才被发现，治疗的疗效差。

（四）紧张型

少见，主要表现为机械性行为活动方面的障碍。此类患者可能拒绝说话，保持木僵状态或异常兴奋。蜡样屈曲是其中的一种显著形式，即患者只是被动待在被安置的地方。与此相反，兴奋状态时表现为异常激动，一个劲地大喊大叫。这一时期的病人常对他人有破坏性和暴力倾向。由于这种躁狂的兴奋，病人带有自我伤害的危险，而且躁动后会出现衰竭。此症能自动缓解，治疗疗效好。

三、影响因素

与成人的精神分裂症一样，迄今病因还不清楚，目前认为可能与下列因素有关。

（一）遗传因素

与成年期精神分裂症相比，儿童期精神分裂症会受到基因因素更强烈的影响。早期的双生子研究发现，同卵双生子在15岁之前同时发作精神分裂症的比率为88%。相反，异卵双生子出现上述情况的比率仅为23%。夏镇夷等认为儿童精神分裂症的遗传方式以多基因遗传可能性为大，其遗传度为70%。有人认为父母同患精神分裂症，其子女患精神分裂症的危险性为40%左右；父母当中有一方患本症其子女发生同病的危险率为7%～17%，表明遗传因素具有重要作用（杜亚松，2005）。

（二）生化因素与器质性因素

关于生化方面的因素研究较少，一般认为与中枢多巴胺能系统活动过度、去甲肾上腺素能功能不足有关。有些研究发现精神分裂症儿童血浆中多巴胺β-羟化酶增高，而胆碱能系统受抑制。研究发现，受多巴胺调节的神经元存在于大脑A10区的边缘系统，它与丘脑、海马和额叶皮质、黑质相连。多巴胺假说主要认为：确诊为精神分裂症的患者的体验要么是由于多巴胺过剩所致，要么就是神经突触受体对正常水平的多巴胺过度敏感所致。研究结果普遍支持后一种说法。但是不管是哪一种方式，该理论都认为至少精神分裂症患者为某些体验，是那些受多巴胺控制的脑区中多巴胺活动过多所致。

一些研究认为，除了在神经递质水平上的异常之外，部分症状可能是神经系统本身受损引起的（Basso et a1.，1998）。最常见的大脑扫描结果包括脑室扩大和皮层面积减少，特别是在颞叶和额叶的皮层面积。尸检结果已经发现边乏系统、颞叶和额叶区域的体积和神经元密度都在减少，并且神经元之间的联系也比较混乱。受影响的大脑区域包括控制注意、记忆和情感的系统（边缘系统），控制计划、协调的系统（额叶和前额叶）以及控制听觉记忆和言语记忆的系统（颞叶）。

妊娠及分娩并发症会引起一些微弱的大脑运作，从而会增加精神分裂症的发病率。格德等（Gedde et al.，1999）对11个研究进行元分析，比较了700名后来患精神分裂症的儿童与835名控制组儿童的数据，发现患者存在多种分娩并发症，如出生体重较轻、早产、需要急救才可存活、缺氧、由于胎膜破裂而早产等。

（三）心理社会因素

儿童受到强烈精神创伤，如父母离异、亲人死亡、升学未成等生活事件诱发精神分裂症者较为常见，而且心理社会因素对于病程的延续及预后也有重要影响。

长期性的压力也会增加精神分裂症的初发概率。家庭就是其中一种可能导致长期压力的引发源。关于这一问题的许多早期理论中，有一种认为母子关系是诱发孩子患精神分裂症的一个关键因素。弗洛姆-赖克曼（Fromm-Reichman，1948）的精神分析理论就认为：精神分裂症是因为受精神分裂基因型母亲（Schizophrenogenic Mother）抚养而出现的；这些母亲表面上看起来很热情、自我牺牲，实际上却是自我为中心、冷酷和盛气凌人的。弗洛姆-赖克曼认为，这些母亲给出的混乱不堪的信息把孩子给弄糊涂了，使得他们对世界难以理解，最终导致孩子们行为混乱、认知失调。

巴特森等（Bateson et al.，1956）提出了一个相似的理论，他们开展的双盲实验发现，一些父母经常以前后矛盾或混乱不堪的方式与孩子交往。他们会以一种完全相反的语气来表达对孩子的爱，或者要求孩子去做一些互不相容的事情，比如："我认为你应该更经常与朋友出去玩，请待在我身边……"孩子经常受到这些相互矛盾的要求，最终会因压力太大而产生部分或全部的精神分裂症体验。

另外一个较有说服力的家庭理论认为，家庭中一个关键性的因素就是个体体验到的家庭批评水平的高低。根据这一模型，较高水平的消极情绪表达、敌意或较多的批评，会诱发那些至少有过一次精神分裂症发病经历的人再次复发。对这种如今被称为高度消极情绪表达的现象有一个经典的研究，是由沃恩和莱夫（VaLagh&Leff，1976）进行的。他们以 20 世纪 70 年代莫兹利（Maudsley）医院出院后的精神分裂症患者为被试，主要研究他们的重新入院比率。他们的发现非常引人注目：那些有低消极情绪表达家庭的出院患者比那些有高消极情绪表达家庭的出院患者复发率要小得多。这种类型环境的影响大小与在该环境中待的时间长短有关。那些由于去工作或"日间活动中心"而每星期待在家里的时间不到 35 小时的人，比那些在这些环境中待的时间多于 35 小时的人复发的可能性低得多。

（四）病前性格特征

约 50％的儿童及青少年精神分裂症病人，病前有非特征性症状存在，表现为内向、孤僻胆小、依赖性强、主动性差、话少、怕羞、敏感等，目前尚不清楚这些人格特征是否可预期精神分裂症的发生，或是否能增加这些儿童对不良经历的易受攻击性。

（五）易感-压力模型

综合上述各种因素的作用，目前关于精神分裂症病因的最新观点基于一个易感-压力模型（Vulnerability-Stress Model），强调在大脑系统发育过程中易感性、压力源和保护性因素之间的相互作用（吕梦等，2011）。

易感性因素是一些预先的倾向，比如基因危险因素、中央神经系统损伤、不完全的学习机会或异常的家庭互动关系等。压力源是指一些可能增加精神分裂症症状的事件，可以是产前的压力源，也可以是生活中的主要变故，如父母的离异、去世等，或慢性的压力源，如年幼时被虐待的经历等。保护性因素是指降低精神分裂症危险的一些条件，可能包括智力、社会能力和支持性的家庭关系。

易感-压力模型意识到了可能导致精神分裂症的各种复杂和多样性的因素。精神分裂症的发作就可能取决于心理和生理的易感性、环境和生物学的压力源、儿童和家庭的应对能力以及资源等保护性因素之间的相互作用。尽管精神分裂症存在基因上的易感倾向，但是精神分裂症更容易在那些处于压力状态下和缺乏应对资源的个体身上发作。

四、临床表现

儿童精神分裂症主要有如下表现：（1）起病形式以缓慢起病为多，随年龄增长，急性起病逐渐增多。（2）儿童精神分裂症早期症状不易发现，患儿主要为情绪和行为改变、无故紧张恐惧、头痛、全身不适、焦虑不安、发脾气、睡眠障碍、注意力不集中、学习困难等，部分病例早期出现强迫观念和强迫行为。（3）基本症状特征包括：① 临床症状与年龄因素密切相关，年龄小者症状不典型，单调贫乏，青少年患者基本症状与成人相近似。② 情感障碍：大多表现孤僻、退缩、冷淡，与亲人及小伙伴疏远或无故滋长敌对情绪。无故恐惧、焦虑紧张，自发情绪波动等症状。③ 言语和思维障碍：年龄小的病例常表现言语减少、缄默、刻板重复、言语含糊不清、思维内容贫乏。年长患儿可有病理性幻想，内容离奇古怪的妄想内容，并常有被害、罪恶、关系、疑病和非血统妄想，或有妄想体验。儿童妄想与其智力水平、以往生活知识和经历体验有关。④ 感知障碍：儿童精神分裂症感知障碍以恐怖性和形象性为特征，可有幻视、幻听（言语性或非言语性）、幻想性幻觉以及感知综合障碍（如认为自己变形、变丑等），尤以少年患儿为常见。⑤ 运动和行为异常：常表现兴奋不安、行为紊乱、无目的地跑动，或呈懒散、无力迟钝、呆板少动，或出现奇特的动作或姿势，常有模仿动作或仪式性刻板动作。少数患儿表现紧张性僵硬、兴奋、冲动、伤人和破坏行为。⑥ 智能活动障碍：主要见于早年起病的患儿。大多病例一般无明显智能障碍，但由于思维言语障碍和适应能力改变，可形成智能活动减退，尤其年幼患儿更明显。年龄越小，症状越单一，随年龄增长，症状越接近成年患者。

五、诊断

儿童精神分裂症诊断是在详细了解患儿病史，全面进行精神、神经、体格、实验室检查的基础上，再根据一定的诊断标准做出的。对儿童精神分裂症的诊断暂时没有统一的标准，可参照对成人的诊断标准诊断。

（一）量表

对于急性期的精神分裂症可采用量表评定的办法。常用量表是简明精神病量表（BPRS），它由奥弗罗尔（Overall）等人于 1962 年编制，是精神科应用最为广泛的评定量表之一，尤其适应于精神分裂症，共诊断五个因素，分别为焦虑忧郁、缺乏活动、思维障碍、激活性、敌对猜疑等，又细分 18 个项目，如：关心健康、焦虑、情感交流障碍、形式思维障碍、罪恶观念、紧张、奇特行为姿势、夸大、心境抑郁、敌对性、猜疑、幻觉、运动阻滞、不合作、逻辑障碍、情感平淡、兴奋、定向障碍等。评分为七级，即无、可疑、轻、中、偏重、重、极重。评量一次大约需 20 分钟的会谈和观察。BPRS 评定时间界定为一周内，复评为 2～6 周内。一般总分为 57 分为严重，51 分较重，43 分为一般，37 分为较轻，严重的可进行因子分析和廓图分析。治疗实验的人组标准以 35～40 分为宜，BPRS 不适于慢性的评定。量表只是作为筛选手段，最终诊断要根据精神分裂症的标准进行。

（二）症状标准

症状标准至少包括以下两项：（1）联想障碍：明显的思维松弛或破裂性思维，或逻辑倒错，或病理性象征思维。（2）妄想：原发性妄想（如妄想知觉、妄想心境），或妄想自相矛盾，或毫无联系的两个或多个妄想，或妄想内容荒谬。（3）情感障碍：情感倒错或不协调。（4）幻听：有评论性幻听，或争议性幻听，或命名性幻听，或持续一个月以上反复出现的言语性幻听，或听到的语言声来自体内某部位。（5）行为障碍：紧张症状群，或怪异愚蠢行为。（6）意志减退，较以往显著的孤僻、懒散，或思维贫乏，或情感淡漠。（7）有被动体验，或被控制体验，或被洞悉感，或思维被拨散体验。（8）思维被插入，或被撤走，或思维中断，或强制性思维。

此外，严重标准指适应能力明显受损，与大多数同龄正常儿童相比明显异常，包括在家庭、学校各种场合下的人际关系、学习表现、劳动和自助能力的变化和缺陷。时间标准指病程至少持续 3 个月。还要排除脑器质性精神障碍、躯体疾病所致精神障碍、情感性精神障碍和发育障碍。

儿童精神分裂症往往潜隐起病，缓慢进展，症状不典型，诊断比较困难，尤其幼小的患儿，故需细致检查和深入观察。并需与儿童自闭症、精神发育迟滞、多动障碍、品行障碍以及器质性精神障碍等相鉴别，以免误诊或漏诊。

六、治疗干预

儿童精神分裂症的治疗方法基本与成人相似，主要采取抗精神病药物治疗、心理治疗和教育训练相结合，各种治疗的选择，除了根据临床主要症状之外，还要结合儿童具体情况，如年龄、躯体发育、营养状况加以全面考虑。

（一）药物治疗

尽管在病情缓解期，用药剂量会酌情减少甚至停药，但大多数被诊断为精神分裂症的人都要接受一定形式的药物治疗。其中盐酸氯丙嗪、氟哌丁醇和氯氮平是三种最常用的药。它们最显著的疗效是镇静，虽然对幻觉和妄想也有直接疗效，但具体效果会因个体不同而有显著差异。

服用抗精神药会产生各种各样的副作用，通常服用者会因此而减少用量甚至停止用药。比如，盐酸氯丙嗪的副作用有口干舌燥、嗜睡、视觉障碍、体重改变、皮肤对太阳光敏感性增强、便秘、抑郁等。但是，更为严重的副作用就是出现众所周知的锥体外症状，包括帕金森氏病和迟发性运动障碍等疾病。据统计，1/4 接受中到长期安定剂治疗的患者都会受到这些副作用的影响。服用氯氮平就不存在这些副作用，但是服用该药的患者易患粒性白细胞缺乏症，这种病最终会导致免疫系统严重损伤。选择药物治疗时，要谨慎对待，除了非用不可的情况外，一般不要轻易使用这种医学模式的治疗方法。

（二）精神分析疗法

精神分析疗法一般适用于心智正常的成年人，这类成年人对自身的问题非常自觉，他们明白内心的困扰，而且还具备较强的控制能力和理解能力。精神分析的要旨就在于通过对个人生活史的分析，帮助他们寻找困扰产生的心理根源，为其产生建立合理的解释。一般情况下，假如个体接受了咨询师给予的理由后，症状将会有所缓解。面对心智功能已经严重受损的精神分裂儿童而言，他们本身有许多心理功能都未完整发展出来，比如理性分析能力的不成熟，语言能力的欠缺，经验的单纯等，加上与咨询师之间存在的沟通方式上的困难，这些都使得在大多数成年人面前行之有效的精神分析在精神分裂儿童那儿无效，但是，精神分析的视角使人们的关注点转向了精神分裂症的心理动因，对人们反思文化历史也是大有帮助的。

除了精神分析的治疗模式在治疗精神分裂的个体时有不可克服的困难，注重理性分析和行为调控的认知行为疗法也要面对类似的难题，下面简要介绍这一取向的当前进展。

（三）认知行为治疗

有两种认知行为疗法越来越多地被用于治疗精神分裂症。第一种是压力管理法，它指通过与患者合作来帮助他们应对与精神病体验有关的压力。第二种是所谓的信念矫正术，它是指努力改变患者持有的妄想信念的特性。

1. 压力管理

压力管理要对患者现有的问题、体验及其引发源与结果，以及患者所采用的措施做出详细评估。鉴别出问题后，患者与咨询师共同研究出能帮助患者更有效地处理这些问题的具体应对策略。可能的策略包括一些认知技术：如从闯入性思维中分心并挑战这些思维的含义，通过增加或减少社会活动等方式使患者从闯入性思维或低迷的情绪中分心，以及通过深呼吸或其他放松训练来帮助患者放松等。

塔里尔等在一项关于该疗法的长期研究中，随机将精神分裂症患者分配成要么只接受药物治疗，要么既接受压力管理治疗又接受药物治疗，或者综合接受支持性咨询和药物治疗三组来进行研究。压力管理干预具体措施为在10周内进行20次会诊，以及接下来一年中4次援助性会诊。到第一段治疗结束时，发现接受压力管理干预的患者比接受支持性咨询的患者进步更大，而那些仅接受药物治疗的患者病情反而有点恶化。1/3接受压力管理疗法的患者精神病体验减少了一半；而接受支持性咨询的患者，只有15%达到了这一标准，且有15%接受压力管理治疗的患者与7%接受支持性咨询的患者阳性症状完全消失。接受药物治疗的患者根本没有能达到此标准的。一年以后，三组之间仍有显著的差异，压力管理组效果尤为突出。但两年以后，虽然单纯药物治疗组比积极治疗组明显有更多的问题，但压力管理组与支持性咨询组之间已经不存在显著差异了。

2. 信念矫正

信念矫正通过使用两种认知干预措施(即言语挑战力与行为假设检验)来抵御妄想信念或幻觉。言语挑战鼓励患者将妄想信念视为几种可能性中的一种。它并不告诉患者他自己的观念是错误的，只是要求他考虑一下治疗师提供的另一种观点。一种相似的方法被用于治疗幻觉，它主要针对患者有关自己能力、身份及目的的信念。行为假设检验是以更直接、更行为化的方式来整战任何信念，也就是说，当他们承认自己的妄想信念或幻觉时，就预示着问题本身消解的机会就要来临了，当然，这要靠其本人的自我觉知，是自己突然之间领悟了所发生的一切，而不是旁人把这种情况强加给他，比如说，“你有幻听的毛病，知道吗?”

评估这种干预的研究相当之少,这也反映了这种方法的新颖性。但是,有研究者对4个做了随机化控制的信念矫正实验作了事后分析,发现该疗法不仅降低了幻觉的发生频率,还减小了其影响。另外,虽然对妄想信念的确认程度影响不大,但它确实降低了与妄想信念相关的痛苦。总之,接受了如何挑战妄想信念或幻觉的患者比没有接受该方法的患者复发率要低一半。

(四) 家庭治疗

出院后的环境和得到的支持方式,对病人的康复是至关重要的。如果家庭对待病人的态度是积极的,患者复发的可能性会低一些。反之,如果家庭的态度是批判的、敌意的、过分关注的,那么复发率会相应高一些。家庭干预可以分为三个方面进行,即① 家庭劝告(督促、指导);② 家庭治疗的支持及组织;③ 长期地进行适应性家庭治疗。研究表明,有组织的家庭治疗可以降低病人的情感应激。

家庭干预可以通过家庭信息培训计划来实现。家庭信息培训计划可以提供各方面的信息:精神分裂症的性质(诊断、症状、预后)、治疗方法(包括药物、家庭管理)及怎样与病人在一块生活。在一些教育项目中,病人会参与进来,而另外一些只有家庭其他成员参加。有的项目主要关注一个家庭,另一些可同时关注几个有类似问题的家庭。

这些项目中最有帮助的一个方面是对精神分裂症的细节描述,例如,思维障碍、妄想、幻觉、冷漠,这有助于家庭成员了解病人的感受。治疗师会试着把这些材料个人化、具体化,通过患者与家人的讨论,让病人描述自己的感受经验或者通过自传的形式写出来。

同时,家庭成员会了解到精神分裂症的生理因素,这有助于他们理解症状的潜在机制。家庭成员老是认为患者生病是他们的行为过失造成的,而这些项目的一个主要目标是消除家庭成员的内疚感,所以大多数项目关注的是精神分裂症遗传方面的因素。

由于发现高度消极情绪表达会导致精神分裂症复发,所以许多旨在降低消极情绪表达的家庭干预式研究纷纷展开。其中在一项研究中对每周至少有35个小时与高消极情绪表达家庭的成员进行面对面交流的精神分裂症患者随机实施了家庭干预或一般护理。这种干预集中于有效降低家庭高消极情绪表达、提高家庭支持,同时增加家庭治疗机会的心理教育方案(Psycho-Educational Programme),该方案大获成功。治疗结束9个月,治疗组仅有8%的人复发,而对照组有50%的复发率。到两年以后,治疗组有40%的复发率,而对照组有78%的人复发。

（五）运动和作业治疗

运动治疗和作业治疗是目前一些儿童精神科在治疗中常常结合采用的方法。运动治疗是使用器具或者利用儿童自身的力量，通过主动和被动的运动，使全身和局部功能达到恢复的治疗方法，也是康复学中最基本的方法之一。精神分裂症患儿多表现为意志行为退缩、情绪焦虑或抑郁、感知觉及认知能力异常等。通过运动治疗可以缓解患儿的不良情绪，改善认知功能，增强沟通和社交能力，提高动作的协调性，促进身体的发展及精神的康复（俞新美，2009）。

作业治疗是应用有目的的经过选择的作业活动，对身体、精神发育有障碍或残疾以及不同程度地丧失生活自理和职业能力的患儿，进行治疗和训练，使其恢复、改善和增强生活、学习和劳动能力。作业活动以患儿的需要为中心进行选择，能够帮助患儿掌握日常生活技能，使他们更好地与周围的环境融为一体，改善其与家庭、学校及社会之间的关系，提高社会适应能力。

（六）环境治疗

许多病人无家可归，这就需要提供其他类型的支持性项目，包括临时家庭、群居、日常照管机构和既提供治疗又提供实际帮助的心理健康中心。大多数支持性项目能帮助病人维持与刚出院时相同的行为水平，但不能提高。环境治疗指的是为患者提供一个治疗的环境。在一个正确的心理健康系统下，科学的环境设施再配合着危机干预队伍，应该能缓解对传统医院的需要。环境治疗有儿个中心功能，隐蔽的环境提供了支持和保护，同时也提供了社会化和确认精神分裂症的机会。在这个环境中，工作人员让患者了解他们的妄想、幻觉，从而确认他们的情感体验，共同讨论这些体验是什么，人们怎么感受它，它们意味着什么。

环境干预的两个典型例子是：代理父母模式和日间（部分时间的）住院护理模式。在使用代理父母模式的项目里，家里空间充裕的家庭可通过当地广告吸收精神分裂症者为新的家庭成员。大多数病人与他们待上两三周，病情就可以好转。日间（或部分时间的）住院护理模式主要有三种：第一种，“紧急的部分住院照管”，为患者提供了与住院相同的服务，而且住院时间短。第二种，“长期照管模式”，不太关注症状和行为的转变，住院时间也较短。此类形式注重实际应用，为病人提供相应水平的刺激，这样做是很重要的，因为太多的刺激会导致兴奋水平提高，从而使患者病情严重。如果环境是患者不能逃避的，幻觉或古怪的行为就很可能发生。第三种，“复原模式”，介于上两种之间，用于满足病人的需要。复原环境旨在帮助那些有严重社交障碍和工作上有问题的病人。虽然这种方法考虑到不过分刺激病人，但它对分裂症状并不给予很多的宽容。虽然治疗时间仍是有限制的，但相对于紧急的住院治疗，时间仍很长。虽然部分住院措施有一些值得欣慰的成果，但它的效率并不高，其中问题之一是：病人的类型与治疗措施的类型匹配不好。这种匹配是非常重要的，它会避免过分刺激严重的精神分裂症患者。

实施环境治疗的最大问题也许是资金和资源的短缺。虽然许多研究表明，这种方法是成功的，但如果缺少资金和人力资源，成功的环境治疗方案便不复存在。只有当这种类型的治疗包括在医疗范围之内时，精神分裂症患者才会得到各种各样的治疗，病人才会有长期的进步，而且还能保护病人免受环境压力，降低复发率。

无论哪种形式的心理治疗，有一点是必要的，就是咨询师要和当事人密切交流。因为精神分裂的个体经常会在自己的思维里游荡，相比于其他的心理障碍者，他们很难做到倾听和感受。因此，治疗师也很难进入他们的世界建立共情的理解，需要治疗师有很高的专业能力。

七、预后

随访观察结果表明，起病于10岁前、病期长、病前性格内向、缓慢起病而且病程缓慢，呈进行性发展以及智力减退者预后较差，而10岁以后发病者经及时治疗约60%有效。因此，早期诊断，及时采取积极的教育干预和心理治疗，对儿童精神分裂症的预后具有重要作用。

思考与练习

1. 简答精神分裂症的分类。
2. 简要叙述儿童精神分裂症与儿童自闭症的区别。
3. 儿童精神分裂症有哪些治疗方法？

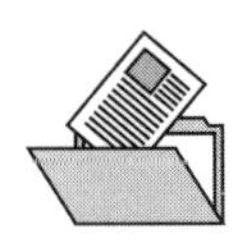

推荐阅读

A. 卡尔. 儿童和青少年临床心理学[M]. 张建新，等译. 上海：华东师范大学出版社，2005.

Heidi Gerard Kaduson. 儿童短程游戏心理治疗[M]. 刘稚颖，译. 北京：中国轻工业出版社，2002.

Timothy E. Wilens. 直言相告：儿童精神健康与调节[M]. 汤宜朗，等译. 北京：中国轻工业出版社，2000.

曹静．儿童期精神分裂症的研究进展[J]．医学理论与实践，2013，26(9)：1146．

杜亚松．儿童心理障碍治疗学[M]．上海：上海科学技术出版社，2005．

吕梦，杨广学．儿童期精神分裂症的研究和干预[J]．鲁东大学学报（哲学社会科学版），2011：87-88．

第12章　成瘾儿童

1. 掌握儿童成瘾行为的定义、标准及阶段分析。

2. 了解药物成瘾、网络成瘾的分类及特征，掌握相应的预防与干预措施。

传统成瘾症认为，只有身体对某种物质的深度依赖才有可能诊断为成瘾。后来，一些学者拓展了成瘾概念的外延，将其移用到某些人沉迷于视频游戏、赌博、食品等无法自拔并出现了病态的行为中，提出了赌博成瘾、视频游戏成瘾、食品成瘾、色情成瘾等概念。本章共分为两部分，第一部分是药物成瘾，第二部分是网络成瘾，虽然成瘾对象不同，但成瘾机制却是相似的。

一、药物成瘾

（一）概述

精神药物（Psychoactive Substance）是指能够改变人的精神和行为的化学物质。这些化学物质或来自医生处方，或来自合法购买，或通过非法途径得到。这类物质有酒精、巴比妥药物、大麻、苯丙胺（安非它明）以及其他促使服药者感觉轻松、兴奋、清醒、有快感或任何一种能够造成情绪改变或知觉范围扩大的物质。

药物成瘾（Substance Abuse）简单地说就是过量服用某种药品。药物成瘾不仅需要达到药物滥用的标准，而且还需要具有或是耐药性（Tolerance）或是戒断反应（Withdrawal）的附加因素。耐药性，又名药物耐受性，指重复使用某种药物，其药物效率逐渐减低，如欲得到与用药初期的同等效力，必须加大剂量。戒断反应指当一个人停掉了某一长期使用的药物时产生的生理上的不快与情绪症状。

（二）分类

1. 酒精和烟草

酒精依赖或酒精中毒是一种以异常觅酒行为导致对过量饮酒控制能力受

损为特点的疾病。有人指出“酒精和烟草才是真正的药物问题”。原因是：酒精和烟草是成人很容易得到的，有大量的广告介绍它们，成人吸烟喝酒是被社会接受的，并且儿童常常在家里最早接触到烟酒。孩子接触烟酒越早，他们越有可能成为一个惯用者。过早抽烟喝酒和服用其他药物与家庭问题、社会地位低下、学业失败有关。酒精和烟草的负面效果是惊人的，1991 年，一项有关青年人危险行为的调查发现，高中学生有 12%的学生在调查前 1 个月中有 20 天吸烟。

2. 兴奋剂

(1) 苯丙胺

服用剂量、方式及药史长短都可影响苯丙胺的效力。口服中等剂量会使人产生欣快感、增强自信、善谈并且精力旺盛。静脉注射效力会更强。如果连续高剂量服用，可产生幻觉和妄想等症状。苯丙胺属合法药物，如它可作为促使人减肥的控食药，还可治疗儿童多动症及嗜眠症。

苯丙胺可作用于中枢及自主神经系统，激活去甲肾上腺素这一兴奋神经传递物质，来提高交感神经的活动。同时引起血压升高、心跳加快、恶心、出汗、瞳孔扩大、视力模糊，此外，还会使流向内脏器官的血量减少，而大量流向运动肌肉。这些症状可以在长期使用它的成瘾者身上看到。

尽管超量致死的案例极少，苯丙胺仍可引起大量生理疾病，如中风、心律不齐、肾功能下降、暂时性瘫痪、循环系统萎缩甚至昏迷。这些疾病可以是长期用药发展而成，也可以是一次超量用药导致的。苯丙胺还可使人产生幻想，可能会有幻触，像有虫子在身上爬，这时人们对自己的行为开始失去控制力，会感到恐惧，有暴力、自虐行为。

当人们停止大剂量服用后，还会产生停药反应症状：情绪抑郁、极度饥饿、渴望药物、精疲力竭、睡眠障碍，这些症状可持续两周或更长的时间，有些后遗症可持续一年。

(2) 可卡因

可卡因是从古柯类植物的叶子中提取的，主要产地是秘鲁、玻利维亚、哥伦比亚等，即安第斯山脉一带。1860 年德国化学家首先从古柯叶中提取出纯可卡因，纯可卡因呈白色结晶粉末状，无臭，味微苦。19 世纪 80 年代研制成的可口可乐就是由可卡因、咖啡因和糖混合而成的，直到 1905 年，作为配料的可卡因才被禁止使用。

可卡因的使用方式有口嚼古柯叶、鼻吸、静脉注射和抽吸等。与苯丙胺相比，其效力持续时间较短，但强度却较大。使用后的前十分钟，反应最强，之后迅速减弱。

服用中等剂量可引起的生理反应有：血压升高、心率减慢，呼吸频率和深度增加；心理反应有：愉快体验、警觉性提高、精力旺盛、疲劳感消失，以及包括听觉、视觉和触觉在内的各种感觉器官的灵敏度提高，同时有食欲减退和睡眠需要减少症状。高剂量使用时，会像使用苯丙胺那样，开始出现幻觉、迷糊、多疑、焦虑不安。同时，暴力行为也是普遍存在的症状，使用者会突然失去控制而袭击周围人。

绝大多数的使用者都会出现上述症状，并且服用时间越长，剂量越大。这些症状就出现得越早，越突然。此外，可卡因还会危害人的呼吸及血液循环系统。其原因是作为一种兴奋剂，它能刺激中央及交感神经系统，致使心肌收缩、泵血的能力下降。使用量越大，心脏向动脉供血的能力越弱。并且在此期间，由于无法向心肌输氧，心肌收缩能力会进一步减弱，致使心律不齐，时出现痉挛、惊厥症状，同时大脑预防疾病的能力也会大大降低。

可卡因成瘾主要是因为它可带来愉快体验，但可能还有其他的影响因素。对一组成年上瘾者的调查中发现，有 1/3 以上的人在童年时患有注意力匮乏性多动症。我们知道，苯丙胺通常用来治疗此类疾病。因此，研究者怀疑这种早期服用兴奋剂的经历会使人更易形成药物依赖。

（3）咖啡因

咖啡是最普遍的日常饮品之一。美国有 85％以上的成年人有喝咖啡的习惯，巧克力和咖啡味糖果中也含有咖啡因，此外，它还是一些处方药和非处方药的配药成分，如头痛药和节食片等。

尽管咖啡因一般不被认为会导致心理疾病，但它对人的情绪及清醒度仍可产生一定的影响。一杯咖啡的确会使人感到轻松、精力充沛、反应灵活，但增至一定数量，大约 3～4 杯，便会像服用了苯丙胺那样产生焦虑不安、易激怒等症状，若 4～6 杯，人就会变得坐立不安、眩晕、耳鸣、出现幻觉、意识模糊等。长期饮用，则会产生高血压、心律不齐、胃溃疡等身体疾病。

3. 鸦片剂

（1）鸦片

鸦片是直接从罂粟的汁中提制而成。考古学家和历史学家认为，最早使用可提制鸦片的人是小亚细亚西部山区新石器时代的原始农民。17 世纪时鸦片被称为是上帝赋予人类用于免除痛苦的最好礼物。罗马医生盖伦用它来治疗癫痫、蛇咬、忧郁症以及实际上任何他能够想到的其他障碍。

（2）吗啡

1804 年，鸦片中最重要的活性成分吗啡被离析出来。大约 50 年后亚历山大·伍德又接着完善了一种更有效的用药方法——安上针头的皮下注射器。

由于吗啡的效力比鸦片大 10 倍，所以它很快作为一种止痛剂流行起来。到 19 世纪 60 年代，吗啡已成为家庭医疗药物的一部分，母亲们常使用它们使孩子入睡或安静。直到 19 世纪末，生理学家才开始关注吗啡所带来的成瘾问题。

(3) 海洛因

1874 年，英国化学家莱特在用醋酸煮沸的吗啡中发现了吗啡的二乙酰产物——海洛因。当人们认识到吗啡成瘾问题时，被认为安全无害的海洛因便被广泛用来治疗吗啡成瘾。

海洛因的滥用方式有注射、抽吸和鼻吸。它可使人产生瞬间的类似性高潮的欣快反应，并遍及全身，疲劳、紧张、焦虑会消失得无影无踪，这种感觉是使用者无论如何都不愿放弃的。但海洛因的耐受性、依赖性发展很快，使用者需要的药量逐渐增大。服用 12 小时后，会出现鼻痒、流泪、出汗、打哈欠等身体不适，以及没有食欲、动作震颤等戒断反应。

长期过量滥用海洛因可引起中枢神经的过度抑制，反应迟钝。呼吸中枢的抑制可使呼吸减慢，严重者呼吸停止而死亡。主要表现为瞳孔缩小、呼吸减慢、深度昏迷、血压和体温下降等。此外，肺炎、肺水肿、休克等并发症发展为昏迷时也可引起死亡。

4. 大麻

大麻是一种原产于印度的植物，现已在世界各地广泛种植。大麻类药物主要包括由大麻直接干燥切割而成的与普通烟草相似的大麻烟、由大麻茎及叶加工而成的玛利华纳和由大麻雌株顶部的花和部分叶片加工而成的哈希什。其主要有效成分是四氢大麻酚（THC），在大麻中的含量不等，多在 0.1%～10%。

大麻的滥用方式有抽吸、口服和注射。它对人产生的主要心理效应是使人对声音和颜色的感受能力增强、精神松弛。但长期使用，可使人产生思维联想障碍、记忆障碍、操作能力下降等。对身体的影响包括易使呼吸器官发生病变，像慢性鼻窦炎、支气管炎、呼吸不畅、肺功能降低等。

大麻的耐受性和依赖性产生较慢，久用可以产生，但不及兴奋剂和鸦片等药物严重。

5. 致幻剂

致幻剂，顾名思义，是一类能导致人产生幻觉的药物，在不影响意识和记忆的情况下改变人的精神活动。主要包括麦角二乙基酰胺（Lysergic Acid Diethylamide，简称 LSD）、循环苯吡啶盐酸盐（Phencyclidine，简称 PCP）、南美仙人球碱（麦斯卡林）等。

（1）LSD

LSD是麦角酸的衍生物，产生麦角酸的麦角多存在于黑麦和小麦中。它是在1938年由一位名叫艾伯特·霍夫曼的化学家在实验室中偶然发现的。当时他正在进行真菌实验，一滴LSD渗进皮肤后使他产生了幻觉。几天后，他决定取出少量进行研究，这个"少量"是现在我们知道可引起幻觉的剂量的好几倍，这次，霍夫曼感到了它强烈可怕的效力了。他在回想报告中说他已经失去了神志，仿佛它正在离开自己的身体，时间已静止不动，他周围的一切都发生了扭曲，他为自己所看到的感到害怕。LSD的效力被发现后，引起科学界的广泛关注，研究者们想通过它来了解当时无药可治的精神分裂症。精神动力学家将LSD看成是摧毁"自我防御"的一种药品，然而，人本主义的倡导者马斯洛曾经为LSD的发现赞叹不止，因为他相信致幻剂能给人带来高峰体验。直到后来，人们才发现LSD与精神分裂症毫不相干。20世纪60年代，在哈佛大学的两位教授的发动下，LSD成为全美"毒品文化"的核心，许多花季少年通过艺术、音乐、戏剧"赞美"它的效力。

LSD通常是口服的，服用后会使人感到眩晕，产生幻觉、错觉、空间定向障碍等多种心理变化，这种感觉可持续4～12小时。长期服用会有"火舌回闪"的症状，即在服用者停止用药的几个月甚至几年内，由于压力所迫而服用了大麻之类的微量药品，而再次引发的幻觉、妄想及某些情绪等心理症状。

（2）PCP

PCP最初是作为一种动物镇静剂被合成并合法使用的，后于20世纪50年代作为一种手术麻醉剂用于人类。但由于它在麻醉过程中使人产生了幻觉和惊恐发作等一些非常古怪的副作用，因而从60年代起停止医疗使用。

PCP的滥用方式有口服、抽吸、嗅吸、肌肉或静脉注射。服用后，可使人产生幻觉，歪曲对自身及环境的感知，记忆力减退、被害妄想，做出冲动伤人行为，使人自我评价能力受损。与LSD不同的是，它还可使人产生短暂的类似于精神分裂症的症状。长期大量使用，还可引起心律失常、抽搐和死亡。

6. 镇静剂与抗焦虑药物

镇静剂与抗焦虑药物指用于镇静、催眠、治疗焦虑、解除肌肉痉挛、控制癫痫发作的一类处方药物。此类药物品种众多，可以分为两大类：巴比妥类和苯二氮卓类。

（1）巴比妥类药物

巴比妥类药物是治疗失眠或松弛肌肉、肠道等的普通镇静药品。中等剂量下，的确有稳定情绪、使人入睡的效力。但使用过量，其结果如同酒精中毒一样，人走路时摇摇晃晃、说话不清、思维和判断能力减弱。同时，还可引起宿醉现象，记忆力、注意力和操作能力下降。

巴比妥类药物如果超量服用常会使人昏迷甚至于死亡。和酒精一起使用尤其危险，因为这两种化学成分加在一起能互相增强毒性。

巴比妥类药物可使人迅速产生依赖性，并且可引起非常严重的戒断症状，部分依赖者会出现惊厥、意识障碍、高热和死亡。在中国此类药物依赖者大部分是由治疗失眠而成瘾的。

(2) 苯二氮卓类药物

苯二氮卓类药物的主要作用是促使肌肉放松并减少焦虑。其典型的副作用是皮疹、恶心和破坏机能。

到了 20 世纪 70 年代苯二氮卓类药处方量上升，逐渐代替了昔日的巴比妥类药物。早在 60 年代初期，国外就发现若使用苯二氮卓类药物比通常治疗用量大几倍的药量时，易产生与巴比妥类药物类似的依赖性。到七八十年代间，人们发现，通常应用的苯二氮卓类药物剂量若使用治疗时间过久，也可产生低用量引致的药物依赖性。

(三) 成瘾过程

药物依赖患者中很少有人是一下子染上瘾的。相反，他们一般先是在压力下实验性地服用，接着在偶尔的社交娱乐中服用，然后在一定的情景下(如一次强压力事件结束后的放松或为一项必须完成的任务而尽力保持清醒)服用。在一定情景下的服用可以强化服用效果并成为日常生活习惯的一部分，最终会导致产生药物依赖。表 12-1 总结了渐进性药物依赖的形成模式。

表 12-1 渐进性药物依赖形成模式

服用阶段	行为特征	服用频率	情绪状态
实验阶段 (Experimentation)	很少有影响，否认有负面结果	总共 1～5 次	兴奋、中度欣快感，可能会有不舒服、中度惭愧、内疚
社交或情景化阶段 (Social/Situational)	学习成绩下降 对业余爱好失去兴趣 开始寻找共同吸毒的朋友 穿衣服的习惯开始改变 有一些不属于他的个性的行为	一周 2～4 次	兴奋 有药物的时候比没有药物的时候舒服 较少有内疚，认为“服用药物是可以的，我可以控制它们”

续表

服用阶段	行为特征	服用频率	情绪状态
习惯化阶段 (Habitual)	绝大多数朋友用药 因为服用药物开始出现家庭问题 对学校和其他活动丧失了大部分兴趣 易冲动 情绪兴奋狂喜、易波动 独自用药物	每天必用	非常需要欣快状态 情绪高涨时就非常高，而低落时就会很不舒服 有更多的压抑和内疚
强迫或依赖阶段 (Obsessive/Dependent)	经常逃学、体重减少 外表脏乱，不整洁 不能集中注意力 严重的恐慌或压抑的思想 危险的攻击行为 自杀的想法、病态的撒谎 为了弄到药而去偷窃 家庭混乱无序	每天多次，取决于现有的药物的数量	需要用药物来帮助他保持正常状态 若没有药物的话就会出现严重的不舒服 混乱无组织的行为 可能成为神经症患者或者自杀

很明显，服用药物的人并不一定会走向强迫或依赖阶段，但是正如梅克斯科(Miksic)指出的，教师和其他人应当意识到从实验性阶段到社交娱乐性阶段再到情景化阶段过渡的危险信号。教师应当在向情景化阶段过渡的转折点时首先观察学生的社交行为和学业成绩。

(四) 有关成瘾的理论

1. 生物医学观点

(1) 成瘾的遗传学理论

一种生物医学的观点认为成瘾的原因蕴含在遗传编码中。然而，遗传因素到底起多大作用仍不清楚。研究者面临的一个问题是其他因素(如家庭与环境因素)是与遗传协同作用的。为了控制这些协变量，研究者研究了单卵双生寄养子发病的一致性。即使是在不同环境被养父母抚养，单卵双生子发病一致率仍很高，而养父母并无某种特质，那么就有很强的证据说明遗传因素在起作用，即使一致率很高而且其他因素也得到了很好的控制，一致性研究还不能确定是哪一条染色体或哪个基因真正控制着这一过程。要明确这些还需要更为艰辛的研究(Phillip，2000)。

(2) 成瘾的神经生化改变理论

另一生物医学理论把所有成瘾看成一种行为类型。例如，有研究者指出有六种不同的神经递质与成瘾有关，包括 γ-氨基丁酸(GABA)、乙酰胆碱、去甲肾上腺素、多巴胺、5-HT、μ-内啡肽，他们认为药物的作用是增加或降低一定数量的神经递质的有效性。按照最常引用的神经化学模型，摄入任何一种成瘾药物都会释放多巴胺。例如，安非他明与可卡因首先增加贮存在突触前膜的多巴胺到突触间隙并阻断其回收，接着多巴胺在突触间隙被降解不能回收利用，这样便减少了总体可利用的多巴胺。另外，负性情绪状态（抑郁、不适感、焦虑的增加）与多巴胺水平的异常有关。成瘾行为可能与多巴胺神经递质的恢复、消除焦虑情绪、重新体验快感有关。

2. 认知模式

有人提出药物滥用是由贮存于长期记忆中的自动化行为图式所控制。一些关于自愿（可控的）及不自愿（自动的）认知过程和技巧本质的实验室研究直接或间接地支持了这一提议。举一个例子，设想一下第一次去学开车的情景。对大多数人来讲这是一个十分紧张的日子，不但要学习道路行驶规则，还要努力使复杂的知觉-运动过程协调才能使汽车平衡稳定地在路上行驶。通过几个月的实践，开车就变得轻松自如了，可以不那么费神了，到最后，似乎可以说是一种自动操作图式在开车。

按这一观点，自动化操作有以下几个特征：快速、省力、很大程度上是无意的，不需要注意（即自动地）就可完成并且显示出与完整弹道（指只要开始了就会进行到结束）一样的倾向，不需注意特征的提示，当环境线索足够强的时候某些行为可以不自主地发生。这就像圣经上的格言“当我想做好时，偏做不好；当我不想做错时，却偏偏犯错”。这几点对于理解药物滥用很关键。

觅药行为与用药行为被反复重复，就会形成一种自动操作，快速有效，经常不经注意就可完成而且很难阻止。药物滥用的生理学因素可能是一种可以预见行为后果的由环境线索、不遗余力的觅药过程及躯体和植物神经适应所组成的混合体。

3. 社会模式

曾有研究者使用1380例美国新泽西州青少年的资料来比较几种社会因素对青少年违法及药物的相对率，比较了3种药物滥用的社会学理论：不同联系理论、社会控制理论及普遍紧张理论。不同联系理论认为，强有力地偏离了同伴的负性社会联系会导致青少年产生一些反社会行为，这些反社会行为中包括使用药物。社会控制理论认为，青少年药物滥用是因为缺少与其他人的正性联系而导致社会控制的失败，如父母、教师及其他具有社会价值及控制的传统团体。普遍紧张理论则试图区分影响紧张状态下作出不同反应类型的条件。① 当追求积极价值目标的努力受挫时；② 当曾经获得的一些具有积极意义的东西丧失或受到威胁时；③ 当出现不良后果或受不良后果威胁时。

（五）干预和教育

儿童的药物成瘾是个特殊的社会问题，对这一问题的成功解决需要家庭、学校、社会团体以及儿童和青少年的先锋组织的共同努力，需要一套包含预防、控制、危机干预和长期恢复的措施。

研究者认为，并不是要对所有的药物成瘾都进行干预，干预的重点应当是对最大多数的人引起最严重的危害的药物成瘾，即酒精和烟草的成瘾。有效的药物成瘾教育计划如下：① 对师生们制定一项清楚、明确的政策，说明教师和学校管理者将如何对待那些私自占有药物或明显服用药物的行为。② 鼓励教师根据学生的水平制定一项有关药物的基础教育课程，教程应简明易懂，而且不加判断，强调教师对学生身心健康的关注。③ 帮助教师更多了解当地药物成瘾问题的情况和社区服务机构。④ 创设一种氛围。在这种氛围中，教师可以培养各种技能和敏感性去解决课堂和学生个人问题，并可以引导针对某一主题的团体讨论，如青少年发展和服用药物的关系。⑤ 发展一项包括家庭和学生在内的干预计划：组织一对一的咨询或团体咨询，组织社区资源如社区咨询中心和学校内的走访中心（一个走访中心必须配备一名经过药物依赖咨询训练的教育咨询员）。⑥ 尽力使教师们反省他们的角色知觉。如果他们感到他们的工作不充实并且不能够同情学生，也不能应付感情和认知的训练，那他们应当进行职业重定位。⑦利用积极的角色榜样发展先锋团体的分支。如药物依赖国家委员会（National Institute on Drug Abuse）的出版物曾对各种不同的先锋组织进行了讨论。⑧提高对伴随服用药物经常出现的情绪结构和知觉的理解。许多服用药物的学生感到很难受，经常无缘由地遭到成人和先锋人物的排斥。他们需要同情和理解的方式，而不是带着偏见的眼光去看他们，并一味地向他们强调纪律的重要性。后者只会使学生更加认为老师和学校管理者只关注如何保持学校秩序，而不是如何帮助他们，理解他们的处境。

教师的角色是管理学生并对学生提供适当的指导，而不是事件的调查者。虽然教育者必须知道药物成瘾的表现，但他们不应当自以为是地认为某些身体或心理症状就是药物成瘾或戒断造成的，向咨询员或医疗机构询问是一种比较合适的判断方法。制定清楚的关于侦察和管理的学校政策会帮助教师和管理者正确地对待可疑的药物滥用和危机情景。在情绪-行为危机的事件中，教师应当保持平静，毕竟学生的安全比保持纪律控制重要得多。

一位从事对有情绪和行为障碍的高中生进行自我接受训练的教师，在讲到自己如何帮助已开始药物成瘾的学生时，说道："当我怀疑一个学生在吸毒或嗜酒时，我尽力接近他与之进行亲切的谈话。一些学生可能对他们的成瘾行为很坦诚（防御的或自豪的），而另一些学生可能拒绝承认这事实。我在课上设计了有关药物成瘾的单元，在这些课上我试图直接呈现给学生事实而不加判断。除此之外，在他们寻求帮助时给其提供建议。如果他们愿意说，我就尽力让他们谈，他们一般会谈为什么会沾上酒精和毒品。他们的原因各不相同，有的是因为家庭不幸，有的是因为在学校中学习受挫，而有的是因为恋爱受挫等。如果谈话之后问题依旧存在，我会与学校心理学家讨论办法，他们有时是能进行直接干预的。如果这还不能奏效，我们将会要求其他人进行干预，如父母、社会工作者等。如果这些学生在学校确实酩酊大醉，我会通知其父母或保卫，并将其打发回家。”我国许多学校正开始组织“学校辅助队”，这是由经过专门训练的对付药物依赖的学生的管理者和教师组成。这些人可作为学生的良师益友或引导学生到其他部门寻求帮助。

二、网络成瘾

人类社会正在迈向网络时代，网络已经实实在在地走进了我们的生活。根据中国互联网络信息中心（CNNIC）发布的《中国青少年网络行为调查报告》显示，截至 2012 年 12 月中国青少年网民（指年龄在 6 岁以上、25 周岁以下）规模达 2.35 亿，占儿童青少年总体的 66.4%，低龄网民比例逐步升高，其中小学生网民已占儿童青少年总体的 7.4%。同时，随着生活水平提高，大部分家长给其子女配备了手机，由此导致其上网更便利，在儿童青少年网民中手机已超过 PC 端成为主要上网终端，在未成年网民中更显著，高达 74.0%，6～11 岁手机网民占比已增至 4.5%。上网对于儿童青少年来说已是一种时尚、一种潮流，儿童青少年“网虫”也已经成了一个不可忽视的群体，有的“网虫”中，出现诸如网络迷恋、网络孤独和网络自我迷失等症状，有的“网虫”甚至患上网络成瘾综合征，导致成绩下滑、人际关系淡漠甚至做出不道德行为。于是，一系列的问题就摆在了我们面前，如：为什么有如此多的儿童青少年迷恋上网？上网又会给他们造成什么影响？究竟如何去解决这些问题？这正是本节要探讨的问题。

（一）定义

1994 年，纽约市的一位精神病医师高柏（Goldberg）提出了互联网成瘾症的概念。网络成瘾又称“互联网成瘾综合征”（Internet Addiction Disorder，简称 IAD），指个体由于过度使用互联网而导致明显的社会、心理功能损害的一种现象。后来，匹兹堡大学的金伯利·扬博士（Kimberly Young）发展完善了这一概念，将其定义为一种没有涉及中毒的冲动—控制失序症。网瘾障碍，在临床上又称为病态网络使用，网络依赖，也称网络成瘾，是指由于过度使用互联网而导致社会、心理功能损害的现象。

(二) 网络成瘾的分类

网络成瘾又称为互联网成瘾、在线成瘾，是一个非常宽泛的概念，具体分析起来，可以分为五种情况。

1. 网络游戏成瘾

网络游戏已成为儿童青少年网络使用的重要应用，小学生网民成为网络游戏使用率最高的群体，达 87.0%。新修订的《精神疾病诊断与统计手册(第五版)》(DSM-Ⅴ)将网络游戏成瘾认定为一种新的精神性障碍。这个类型的孩子不分昼夜沉迷于网络游戏而不能自拔。有研究表明，这种类型的个体一般属于高感觉寻求者，他们喜欢强烈的刺激，具有攻击性和较高的成就需求。

2. 网络色情成瘾

在网络中，各种与性和色情有关的站点比比皆是，这类患者出于好奇心理，感受淫秽文字、图像、声音的刺激，来满足自己的需求，误入其中而不能自拔。

3. 网络交际成瘾

网络交际成瘾者主要分为交友成瘾和网恋成瘾者两种。交友成瘾者多在现实生活群中有孤僻、自卑等极端性格，他们在现实生活中极不合群，以求在网络中谈心、宣泄自己的情绪，觉得这样可以尽情放松。长此以往，网友成为自己心灵的寄托，成瘾者期望在网络中找到自己的价值。与网络交友成瘾者不同的是，网恋成瘾者交谈的双方通常是异性关系，在网上确立恋爱关系，享受着网恋情感带给他们的快乐，这个类型的人多是失恋者或未曾恋爱者。网恋可发展成现实的恋爱，但成功的可能性比较小。

4. 强迫信息收集成瘾

这类成瘾者多有强迫与健忘症状，经常强迫性地从网上收集无用的、无关紧要的或者不迫切需要的信息。有些人下线后还患得患失，总担心错过什么“重要”信息，即使这些信息无关紧要，但总强迫自己下载到自己的计算机中。有的成瘾者甚至夜间突然醒来，情不自禁地打开电脑，到网上“浏览”，看有没有重要的信息。

5. 网络技术成瘾

这类患者与电脑程序员正常的电脑编程或游戏编程不同，他们往往没有目的，没有计划。

(三) 网络成瘾的特点

网络成瘾作为行为成瘾的一种，虽然不具有明确的生物学基础，但与传统的药物成瘾具有类似的构成成分和表现，具有相似的特点。概括起来，网络成瘾具有以下几个主要特点。

1. 突显性

网络成瘾者的思维、情感和行为都被上网这一活动所控制，上网成为其主要活动，在无法上网时会体验到强烈的渴望。短时间内不能上网会感到急躁不安，而长时间不能上网则会感到抑郁。

2. 情绪调节作用

上网成为成瘾者应付环境和追求某种主观体验的一种策略，通过网络活动可以产生激惹、兴奋和紧张等情绪体验，也可以获得一些安宁、逃避甚至是麻木的效果。

3. 耐受性

成瘾者必须逐渐增加上网时间和投入程度，才能获得以前曾有的满足感，就像吸毒者必须逐次增加毒品摄入量一样。

4. 停药症状

在意外或被迫不能上网的情况下，成瘾者会产生烦躁不安等情绪体验和全身颤抖等生理反应。

5. 冲突

网络成瘾行为会导致成瘾者与周围环境的冲突，比如：家庭关系，朋友关系和工作关系的消退和恶化；与成瘾者其他活动之间的冲突，比如学习、工作、社会活动和其他爱好等；成瘾者产生内心对成瘾行为的矛盾心态——意识到过度上网的危害又不愿舍弃上网带来的各种精神满足。

6. 反复

经过一段时间的控制和戒除之后，成瘾行为会反复发作，并且表现出更为强烈的倾向。

（四）网络成瘾的影响

网络成瘾对青少年身心造成的不良影响主要有三大方面。

1. 心理方面

患者心理上强迫依赖网络，一旦停止，上网的冲动，使其不能从事别的活动。学习工作时记忆力不集中、不持久，记忆力减退，由于长期的视觉影响使其逻辑思维活动迟钝，久而久之，患者只沉迷于虚拟世界，而对日常工作置之不理。

2. 躯体方面

长时间沉迷于网络可导致视力下降、肩背肌肉劳损、生物钟紊乱、睡眠节奏紊乱、食欲不振、消化不良、体重减轻、进食过多而活动过少导致肥胖、体能下降、免疫功能下降。停止上网则出现失眠、头痛、注意力不集中、消化不良、恶心厌食、体重下降。青少年正处在身体发育的关键时期，这些问题均可严重妨碍他们的身体的健康成长。学习和生活兴趣减少，与现实疏远，为人冷漠、缺乏时间感；因不能面对现实，常常处于上网与不敢面对现实的心理冲突之中，情绪低落、悲观、消极。

3. 行为方面

患者表现为频繁寻求上网活动的行为。为了能上网，不惜用掉自己的学费、生活费，借款，欺骗父母，甚至丧失人格和自尊，严重者偷窃、抢劫。网络成瘾对青少年学生最为直接的危害是耽误了正常的学习，尤其是网络游戏，导致他们不能集中精力听课，不能按时完成作业，成绩下滑，甚至逃课、辍学。网络中各种不健康的内容，也可造成青少年自我过分放纵，法律以及道德观念淡薄，人生观、价值观扭曲，甚至导致违法犯罪行为。

（五）网络成瘾行为的动机分析

1. 满足自我实现的需要

马斯洛的需要层次理论指出，在人的基本需要满足以后，还有一个更高级的需要即自我实现的需要。自我实现的需要就是“人对于自我发挥和完成的欲望，也是一种使他的潜力得以实现的倾向”。正是由于人有自我实现的需要，才使得个体的潜能得以实现。在现今的考试制度下，考试成绩是评价学生的唯一标准。在学校，学习成绩优秀的学生可以凭借其优异的成绩获得老师的青睐和同学们的关注，优异的成绩是一些学生骄傲的资本。很多人没有这个资本，并且缺少特长，在学校的各种文体活动中难以获得成功，其价值感和自我成就感便无从谈起。于是，他们被由此而产生的失落感和自卑感缠绕着。由起初的心理压抑进而产生了一切都无所谓的态度，一切都原谅自己，放纵自己，进而到网络上寻找满足感。

学生有很多需求，但很多需求是很难轻易得到满足的，需要付出艰苦的努力和奋斗。然而，在网络这个虚幻的世界里却能轻易地得以满足。在现实的学习生活中相对缺乏竞争力的学生往往会选择上网以求得暂时的解脱。在网络虚拟社区里，在游戏中体验成功的乐趣。尤其是在网络对抗游戏中，每升一级或者是打过一关，都会产生一种愉悦感和“高峰体验”。这是一种转瞬即逝的极度强烈的幸福感，甚至是欣喜若狂、如痴如醉、欢乐至极的感受。他们在虚拟的网络世界获取的快乐和自我成就感比现实世界要多得多。这让这些在学校活动中少有优异表现的学生也体会到成功的乐趣。而这种感觉又会强化他们参与网络游戏的行为，使他们沉湎于此而不能自拔。

2. 心理宣泄

随着社会竞争日益激烈，考试的压力也日益增大，学生在这种情况下承受着来自家庭、学校、社会的巨大压力，造成了学生心理压力相对较重的现象。

学习不顺、人际关系紧张、失恋、生活窘困等，让他们吃不香，睡不好，令他们感到不安和烦恼。求学生活中充满着竞争、冲突、矛盾和挫折，使他们对社会环境以及校园生活中的诸多不完善的方面大为不满。严重的还可能产生不同程度的心理障碍，进而影响学习、身体健康、情绪以及人际交往。精神分析学派认为，人的行为的“心理驱动系统”由两种心理倾向构成：一是寻求满足的、进取的心理倾向，二是避免伤害的、防卫的心理倾向。学生在寻求满足、进取的活动过程中产生的心理压力会导致其产生避免伤害、自我防卫的行为，以求获得心理的平衡。网络由于具有隐匿性、开放性、便捷性和互动性等特点，这给学生适时地转移、倾诉和宣泄自己的不良情绪提供了机会和场所。通过此方式，他们可以宣泄被压抑的不良情绪，获得一定的心理自疗效果，让他们从日常的精神紧张中解脱出来。因此，网络极易成为许多学生躲避孤独和排解心理压力的场所。上网成了他们释放心理压力、松弛身心的一种方式。他们或到聊天室向网友倾诉自己的不快，或到对抗游戏里冲杀一番。在这个意义上，网络的功能如同人们喜欢唱卡拉 OK、听摇滚乐、喜爱足球一样，在这些类似的活动中，人们可以通过尽情地呼喊、喧闹发泄心中的郁闷。

3. 网上娱乐心理

网络被称为继报刊、广播和电视之后的第四媒体，它具有传播速度快捷，彻底打破地域界限，拉近传播者与受众之间的距离等优势。它从某种程度上改变了目前的文化和娱乐形态，深刻地影响着人类的精神生活。多媒体技术使网络媒体有能力在技术上实现多媒体传播，达到时空交融、视听兼备的综合性艺术效果，营造出特定的情感氛围。网络媒体可以集文本、声音、图像、动画等形式于一体，这就打破了传统媒体之间的界限，使网络媒体作为一个整体的概念而存在，不再有现实生活中传统媒体电视、报纸、广播三足鼎立的势力划分。传统媒体提供的新闻和信息都是封闭的，受众只能随着传播者的意图被动地接受媒体的信息。网络传播中，网络受众可以主动接受所需要的信息，改变了传统媒体中受众的被动性；网络受众可以随心所欲地点击所需要的信息，可以参与媒体的传播活动，成为媒体的一部分或与媒体传播者交流沟通。在网上参加游戏、聊天、听音乐、看在线播放电影、读娱乐性网上文章是学生网上娱乐的重要方式。网络媒体把文字阅览、画面浏览和声音聆听融为一体，将欣赏者的各种感觉全方位打开，使视觉、听觉、触觉甚至味觉和嗅觉协同活动，获得多感官的刺激，让人体验到心跳、体温、眩晕、紧张等微妙的心理变化，达到真正的审美通感，从而获得精神上的满足与愉悦。网络传媒具有的这些特征和功能正好和学生具有的好奇、浪漫、喜欢惊险刺激，对新事物、新知识反应迅速,强烈的求知欲和探索精神的心理特征相匹配。故上网冲浪成为他们业余休闲的重要形式。

4. 寻求自我价值感

社会心理学认为,为了使自己的人生具有价值,获得明确的自我价值感,人需要了解别人,需要通过别人来了解自己,需要爱与被爱,需要归属和依赖,需要有机会显示自己的优越和展示自己的专长。所有这些,都使人需要别人,需要同别人进行交往,需要同别人建立并保持一定的人际关系。儿童青少年的思想比较活跃,渴望友谊和同学之间的相互理解和支持。随着年龄的增长,生活空间的扩展,社会阅历的不断增加,学生的交往愿望也就越来越强烈。因此,学生表现出比以往更加迫切的交往愿望。然而现实生活里,诸多困扰学生的问题中,人际关系问题是最令人烦恼的。人际关系的社会复杂性和学生心理的单纯性,常会使部分学生在交往中遭受挫折,表现出了不同的人际交往障碍如多疑、害羞、闭锁、社交恐惧,使他们的自我价值感得不到满足。而网络这个虚拟的世界为这些学生满足自己的价值感提供了便利。在网络里,不再强调相貌的作用,人们在一个非以貌取人的环境下相互认识、相互了解;每一个网民拥有平等的发言权,人们根据网民的话语来形成认为对的印象;在网上可以说出自己想说的话,而且一般来说不用担心会带来什么惩罚,所以他们不需要过多的面具,比较真实地表达自己。这对那些现实中觉得地位卑微的学生更有吸引力。不论天涯海角,在互联网上人们可以跨越时空彼此相识。彼此陌生的人可以相见,发展友谊甚至产生爱情。在互联网上形成一种理性而又持久的亲密朋友关系。他们还可以建立个人主页,把自己的兴趣爱好等资料通过超时空的、双向或多向交流的网络传媒让网友或其他的网络受众认识和了解。通过这种交往,他们的自我价值感会得到确立,自我评价也会提高。当自我价值得到确立时,在主观上就会产生一种自信、自尊和自我稳定的感受,即自我价值感得到体现。学生的自我价值感一旦得以确立,就会觉得生活富有意义,充满热情。相反,如果他们的自我价值感得不到确立,就会没有自信、自尊和自我稳定感。这也正是一些学生沉湎于网络的内部动机。

5. 情感表达心理

情感表达是儿童青少年网民的一个重要需要。通过上网来寻求人与人之间的以互相关心、互相理解和互相尊重为要素的广义的人类之爱,是一种潜藏在学生网民内心深处的极为深刻的上网动机。与网友的交往可以使他们隐藏于内心深处的对爱的需要得到满足。他们在网络中结识朋友,获得现实生活中无法得到的情感交流、尊重和满足感。网络给他们提供了一个最好的,使每个人都有的对爱的需要得以满足的场所。在网络里他们表达情感的方式主要有聊天、建立个人主页、网恋和在BBS上发表自己的观点及见解。在学生的聊天中，聊得最多的话题是爱情和友谊。他们在网络里绝不会感到孤独，因为无论爱好兴趣是什么，总有许多人在虚拟社区里相互交谈、互相倾吐着秘密。在网上，一个人的所思所想都是经过一定时间的筛选才反映为文字的，它展示的自我从某种程度上说是经过粉饰的或者是理想中的自我。他们可以在这里寻找理想化的白马王子或白雪公主，可以找到没有缺点的恋人，这种现代的、纯真的、柏拉图式的爱情童话能够满足他们内心深处对浪漫爱情和友情的渴求，也可以慰藉内心深处孤寂的心灵。他们中的大多数虽然幻想在现实生活中实实在在地经历它，但他们不会去经历它。

6. 探索和尝试新生活

学生在日常生活中，每天过着同样的生活，难免单调乏味，缺少新鲜感。心理学家弗洛姆指出："一个人生理上和生物上的需求得到了满足，但是他们仍然不满意，他自己仍然不安宁。"因为缺少了"一种能够使他变得主动的蓬勃生机"。因此，追求新鲜感是由人的本性决定的。人的本性就是要不断地寻找和开辟更加广阔的天地。儿童青少年上网正是为了寻求这种不断扩展的、不断更新的、能够给人以新鲜感的生活。这种新鲜感包括惊奇、喜悦、清新和振奋。动机的认知理论认为人有理解环境的需要。上网可以使儿童青少年走出生活的空间，认识世界和了解世界。

学生长期生活在自己的一个狭小空间内，想离开自己生活的小圈子。可是，学生的主要任务是学习，不可能放弃学业到处去旅游。网络给他们提供了过一种与现实不同的生活的机会，使他们的好奇心理得以满足。通过网络，他们可以到别处去"看一看"，可以了解世界各地的文化风情；另一方面，在虚拟社区里，可以创造一个从来没有过的生活环境，过一过他们从来没有经历过的生活。美丽文静的女孩可能变得很泼辣，且满嘴的土话；粗犷剽悍的男生也可能变得乖巧可爱而羞涩。在互联网上，没有人会知道他们的真实姓名、性别、年龄和社会地位。这种"身份丧失"的变化可以让学生尝试新的角色，起到"角色扮演"的作用。

无可置疑，网络的确给现代社会带来了极大的便利，增加了平等对话的空间和机会，人们能够在极短的时间搜到自己需要的信息，还可以结识彼此志向相同的朋友。有些儿童青少年在家长和父母的合理指导下，善于在网上学习，能够控制自己上网的时间意识，而有些儿童青少年，由于呆板的生活习惯和单调的学习，在不良同伴的影响下和不健康的网络信息的刺激下，沉迷于网络世界，严重影响了正常的生活规律，对他们要给予及时的预防和干预。

(六)预防和干预

1. 学校、家庭、社会三合一的教育策略

(1) 落实学校教育,开展心理辅导,以提高学生自我管理能力为重点

学校教育是对儿童青少年教育的主要场所,而开放的、互动的、个性化的互联网,给学校教育带来了前所未有的机遇和挑战。面对网络对学生带来的负面影响,我们不得不对传统的教育方法进行认真的重新审视。与大禹治水一样,治网需要的是疏通而不是封堵。要放弃传统的严禁方法,而进行心理疏导,给学生"网虫"以动机上的引导、心理上的辅导和行为上的指导。

在韩国,治疗网瘾的学校的经费全部由政府提供,学生们在这里进行军事训练,参与陶艺、声乐等培训课程。在校期间,孩子们被禁止使用电脑,每天使用手机的时间也只有一小时。在德国,慈善组织建立了网瘾治疗所,治疗手段主要有三种:一是艺术疗法,教孩子绘画、舞台剧、合唱等;二是运动疗法,包括游泳、骑马、静坐、按摩、蒸汽浴等;三是自然疗法,通过种花、种菜,让孩子接触大自然,远离电脑和网络。诊所的很多课程都需要家长参与,为的是让孩子知道自己并不孤单,同时也让父母学会如何与孩子沟通(昝玉林,2007)。

因此,学校要着力改善教育教学环境,提供丰富有意义的课程平台,充分发挥校园文化的作用,以其直观、生动、具有切身感的优势,使学生能应对网络虚拟文化的挑战。校园文化的建设力求有针对性,能调动学生的积极性,发挥学生的主体作用,让学生有展示个性的机会,满足学生好动、求乐、爱美、竞争和创新的心理需求,丰富他们的文化生活,避免沉湎于网络虚拟文化之中。如开发、布置走廊文化、厅堂文化、道路文化和石头文化,美化教室、寝室;利用校史室、广播台、电视台、校报校刊、黑板报、宣传窗、国旗下讲话以及校园网络等,提高学生的思想道德素质;充分发挥学生个性特长,举办科技节、书画展、体育节、艺术节、越剧节、歌咏会等,主办各种兴趣小组(二胡兴趣小组、国画兴趣小组、网页设计兴趣小组等),丰富学生课余生活;举办各种特长培训班,开展特长生评比,如小发明家、小书法家、计算机能手、围棋高手、文学新星等;利用学校资源优势,实行开放式教育,在课余时间向学生开放实验室、阅览室、图书馆、体育馆、电子阅览室、天文台等,无形中把学生从网络中吸引回来。

有条件的学校可开辟校园网,并通过各种方式在网上对中学生的心理问题开展现场辅导,正所谓"师夷长技以制夷"。比如,通过电子布告(BBS)、网络电脑(I-Phone)、线上交谈、E-mail 信箱、聊天软件等方式与学生交流,第一时间解决学生上网过程中产生的心理问题,引导他们正确认识"网络世界"和"现实世界"的差距。通过开展形式多样的引导活动,把偷偷摸摸的上网心态转为光明正大的心态,从私下转为公开,从个体转为集体,在一定程度上会减

少或缓解网络成瘾症、孤独症、焦虑症等网络心理障碍。

要引导学生正确面对网络，教师首先需要对网络有足够的了解。如果一位教师能如数家珍地讲出网络的诸多好处，能为学生提供充满吸引力的选择，能够掌握并熟练运用网络技术，那么他在做心理辅导时必然具有强烈的吸引力和感染力，能更有效更有针对性地开展心理咨询活动。

(2) 重视家庭教育，引导家长配合是关键

家庭是社会的细胞，是缩小了的社会，而家庭教育则是整个教育体系中不可分割的重要组成部分。家长（父母）作为孩子的第一引路人，具有天然的感染力和很大的权威性，父母的言行对孩子的心理有着巨大的影响。因此，良好的教育是从家庭教育开始的。当然，对子女上网行为与思想的教育也不例外，互联网更不应该是家长与孩子之间的数字鸿沟。

根据心理学理论，学生一种行为的形成或改变，不是一朝一夕的事情，在行为过程中总会有反复甚至退化。因此，要使学生形成或矫正某一上网行为必须家校配合，全程跟踪观察，不断沟通信息，从而对学生的上网行为有一个全面的了解。

处在一个知识、技术、观念都剧烈变动时期的父母，应接受潮流、正视现实，鼓起勇气和孩子一起学习电脑，更新自己的知识体系。这样，父母才有可能了解网上的安全规则和技术措施，督促孩子积极遵守，并能对孩子经常浏览的网站通过采用过滤软件将有害的信息过滤掉，或关闭某些网站或聊天组等。

从这一点上讲，父母是学生的第一个、同时也是极为重要的网络过滤器。当然，作为教育者，家长还必须拓宽知识面，了解孩子心理发展的一般规律和特点，懂得一点心理学知识和教育技巧，因为家长不但在知识方面要随时与孩子交流，在情感方面也要不断与孩子进行平等沟通，了解他们的内心世界，善于发现孩子在生活、学习、交往中遇到的障碍，帮助孩子在现实生活中获得成功和快乐，建立民主、平等的家庭文化背景，让孩子在耳濡目染、潜移默化中了解网络的利与弊，那么有些问题是完全可以克服的。同时家长还必须提高自身素质，改善自己的上网习惯，因为父母对孩子有着天然的感染力和很大的权威性，父母的言论和行为对孩子的心理有着巨大的影响。

为帮助家长提高自身素质与教育能力，学校可以采取以下办法：① 举办家长学校，请校内外的网络专家或教育专家为家长们开展不定期的讲座，给他们以知识上的传授、技术上的指导以及教育技巧上的引导。② 成立家长委员会，实行经验共享。每一位家长在与孩子交流过程中，总会有一些发现与经验，如孩子的个性心理特征、上网的行为习惯以及交流的技巧等。而家长委员会就为家长之间的经验交流提供了一个良好的平台，这对各自的教育是不无

裨益的。③ 通过定期汇报、专题讨论等形式帮助家长明确教育方向与目标，并通过调查、培训和提出建议等方法指导家长改进教育行为。

家长要为孩子营造一个良好的育人环境。① 怡人的物质环境。这主要是指孩子的生活和学习环境，安静、舒适是基本要求。它有利于孩子读书、写作业、思考问题。如果孩子有一个属于自己的“小天地”，就可以充分地满足自己的兴趣爱好，画画、写作、做科技制作等，从而分散了对网络的需求与依赖。② 良好的精神环境。氛围是最重要的心理环境。家庭成员之间和谐的人际关系是孩子安心学习、健康成长的基本条件，它的作用巨大而深刻。法国思想家卢梭对此曾有过经典的论述：“只要父母之间没有亲热的感情，只要一家人的聚会不再感到生活的甜蜜，不良的道德就势必来填补这些空缺了。”这里我们且不说“不良的道德”，但不难想象，如果真如卢梭所说的，那么，“网络依赖等各种心理问题就势必来填补这些空缺了”。家长可跟孩子约法三章，共同营造“绿色上网”新概念。“绿色上网”即通过家长、孩子、学校共同协商，家长引导孩子营造一个健康文明的网络环境。如：① 不要将电脑安装在孩子的卧室，最好放在家中的明显位置；② 控制孩子使用电脑的时间和方式；③ 经常了解孩子的网上交友情况；④ 可以通过 E-mail 或 QQ 等方式与孩子建立网上联系；⑤ 教育孩子不要轻易将个人信息发布在网上；⑥ 安装可过滤检测并禁读性、色情、黄色等字词的软件；⑦与孩子一起上网等。

(3) 借助社会力量，寻求社会支持作保证

人是社会的人，任何事物都不可能独立于社会而存在。我们的教育如果离开社会而独立开展，那么无论如何都是不可能成功的。无论是互联网的信息来源、技术发展，还是网站监控、网吧管理，都离不开社会各部门的协作与支持。但是，社会又是为大众服务的，它不可能在基础教育的指挥棒下亦步亦趋。因此，我们能做的，就是通过各种途径，如在政协会议上的呼吁，各类刊物上发表文章，社区委员会、关工委等相关部门的协调，以此寻求社会各界的支持与配合，力求使社会成为教育的主要力量。

在加强互联网的规范管理方面，国家已经制定了相应的法律法规，并且涉及了目前所存在的大多数问题。就最近两年来看，2000 年 9 月，国务院颁布了《互联网信息服务管理办法》，对互联网相关行业及其服务作了初步的规定。

2001 年 4 月，信息产业部、公安部、文化部、国家工商行政管理局联合发布了《互联网上网服务营业场所管理办法》。2002 年 5 月，文化部又出台了《关于加强网络文化市场管理的通知》，对规范网吧等互联网上网服务营业场所，遏制有害信息的网络传播等作出了进一步的规定。

为青少年学生提供科学、健康、有用的信息，是各网站的义务，也是有关技

术部门的责任。在不良信息泛滥于互联网上的今天，我们仍然应该凭借先进的网络技术，安装必要的网络安全系统，如反黄软件、信息过滤器、监控器等，对互联网上网营业场所进行宏观调控，对网站的内容进行必要的监控，对网络出口进行有效的“过滤”。同时，还可以通过某些安全设置，将聊天软件设置为禁用等。总之，要采取一切有效的技术手段，将互联网上的垃圾和毒品“屏蔽”到最低限度。

调查发现，当前真正能吸引学生的优秀的知识性网站十分缺乏。基于此，有关部门应建立一批健康的优秀的青少年网站，并利用先进的成熟的制作技术和技巧，对已有的网站进行改造，并在改网或建网的过程中将知识性、科学性、应用性与趣味性、生动性、艺术性相结合，以吸引更多学生的兴趣，进而使这些优秀网站成为青少年学生网络文明建设的主体。

2. 行为认知方面的干预策略

（1）加强对儿童自我控制能力的培养

自我控制是个体自我意识发展到一定程度所具有的功能，是个体的一种内在能力，外在表现为一组相关行为，是个体自主调节行为使其与个人价值和社会期望相匹配的能力。自我控制能力制止或引发特定的行为，主要包括五个方面：抑制冲动行为、抵制诱惑、延缓满足、制订和完成行为计划、采取适应于社会情景的行为方式。

个体的自我控制的能力不是突然之间就形成的。自我控制能力的形成是一个过程。当产生一个不良的愿望或念头，并作出消极的价值判断，可延迟满足内心的冲动，比如第一次冲动出现到满足中间间隔五分钟，第二次间隔十分钟，第三次间隔十分钟，第四次间隔十八分钟，等等，随后，间隔的时间越来越长，直至最后当冲动再次出现时，个体判断是否有行动的必要，如果没有必要的话就不执行行动，这就表明关于某一冲动的自我控制能力基本形成了。当个体具备了自我控制能力时，即使没有他人的监督，他也能自觉地、理智地抵制住各种诱惑，朝着既定目标努力，同时它也有助于个体协调与他人或团体的关系。所以说，自我控制能力的习得是人由幼稚走向成熟的一个重要标志，这种能力不仅在学生时期，在人的毕生发展中都占有重要地位。

个体进入青春期时，追求个体独立的欲望会越来越强烈，他们希望能自主地不受干扰地操纵外物，而不是依旧按照父母、老师的意志行事，这种心理需要随着年龄的增长必然会出现，网络的独特性正好满足了他们这种心理需要，但与之相应的自我控制能力在当前的教育环境下却没能得到很好的重视和培养，以至于不少中学生在学会了一定的计算机操作技术后就沉迷于网络。青少年首先要学会的就是控制自己在不伤害到他人利益的前提下进行活动，而不是放任自己，想干什么就干什么。可惜的是现在许多青少年在与同伴交往时矛盾冲突不断，在面对丰富多彩的网络时，自然不会克制自己，而是沉溺于其中了。另外，父母也应该做好表率作用，因为处于青春期的孩子已经走向自主自立阶段，对父母依赖减少，反抗情绪增加，对父母的优缺点能够进行全面评价，并且父母还要做好与孩子良好的沟通，确立良好的亲子关系，使孩子能够合理地发泄自己的情绪，才能形成良好的心理状态，避免出现情感缺失。

（2）鼓励青少年多参加团体活动

增加团体活动，丰富学生的课余生活，这不仅有利于学生的身心健康发展，也能加强团体与个人之间的紧密性，这种紧密性并不只是外在身体上的，而是基于群体归属感、个体被群体所接纳的一种情感上的积极联系，当个体游离于团体之外，不被团体所接受时，就更有可能转而从网络上寻求精神支持。团体活动的增多，也有利于学生自我控制能力的提高，因为在团体活动中，除了要适应新的规则外，还要平衡自己的需要与他人需要之间的冲突，必要时还得克制自己的需要以服从于团体利益，这就在无形中加强了中学生对自己意愿、行为的约束能力。因此，学校领导应顾及学生的长远的身心发展，鼓励学生踊跃参加或是组织团体活动，并给予一定的指导与建议，给学生提供一个文化知识学习之外的互动渠道。

（3）加强计算机教学中学生“信息素养”的培养

目前学校教育中，都只教授如何使用计算机和网络，至于如何对数不尽的信息的价值进行判断、分辨其真伪则甚少涉及，这在我国计算机教学中是一个盲点，有人将其称为“信息素养”。“所谓信息素养是指学生收集信息、分析信息、运用信息、创新信息的能力。我国在此教育上的目标偏差，决定了我国青少年在掌握网络技术后的各种行为表现。”这是一个值得注意的方面，我国对学生“信息素养”的培养显然滞后于计算机操作技术的教授，往往是在发现网络成瘾者时才向心理学专家求助，这时所花的成本将大大超过平时在教学过程中对“信息素养”的强调——即便治疗网络成瘾者的成本大部分是由家长来支付，但学校也会因此失去在大众心中的权威性。事实上，对学生“信息素养”的培养与对学生计算机操作技术的传授应该是同步的，在学生刚刚接触计算机网络时，就告诉他们如何去分辨信息的真伪，判断信息的价值，从而科学合理地利用计算机网络技术。

3. 其他的干预策略

（1）限制

由于游戏瘾症不可能一下子消除，所以要采取渐进的方法来解决。限制是指把不良行为限制在一个小范围内。比如，只能在双休日玩游戏，而且时间也要限定。过一段日子后，可以把时间逐渐减少。到最后可以不玩游戏。在进行这一干预方法时，首先要取得学生的支持，要使他认识到过度玩游戏的危害，心理有摆脱游戏瘾症的愿望。这是很要紧的，而不是强行进行，强行进行是不太有效果的。家长或教师要有相当的耐心和心理准备，不要期望能一下解决问题。师长们过快的进程，过多过严的限制，反而不能取得较好的效果。要给学生充分的缓冲时间，随时了解他的心理感受，也就是多与他谈心聊天，以了解进程是否合适。学生在这期间出现反复、动摇等现象是正常的，要教育他、鼓励他继续下去。

（2）代替

在消除不良行为时，为了取得更好的效果，人们常常选取与之相对应的良好行为来代替它，比如进行各种体育活动。在不能玩游戏的时候，问题青少年往往表现出烦躁不安，这时，让其进行体育活动，能减少其烦躁的情绪，使之得到发泄，另一方面也可以减少其焦虑情绪。而且体育运动还能锻炼意志，有益于人际交往，这对青少年从网络游戏中摆脱出来是很有好处的。矫正的方法有很多，这里不一一列举，在使用矫正的方法时，最好几种方法一起使用，这样效果比较好，如“限制”和“代替”同时使用就比较好。

（3）理解

理解一个人，就是聆听他的生活和经验中发生的所有事情，并把这一切连贯起来。每个孩子都需要理解和聆听，需要把他们当作一个独立的个体来看：在这种干预方式中，让一个孩子描述希望上网的心情，手触动鼠标时的感觉，在游戏时打败对方的欢快，从谈网络过渡到谈生活，孩子可能会谈到自己关注的是个体当下的生活状态，世界在他眼中的形态，而不仅仅是抓住爱好上网的问题紧紧不放。任何时候，给予孩子充分的自由和选择，当对话结束后，明天是否上网以及上多长时间完全由他自己决定。

思考与练习

1. 什么是药物耐受性以及戒断反应？
2. 简要列举互联网成瘾的症状。
3. 联系实际谈谈对互联网成瘾的预防与干预。

推荐阅读

昝玉林. 国外应对青少年网络成瘾的对策及启示[J]. 中国青年研究,2007(2).

[美]Phillip L,Rice. 压力与健康[M]. 石林,古丽娜,梁竹苑,王谦译. 北京：中国轻工业出版社,2000：137-140.

[美]Heidi Gerard Kaduson. 儿童短程游戏心理治疗[M]. 刘稚子译. 北京：中国轻工业出版社,2002.

[美]杰洛德・布兰岱尔. 儿童故事治疗[M]. 林瑞堂译. 成都：四川大学出版社,2005.

第 13 章　脑瘫儿童

1. 掌握脑瘫儿童的定义、症状、康复模式及康复策略。

2. 了解脑瘫儿童的发生率、分类、影响因素以及鉴别评估。

脑性瘫痪障碍(Cerebral Plasy,简称 CP)简称脑瘫,是造成儿童障碍的主要疾病之一。本章综合国内外最新研究进展,从脑瘫儿童的基本概述、功能评估、教育康复三个层面展开,在分析脑瘫及分类、成因、诊断标准以及发展特征的基础上,结合 ICF 理念探讨脑瘫儿童的功能性评估,以期促进我国脑瘫儿童的教育康复工作进一步发展。

一、定义及分类

(一) 定义

脑瘫,是指从出生前到出生后 1 个月内因各种原因所致的脑损伤,主要表现为中枢性运动障碍和姿势异常,在其发育阶段常伴有不同程度的智力低下、语言障碍、癫痫、行为异常、感知觉功能等并发障碍,是造成儿童残疾的主要疾病之一。

据世界卫生组织统计,在发达国家脑瘫发病率为 0.2%～0.3%,我国 0～6 岁脑瘫儿童的发病率为 0.19%～0.40%,而西北偏远地区达 0.56%。目前全国约有病例 600 万例,并以每年 4.6 万的速度激增,已成为严重的公共卫生问题(彭宇阁,2009)。齐蒙蒙等(2015)对我国不同性别、不同年龄段、不同类型及地区的脑瘫儿童的患病进行调查,发现男童发病率高于女童;脑瘫分型中痉挛型发病率显著高于其他类型;中西部地区的发病率高于东部地区;在1 岁、2 岁、3 岁、4 岁、5 岁、6 岁的发病率分别为 0.20%、0.19%、0.18%、0.15%、0.18%、0.19%,并不呈明显的规律性变化。

(二) 分类

依据脑瘫运动功能障碍的范围和性质,分型如下。

痉挛型(Spasticity)：发病率最高，占全部病人的60%～70%，常与其他型的症状混合出现，病变波及锥体束系统，主要表现为中枢性瘫痪，受累肢体肌张力增高、肢体活动受限、姿势异常、深腱反射亢进、踝阵挛阳性，2岁以后锥体束征仍阳性。上肢屈肌张力增高、肩关节内收、肘关节、腕关节及手指关节屈曲。卧位时下肢膝关节、髋关节呈屈曲姿势；俯卧位时抬头困难；坐位开始时，头向后仰，以后能坐时，两腿伸直困难，脊柱后凸，跪时下肢呈"W"形；站立时髋、膝略屈，足尖着地；行走时呈踮足、剪刀样步态。

强直型(Rigidity)：此型很少见到，由于全身肌张力显著增高，身体异常僵硬，运动减少，主要为锥体外系症状，使其四肢做被动运动时，主动肌和拮抗肌有持续的阻力，肌张力呈铅管状或齿轮状增高，腱反射不亢进，常伴有严重智力低下。

痉挛性偏瘫(Hemiplegia)：指一侧肢体及躯干受累，上肢受累程度多较下肢重。瘫痪侧肢体自发运动减少，行走延迟，偏瘫步态，患肢足尖着地。约1/3患儿在1～2岁时出现惊厥。约25%的患儿有认知功能异常，智力低下。

共济失调型(Ataxia)：可单独或与其他型同时出现。主要病变在小脑。临床表现为步态不稳，走路时两足间距加宽，四肢动作不协调，上肢常有意向性震颤，快变转化的动作差，指鼻试验易错误，肌张力低下。此型不多见。

肌张力低下型(Atonia)：表现为肌张力低下，四肢呈软瘫状，自主运动很少。仰卧位时四肢呈外展外旋位状似仰翻的青蛙，俯卧位时，头不能抬起。常易与肌肉病所致的肌弛缓相混，但肌张力低下型可引出腱反射。多数病例在婴幼儿期后转为痉挛型或手足徐动型。

混合型(Mixed)：同一患儿可表现上述2～3个型的症状。以痉挛型与手足徐动型常同时受累。还有少数病儿无法分类。

（三）早期症状

精神症状：过度激惹，经常持续哭闹，很难入睡。对突然出现的声响及体位改变反应剧烈，全身抖动，哭叫似惊吓状。

喂养困难：表现为吸吮及吞咽不协调，体重增长缓慢。

护理困难：穿衣时很难将手臂伸入袖内，换尿布时难以将大腿分开，洗澡时脚刚触及浴盆边缘或水面时，婴儿背部立即僵硬呈弓形，并伴有哭闹。

运动功能障碍：① 运动发育落后：包括粗大运动或精细运动迟缓，主动运动减少。② 肌张力异常：表现为肌张力亢进、肌强直、肌张力低下及肌张力不协调。③ 姿势异常：静止时姿势如紧张性颈反射姿势，四肢强直姿势，角弓反张姿势，偏瘫姿势；活动时姿势异常如舞蹈样手足徐动及扭转痉挛，痉挛性截瘫步态，小脑共济失调步态。④ 反射异常：表现为原始反射延缓消失、保护性反射延缓出现以及沃伊塔（Vojta）姿势反射样式异常，Vojta 姿势反射包括牵拉反射、抬躯反射、科林（Collin）水平及垂直反射、立位和倒位及斜位悬垂反射。

二、影响因素

（一）产前因素

1. 孕期感染

围产期母体病毒感染是导致脑瘫发生的原因之一，尤其是嗜神经的疱疹病毒。研究证实部分脑瘫与孕母羊膜炎症和胚胎炎症因子水平有关（阮毅燕等，2009）。宫腔内感染会造成胎儿脑室周围白质的软化。Graham 的研究对新生儿的血、脑脊液和气管液进行培养，结果显示，在胎龄 23～2 4 周合并脑白质损伤的早产儿中，培养的阳性率明显增高。Nurfeld 等的报道说明，即使是足月儿，其母亲如果在分娩时发生了感染，儿童罹患脑瘫的危险性会增加 1.8 倍，而如果是早产儿，危险性则会增加 2.3 倍（高志平，2012）。

2. 遗传因素

这也是发生脑瘫的重要因素之一。比如双胞胎会同时发生脑瘫；发生过脑瘫的家族中再次发生脑瘫的概率偏高；部分痉挛型双瘫或偏瘫的患儿有遗传倾向（吴云，2011）。围生期同等程度的损害，会造成某些基因携带的儿童发生脑瘫的概率增大。共济失调型脑瘫与常染色体隐性遗传有关。

3. 多胎儿童

其脑瘫的发生率远高于单胎儿童，危险性增高 5～10 倍。相比较单胎分娩，多胎妊娠的胎盘功能不足，容易造成胎儿在宫内的发育异常，胎位异常、脐带受压、胎儿窘迫发生的概率增高，会增加早产儿或低出生体重儿童的发生。而在这些儿童中，多胎的死亡或神经发育障碍的风险都比较高。研究表明多胎妊娠在母亲体内生长的不一致也是脑瘫的危险因素，其导致的脑瘫发生率为 0.77%。而且 Tavlor 的研究发现，双胎中一胎是死胎或者生后发生死亡的，那么存活儿童发生脑瘫的比例为 3%。Inqram Cooke 与之相近的研究表明，双胎中存活的另一胎发生脑瘫的风险大约增高了 10% 。

（二）产时因素

1. 早产、低体重

早产和低出生体重儿都是脑瘫的重要危险因素，器官发育的不成熟、耐受缺氧的能力差是主要原因。随着社会进步，医疗水平提升，早产儿或低体重儿成活率提高，但脑瘫的发生率也明显升高。胎龄越小、体重越低发生脑瘫的风险越高，而且与采取的医疗措施的效果密切相关。不同的国家及地区，在胎龄

<28周、28～31周的婴儿中，脑瘫的发生率分别为0.127%～1.68%和4%，而孕周在32～36周、36～37周的婴儿中，脑瘫的发生率则分别为0.7%和0.1%。出生体重低于1500g和2500g的脑瘫发生风险分别高出正常体重儿20～40倍、10～20倍。考虑是胎儿脑组织发育的不成熟，而且更易受到其他危险因素的作用，导致脑组织进一步受到损害（陈敦金，2012）。

2. 窒息

目前多数人都认为新生儿窒息是造成脑瘫的主要原因。但是也有研究发现，多种产前因素也可能导致脑瘫，相比较而言，窒息对脑瘫的影响较小。随着进一步研究，可能新生儿窒息对脑瘫发生的作用不会那么重要，很可能只是构成脑瘫的多种病因之一。比如吉拉德（Girard）等的研究表明，宫内感染和炎症常与窒息相关，那么感染和窒息的双重作用才导致了新生儿脑损伤（陈倩，2012）。

3. 新生儿缺血缺氧性脑病

围生期缺氧的程度决定了脑损伤发生的概率。严重的、持续时间长的缺氧对神经系统损害严重，发生脑瘫的可能性越大。

（三）产后因素

高胆红素血症：以溶血造成的核黄疸为多，核黄疸造成的脑瘫占同期新生儿的40.5%。

三、诊断与评估

（一）诊断标准

2014年我国第六届全国儿童康复、第十三届全国小儿脑瘫康复学术会议提出了诊断脑瘫的必备条件和参考条件。第一，诊断脑瘫的必备条件：① 中枢性运动障碍、活动受限持续；② 姿势及运动模式发育异常；③ 反射发育异常；④ 肌张力、肌力异常。第二，诊断脑瘫的参考条件：① 引起脑瘫的病因学依据；② 头颅影像学佐证（MRI、CT、B超）。

（二）基于ICF-CY的评估

2007年世界卫生组织正式发布《国际功能、残疾和健康分类（儿童与青少年版）》（*International Classification of Functioning, Disability and Health, Children and Youth Version*，ICF-CY），2013年完成国际中文版的翻译和标准化工作。ICF-CY为脑瘫儿童康复奠定了理论基础，并为脑瘫儿童的功能诊断、功能干预和功能评估提供了方法和工具。主要包括以下层面的评估。

1. 儿童个体能力评估

脑瘫的主要诊断依据之一是发育迟缓，即与正常儿童分项能力发育常模相比，落后3个月及以上。落后在每个领域都有表现，如运动功能、认知功能、言语功能、移动和交流等，因年龄会有差异，并且受环境、生理和心理因素的影响。由于个体之间成长和发育的差异，脑瘫儿童身体功能和身体结构的发展以及技能掌握的情况都会有所不同。儿童身体功能、结构和活动能力的发展在不同个体间速率不同，同一个体在不同时期会出现能力发展的平台期，整体能力的发展呈“螺旋样”，而非完全按发育顺序“上台阶”。根据脑瘫儿童生理年龄与发育年龄的对应关系，可以判定其发育迟缓的风险及严重程度。

ICF通用的功能障碍严重性限定值包括5级水平，从0级（无损伤、困难或障碍）到4级（完全损伤、困难或障碍）。对儿童，重要的是对功能、结构、活动和参与的落后或迟滞设定限定值，以记录儿童在身体功能、身体结构、能力以及活动和参与方面表现出的迟缓或迟滞的范围或严重程度，并认识到限定值编码表述的严重程度也会随时间发生变化。

2. 活动和参与评估

活动是指由个体执行一项任务或行动，代表了功能的个体方面；而参与是指投入一种生活情景中，代表了功能的社会方面。脑瘫儿童由于运动、言语和认知功能发育迟缓，活动和参与能力受限；同时，家长或照顾者可能会对患儿过度照顾，使其自身具有的潜力得不到充分运用，进一步加重其活动和参与的受限程度。

随着儿童的发展，他们的生活情境在数量和复杂度上会产生很大的变化，从幼儿与主要看护人的关系和单独游戏，到年龄稍大的儿童会参与的社会性游戏、同龄人关系以及学校生活。儿童年龄越小，他们参与的机会越可能由家长、照顾者或服务提供者决定。家庭环境和其他直接接触的环境所扮演的角色在理解儿童，特别是幼儿参与方面不可或缺。在康复治疗中，要充分调动儿童主动活动的动机，使其参与到康复治疗中，而不是任由治疗师操作，被动执行。在儿童直接接触的环境里与亲近的人交往，也能培养其参与社会、与社会互动的能力。

3. 环境评估

(1) 家庭环境

家庭是脑瘫儿童康复的自然环境。父母与患儿相处时间最长，接触最密切。康复训练过程，使全家人有更多机会参与到训练中来，不仅可以“一对一”地个别化训练，而且不受时间与空间的限制；尤其是在学习的关键期，若能及早给予家长各种基础训练的培训，往往能达到事半功倍的效果。因此，不能孤立地看待儿童的功能，而应考虑儿童所处的家庭系统。这对于判定在生活场景中儿童的功能非常重要。在人的一生中，儿童发展阶段的家庭互动对儿童功能的影响比以后任何一个时期都要重要(邵翠霞,2010)。此外,由于这些互动能让儿童在人生前 20 年掌握各种技能,物理和社会环境也会起到关键的作用。

(2) 社会环境

环境因素是被定义为“构成人们生活和指导的物理、社会和态度环境”。脑瘫儿童的社会环境一般都比较局限,主要活动区域一般仅限于家庭和治疗机构之间,只有部分儿童可以以随班就读的形式上正常幼儿园或学校,部分上特殊教育学校。社会交往的范围很窄,除与父母、治疗师、教师接触外,与同龄儿童的交往机会不多,且在交往的过程中,主要接触人都会给予脑瘫儿童特殊的照顾。因此,儿童是在一个相对隔离的环境中成长。

社会环境在儿童整个发展阶段都是非常重要的因素,每个环境系统对儿童发展的不同年龄或时期的功能影响不同,环境内容和复杂性从幼儿到青少年期不断发生着变化;儿童会从婴儿期所有的活动都要依赖别人,逐渐过渡到青少年期身体、社会和心理上的成熟与独立。在此动态过程中,儿童的功能依靠与家人、亲近的照顾者以及社会环境的不间断互动来实现。在康复治疗过程中,持续的关注和改善儿童的社会环境对于提高其功能和社会适应能力至关重要。

(三) 评估方法

1. 访谈法

通过与儿童父母及主要照料者进行交流,进一步完善上述基本信息。访谈过程中需要注意全面、系统地掌握儿童的相关信息,与家长及照料者建立相互信任、友好的合作关系,得到的信息应致力于改变现状和促进发展。

2. 观察法

在自然环境下的系统观察。有目的、有计划地观察和记录自然情境下的一个或多个行为。基本步骤为确定观察靶行为并设定具体的观察指标→选择观察背景→确定观察日程→设计观察记录表→选择观察工具。如了解儿童的家庭环境,观察指标为物理环境的设置、人员的构成、人员关系、家中可利用的显性和隐性资源。深入儿童家庭,进行为期三天的自然生活状态的观察,工具包括运用自己的感觉器官和视频照片记录等。

3. 基于游戏的评价法

评估过程除诊断性目的外,应多采用表现性和活动性评价的方法。在真实情境下,通过观察儿童在完成某项实际任务时的表现来评价已经取得的发展成就。需要考虑情境任务的真实性、任务的吸引性和评价的有效性三个特点。考虑到儿童的年龄和认知水平,采用基于游戏的跨学科评估方法。通过嵌入有趣的游戏活动，通过综合性的跨学科、跨文化、动态连贯评估，进一步了解儿童在感知运动、语言沟通、情感和社会性发展领域的实际水平，揭示儿童的独特需要、交往模式和学习风格。通过跨学科专业合作、家长积极参与，连续交流和详细记录与录像，最终形成一份完整的评估报告，并与下一步的综合性干预紧密连接。这是一种不依赖语言的功能评估方式，适合年龄较小、能力水平较低的儿童，避免了标准化测验的文化偏差和局限，有利于家庭成员与专业人员的沟通、合作，也可以很好地为教育、训练计划的制订和追踪式评估服务，能够捕捉到儿童心理发展水平的阶段性进程，以及个人的独特需要和学习特点。

四、教育康复

儿童脑瘫是一种综合征，病变范围广泛，伴发症状多种多样，每个患儿因脑损伤部位不同会表现出不同的症状。目前的研究主要集中在早期发现、早期诊断和早期干预治疗等方面，而脑瘫所表现的综合征候群又决定了单一的治疗无法取得明显的效果。脑瘫儿童的康复，其目的并不是治愈或者使患儿的各项能力完全正常，而是通过各方面的康复途径和手段，尽最大的可能使患儿各方面机能得到最大限度的恢复，以期提高生活质量。在此过程中，康复医学的规律和儿童自身的生长发育特点显得尤为重要。干预者应当对每个患儿量身定制治疗方案(刘琪，2014)。

（一）康复目标

不同年龄段脑瘫儿童处于生长发育的不同生理、心理、社会功能阶段，运动功能与障碍程度及环境状况亦不尽相同。根据上述特点和规律，应关注和重视不同年龄段脑瘫儿童康复治疗目标的制定以及康复策略的选择。

1. 婴儿期脑瘫儿童的康复目标

这一阶段康复治疗的重点应主要围绕对婴儿发育的全面促进，包括抑制原始反射残存、促进立直反射及平衡反应的建立等姿势矫正的方法，进行感觉—运动的正确引导，使其建立基本的初级运动功能。由于此阶段主动运动能力较弱，多为被动接受信息，因此诱发患儿的主动运动十分重要，以神经发育学技术联合应用感觉运动与感觉整合技术为主进行康复治疗已被广泛采用。

康复训练的频率不要过高，尽量避免对患儿父母进行过多的专业性解释，导致他们精神压力过大，在选择康复治疗措施上手足无措。这一阶段的康复治疗，训练项目选择不宜过多，也不宜在同一个康复治疗阶段频繁更换治疗师。由于婴儿期尚未形成完整的自我意识，治疗师的角色更显重要，医生和治疗师应在充分尊重患儿家长意愿前提下进行分析判断与决策。此期应及时发现是否伴有视觉、听觉、癫痫、脑积水、行为异常、智力低下等问题，及早采取措施（Marjolijn，2010）。

2. 幼儿期脑瘫儿童的康复目标

幼儿期脑瘫诊断已经明确，在智能、语言、思维和社交能力发育日渐增速的同时，其运动发育的未成熟性，运动发育与精神发育、粗大运动与精细运动发育，以及各种功能发育的不均衡性，对外界刺激的“过敏”或异常反应所导致的运动紊乱，各类异常姿势和运动模式、肌张力、肌力、反射等异常，运动障碍的多样性，以及发育向异常方向发展、强化而固定的“顺应性”等趋势最强，也是儿童迅速形成自我运动模式的关键时期。这一阶段康复治疗的重点应围绕上述特点进行，同时注重心理及社会功能发育在康复中的作用和影响（Michael，2010）。

幼儿期应针对生理、心理、社会功能发育需求，采取丰富多彩的康复治疗措施。针对儿童运动功能的学习与建立所开展的康复训练最具潜力，也是父母逐渐理解和接受脑瘫这一现实，了解患儿障碍之所在的关键时期，家长应在康复团队中发挥作用。这一时期可以适当增加康复治疗措施的种类。可供选择的康复治疗措施多种多样，纷繁复杂，恰当治疗与不当治疗都将产生巨大的、可能影响一生的正向效应或负向效应。因此，科学、全面的评定，制定明确的短期目标和有效康复措施极为重要。此期同样不宜频繁更换治疗师，应建立良好的医患关系，为患儿提供充分自由玩耍、探索及与外界接触交流的机会，从而建立自主运动功能。筛选和提供适宜的矫形器与辅助器具，根据患儿情况适当选择应用神经阻滞技术等，符合这一阶段康复需求。

3. 学龄前期脑瘫儿童的康复目标

学龄前期的脑瘫儿童具备了一定程度的主动运动能力，活动范围和种类进一步扩大，开始主动地控制自身的运动和姿势，以适应环境。主动学习能力增强，对技巧性和操作性的运动具备了一定程度的学习能力。因此应用生物力学原理，以非固定性支撑或辅助方法促进良好的运动模式与功能，取代固定性支撑下的运动速度与四肢非协调性运动十分必要（Stacey，2010）。学龄前期康复治疗的重要目标是为入学做准备。诱导及主动运动训练、引导式教育都更为适用于这一年龄段的儿童。此期康复治疗的频率可以适当变化与增加，但不间断的、过强的康复治疗容易使患儿身心疲惫，较易产生厌倦或沮丧情绪，应给予一段时间的休息，再重新启动康复治疗。

4. 学龄期脑瘫儿童的康复目标

学龄期患儿已经从初级运动学习为重点转向认知与文化知识的学习，需要适应学校的环境，减少运动功能康复训练的频率，或不进行连续的康复治疗(Susan，2009)。康复的重点可以转向如何使用辅助用具，以增强自理能力和学校学习能力(Aline，2009)。这一阶段康复的另一目标是社区活动，可以根据患儿运动功能状况，设计和开展文娱体育训练。可因人而异地采用马术治疗、游泳训练、自行车训练以及滑冰、球类、跳舞等训练。当然，对于智力障碍较重或运动功能差的患儿，应该延续使用学龄前期康复治疗方案，将运动功能的学习和训练作为重点。这一阶段，应该采用多种措施，防止诸如挛缩、脊柱侧弯等继发性损伤的出现，矫形器及辅助器具、神经阻滞技术以及外科治疗等更为适用。

(二) 康复模式

1. 家庭中心模式

以"家庭为中心"的概念来自卡尔·罗杰在20世纪40年代对"问题"儿童与家庭的工作实践(方洁等，2006)。在20世纪60年代中期，该实践来源于在住院治疗儿童中开展的一项更全面的护理方式，注重心理问题和家庭的参与。以家庭为中心的服务理念是小儿神经科医师和其他卫生保健专业人员应该更好地为患儿服务，提供重要指南，增进医患之间的互动。大部分以"家庭为中心"的服务已经得到了来自于家庭的支持和早期干预。邓斯特(Dunst)等研究显示，以家庭为中心的服务在促进儿童及其父母的社会心理和服务满意度提高上具有强有力的效果，较少有其他不良后果的报道。有关以"家庭为中心"的服务是理念也是方法，被认为是儿童早期干预和康复的最佳实践。该研究收集到的证据主要来自文献，涉及以社区为基础的儿童康复或医疗保健服务(不是急性期和住院护理)，服务的对象是一般神经系统障碍的儿童(包括脑瘫儿童)，研究重点在单一家庭康复元素，囊括一个集成的服务方式才能解决问题。

向家长普及儿童康复知识，制订详细的家庭康复治疗计划，包括每个治疗方法的治疗作用、作用机制、动作要领、口令、注意事项及在日常生活中的应用等，并由其责任治疗师把全部动作给家长示范一遍，嘱家长按家庭康复指导单每天定时按计划为孩子进行康复训练，并定期给治疗师反馈其训练情况。父母可不受时间和空间的限制，对孩子开展"一对一"辅导，起到强化治疗、巩固疗效的作用。另外，父母的辅助不必另外支付费用，还能增强亲子关系，提供孩子的社会交往能力(陈曦，2008)。

2. 社区-家庭相结合模式

徐燕收集2004年9月至2007年9月采用社区康复站与家庭相结合模式康复训练的50例脑瘫患儿。经过康复训练后，脑瘫患儿各项功能都有不同程度的提高，运动功能及日常生活活动能力明显得到改善。社区康复站为家长提供专业技能指导和理论更新，家庭康复则保证了康复训练的长期坚持及脑瘫儿的终身康复。在康复员的指导下不出家门就能让儿童接受康复训练。家庭成员最了解儿童，能为儿童选择最能接受的方法进行康复训练。在家里训练，不需要特殊场地、教具，时间机动，开支小，环境熟悉，结合日常生活进行即可，儿童也不胆怯，具备持久康复的条件。因此，社区康复站与家庭结合的模式康复治疗脑瘫儿童所需的费用低，说明这种模式更经济，从而使更多的脑瘫儿能得到及时的康复治疗。

3. 医院-社区-家庭相结合模式

黄金华等(2008)运用“医院社区家庭”康复模式治疗脑瘫儿童取得了较好的效果。首先建立医院-社区-家庭康复网络，即在综合医院康复医学科、社区康复中心、家庭之间建立网络化康复服务体系，促进综合医院康复机构或康复中心与社区的合作；以社区资源为主体，从医疗、教学、宣教、科研等多方面加强社区康复中心的建设，开展多种形式的培训工作，增加社区医疗设施和提高社区康复技术水平；家庭积极参与康复并给予必要的补充，实现患儿的持久康复和全面康复。建立“医院-社区-家庭”三级社区康复网络，是实现脑瘫儿“人人康复、全面康复”的理想途径。

4. 学校-医院-社区-家庭四位一体的综合化康复模式

王辉(2012)对特殊教育学校的脑瘫学生康复模式进行了研究，构建了学校、医院、社区与家庭四位一体的综合康复模式，以目标为导向，以学生为中心，以学校为主导，实现学校-医院-社区-家庭四位一体综合康复。根据脑瘫学生的康复与发展需要及各组织的职能优势，实行任务分解，层层落实。解决了脑瘫学生康复中的康复与教育脱节，家庭康复与社区康复脱节，家庭与学校的沟通脱节，康复目标、康复途径、康复方法、康复课程、评估标准与脑瘫学生的实际需求及其身心特点脱节等问题。该模式凸显了对脑瘫学生的康复与潜能开发任务的分解与落实，对满足脑瘫学生的特殊需要及潜能的开发，促进其全面发展具有较好的疗效。

(三) 康复策略

1. 引导式教育疗法

引导式教育，又称 Peto 教育，是 20 世纪 40 年代由匈牙利教育家、医学家佩多(Peto)教授发明。引导式教育不同于其他康复疗法，它不是一种康复技巧和治疗，而是一个针对运动功能障碍者的教育系统，它通过一系列精心策划的活动，使运动障碍的儿童得到包括运动、言语、智能、社交、情感及个性等各方面的发展，克服身体的运动障碍及由此引发的其他问题。1987 年引导式教育理念引入我国后，黑龙江省小儿脑瘫疗育中心率先开展引导式教育，作为对脑瘫患儿全面康复的内容之一。截至目前，脑瘫儿童引导式教育已在全国范围内逐步展开。

引导式教育强调儿童周边的物质与人际互动环境是促进儿童学习的重要因素，并且着重发展儿童在实际生活情境的能力。因此，引导式教育并非单是一种技术，而是一套以教育模式为基础的康复系统，“引导员”“整天流程”“一周学习时间表”“小组”“整合课程”“具规划性的学习环境”“诱发技巧”如节律性意向及家长参与组成引导式教育的基本元素。简要地说，引导式教育的独特处：第一，它以一个整合而统一的取态来处理脑瘫儿童多重的需要；第二，它不以治疗作为目标，而以教育目标作为依据，发展脑瘫儿童的理解能力、建立活泼的生活模式及培养积极的性格。

引导式教育主要的原则包括：(1) 以儿童需要为中心；(2) 疗育促通，创建有效功能；(3) 诱发学习动力、激发主动意识；(4) 整体意识、全面发展；(5) 循序渐进、融会贯通；(6) 极端负责、团队精神等。引导式教育系统包括组织机构(中心/学校)、计划项目、分组、工具和环境设施、引导员、节律性意向性、引导式诱发、引导式教育日课和评估等(唐久来，2004)。

引导式教育具有良好结构及综合课程的教育体系，能帮助脑瘫儿童学习和找到自已解决问题的办法，是一种加强儿童日常生活功能和融入社会能力的整体教育系统，使之尽可能独立适应社会和所生存的环境(唐久来，2007)。比如，引导式教育系统强调用基本动作模式来维持良好姿势去克服肢体功能障碍，如喝水时，不能伸手拿杯子，就佩戴手札来保持手肘伸直去拿杯子；如厕时，一手固定抓住梯背架，一手拉下裤子；坐位进餐时，坐凳后，头要保持中线位置，双腿分开，脚放平、腰伸直、一手抓住汤匙吃饭，一手抓住木条床保持姿势，还要强调左右手相互协调使用；脱鞋、袜时，一只脚放在另一只脚的膝盖上，保持“4”字形，一手按住膝盖一手脱鞋、袜，根据患儿情况，给予具体化指导自己动手脱鞋、袜的步骤。引导员要了解患儿的情况，在小组课堂上，第一引导员和第二引导员密切配合、协调工作。第一引导员通过节律性意向对患儿发出指令，第二引导员配合家长并辅助患儿完成。如何帮助脑瘫患儿保持一个正确的姿势、正常的体位，在日常生活中尤为重要。在每日的生活流程中，引导员要考虑各类脑瘫患儿的情况，因人而异，帮助其保持正确的体位，而在位置转移行走时，需要给予合适的辅助工具，保持好平衡，这样在位置移动过程中，密切观察其步态情况，以便患儿能更好地参与每日流程。

引导式教育训练形式比较轻松愉快，其特点是患儿以小组活动的形式展开治疗，以节律性意向、活动分析、活动序列等方法进行目标导向性训练，强调训练内容贯穿患儿生活的始终，注重患儿的心理反应和主动参与性，把康复与教育、生活结合起来，有更多的机会体现每一小步的成功喜悦，将会使更多患儿从中受益。家长的参与对于患儿来说是极其重要的，定期办家长培训班，传授有关训练、教育、康复知识及具体方法，并在实践中给予指导，使生活自理能力在家庭生活中得到延伸。

节律性意向是引导式教育独特的学习方法，我们将患儿每个生活自理活动都配上节律性意向或儿歌来完成，调动了孩子们和家长快乐的情绪，营造了轻松愉快的氛围，诱发孩子积极主动参与到活动中来。如：严重弱能组的坐便盆歌：小朋友，坐便盆，有得拉就拉一拉，嘘——，没得拉，也坐一会儿。如：学龄前组的洗手活动：小朋友，来洗手，卷起袖，淋湿手，抹上肥皂，搓呀搓，再用清水洗一洗，我的小手真干净。每一个日常生活自理的活动都配上有动作步骤分解的节律性意向，使患儿在参与的同时语言也得到发展，知、行、意贯穿结合，增强了患儿自己动手参与的意向。家长的参与也促进了患儿生活自理活动在家庭的延伸，使自理活动从早到晚贯穿于每日生活中（曹志芳，2001）。

许多研究表明，引导式教育在脑瘫儿童的康复中，疗效显著，但仍需与康复训练结合在一起。传统康复训练方法（尤其是神经生理学方法）是引导式教育的前奏，引导式教育将传统康复训练中所改善的功能整合为一体，通过愉快的游戏，患儿在运动、语言、智能、社交、情感、心理等方面得以全面发展，从而克服由于正常机能缺失在心理、人格方面所引起的其他问题，使患儿更好地融入社会。

2. 物理治疗

物理治疗包括运动疗法和物理因子疗法。运动疗法是为了改善患儿现有的运动功能，将不正常的神经反射行为抑制住，从而建立起正常的运动和发育功能，以期改善儿童日常的生活能力。包括：主动运动和被动运动。物理因子疗法运用声光电磁等物理手段进行非侵入性的康复治疗。此外，还可以使用特殊辅具，例如矫形器，帮助幼儿在站立或走路时能够走直线，专门定制的夹板可以辅助幼儿正确利用手臂。目的都是致力于生理和心理功能的恢复。

3. 作业治疗

作业治疗（Occupational Therapy，OT）是一种致力于提高个体参与日常生活和工作的能力的治疗方式，在哲学层面上超越了传统的生物医学模式，以整体且更人性化的概念把人看作独特、有价值和尊严、对生活有选择自由与能力、有参与作业活动与变化潜力、能够创造环境并且改变生活的个体。在这种理念指导下，人的主体性、独特性、能动性和创造性得到充分的尊重和关怀，意识、经验、价值和尊严得到切实的关照和肯定。将作业治疗的理念、态度和方法应用到脑瘫儿童的教育康复中，以感觉、运动、认知和心理技巧为基础，训练患儿生活自理、做游戏、学习的技能，可缓解儿童在生活、学习时遇到的困难。通过各种适应其文化背景、有利于其生活方式的治疗性活动来探讨改善其独立生活的能力以及生活质量，以维持个体人格的独立以及精神的完整，具有良好的适应性和契合性。

作业治疗师可以利用儿童喜欢游戏、喜欢与同伴交流等心理特点，根据儿童的不同发展阶段，设计互相模仿、互相学习、互相竞争的相关作业活动，通过游戏的方式来开展作业治疗，使患儿接受治疗的意愿提高，参与治疗的动力增加。脑瘫儿童的日常生活能力明显弱于正常儿童，导致他们在融入社会过程中遭遇众多问题，因此在康复治疗时注重采用游戏的方式，通过游戏模拟日常生活活动，达到提高生活适应性的目的。将作业活动精心设计成不同的小组游戏，增加了作业治疗的趣味性，极大地激发了患儿参与作业游戏的兴趣，让脑瘫儿童不仅可以在互动游戏的过程中体会游戏的乐趣，享受成就感及快乐，也可以达到治疗的目的，治疗过程不再感到漫长而乏味。通过游戏的自身体验，患儿获得不同的感受，从而逐步提高认知水平、生活自理能力，实现其自身的发育和心理的成长（谭玮玮等，2014）。

4. 语言治疗

是医师和语言治疗师针对不同言语障碍类型的患儿进行个体化治疗。先从生活中常用的词语开始，循序渐进。对没有获得言语符号的患儿，首先让患儿看到实物、玩具，再进行音刺激、物品传递，从视、触、听觉各方面刺激患儿对词语的理解，最终形成患儿的言语交流能力。对于脑瘫患儿的语言康复计划，应基于患儿的交流能力，明确地制定一般和特殊的目标。它应综合其他的治疗计划，如心理治疗、运动治疗等。同时，它应以“团队”方式进行密切合作，团队成员应相互讨论患儿现状及进步情况，达成共同目标，激发患儿成长的最大潜力。

例如，脑瘫儿童词汇量的贫乏和词的形成缓慢是其重要特点，针对这一特征，语言康复中应该在日常生活的真实情境中，基于活动来完成，在扩展其感觉经验和交往经验的基础上进行学习。儿童应尽早同成人（特别是亲人）建立起这种直观的活动和交往联系。我们应该教会父母同患儿一起游戏，在游戏中促进其语言的发展。实践证明，游戏是包括脑瘫患儿在内的残疾患儿学习语言，进行言语交往和丰富词汇量的最有效的方法。游戏可以促进患儿心理的各个组成部分的发展：感觉、知觉、表象、语言、智力、注意等。语言治疗人员应当根据脑瘫患儿的语言状态、运动的可能性及其智力，设计各种玩具，设计各种游戏来发展其词汇量。对于脑瘫患儿来说，其训练目的就是未来能适应社会，达到生活自理，更重要的是训练与其自身生活密切相关的词汇。在训练其认识图片、彩色照片、发展其词汇量的同时，组织脑瘫患儿进行自理能力的游戏，如可以让患儿模仿早晨起床后的一系列活动或做“过家家”的游戏，通过各种角色训练，积累与他们生活密切相关的词，与此同时还训练了其交往能力，解除与外界交往的恐惧。

5. 心理治疗

在生活中，脑瘫儿童难以驾驭周围环境，常常被孤立起来，只能被动适应外部环境(Borg，Larsson，Stergren，2011)。在漫长的康复过程中，患者往往会产生心理行为障碍，导致其生活质量下降。郭新志，张向葵(2012)提出用心理干预法来改善脑瘫儿童的生活质量(郭新志等，2012)。同时，里德(Reid，2002)发现虚拟游戏活动可以显著提升3岁脑瘫患儿的自我效能感，提高其参与活动的动机、兴趣和意愿。

心理治疗一直是脑瘫治疗中被忽视的方面，干预人员应当与患儿建立起良好的关系，定期评测儿童的心理行为，给予有效的心理咨询。但是由于患儿多伴有智力障碍，需要家长代替来进行心理的评测，会影响评测的结果。除了心理治疗方案性的指导外，现在很多人更加注重实施手段对康复的影响。比如魏国荣建议在患儿的康复干预中引入游戏，焦晓燕提议加入音乐疗法，还有非常有特色的沙盘疗法。

在给予心理干预时，要做到：① 让患儿明白自己的运动障碍的程度；② 懂得如何利用训练环境完成自己有目的的动作；③ 树立自我负责任的意识，学会生活自理；④ 鼓励患儿参与朋辈间的交流合作意欲，懂得分享游戏中的快乐；⑤ 通过医院的家长教室对其家长进行脑瘫家庭康复的基本技能的讲授，改变家长由全能照顾者为孩子学习的启动者，从赏识的角度观察患儿的变化，积极配合心理干预工作。

思考与练习

1. 何谓脑瘫儿童？

2. 针对脑瘫儿童的评估方法有哪些？

3. 如何对脑瘫儿童进行教育干预？

推荐阅读

Inqram Cooke RW. Does neonatal and infant neurodevelopmental morbidity of multiples and singletons differ [J]. Semin Fetal Neonatal Med , 2010,15(6)：326-366.

Michael A. Alexander, Dennis J. Matthews. Pediatric Rehabilitation [M]. 4th ed. New York: Demos Medical Publishing, 2010. 166-197.

Stacey C, Nora S, Katherine Y, et al. A systematic review of the psychometric properties of quality of life measures for school aged children with cerebral palsy[J]. BMC Pediatrics, 2010, 81(10): 1-11.

Borg,J. ,Larsson,S. ,&stergren,P. O. The right to assistive technology: For whom, for what, and by whom?. Disability &Society, 2011, 26 (2) , 151-167.

谭玮玮，陈国治，张明武，罗寀宾，谭海萍，蒋锦生．采用小组形式开展作业疗法治疗学龄前脑瘫儿童的疗效观察[J]．中国临床新医学，2014，7(10)：915-917.

郭新志，张向葵．心理干预法改善脑瘫患儿生活质量．光明日报，2012，12-9(6).

王辉．特殊教育学校脑瘫学生康复模式研究：学校、医院、社区与家庭四位一体的综合化康复模式构建 [J]．中国特殊教育，2012，19(4)：4-7.

第14章　受虐待儿童

1. 掌握受虐待儿童的定义、分类及表现。
2. 了解受虐待儿童的发生率、危险因素。
3. 重点掌握如何建立预警系统及治疗方案。

在1989年第44届联合国大会上通过的《儿童权利公约》第19条规定儿童的权利包括生存权利、保护权利、发展权利、参与权利，它提供了国际公认的让儿童幸福所必须达到的最低标准框架。根据这个公约，可以在很宽的范围内界定儿童受虐待与忽视的判别标准。但由于世界各国经济状况、民族文化、社会价值观不同，对于儿童受虐待与忽视的定义、分类也不尽相同，从宽松到严格呈现一个连续变量。

一、概念

一般而言，儿童受虐待的定义是危害或损害儿童身心健康发展的任何行为，或任何不做出某行为以致儿童身心健康发展受危害或损害的行为。我们基于社会的标准和专业知识，去衡量这些行为是否对儿童造成伤害。这些行为是由个人利用本身的特殊地位（如年龄、身份、知识、组织形式）而有能力单独或集体地对儿童施以虐待。儿童受虐待并不限于发生在子女与父母/监护人之间，任何受委托照顾及管教儿童的人士，例如儿童托管人、亲戚、教师等，都可能是施虐者。

目前，国内还未形成一个统一的确切的以儿童基本权利为基准的符合我国国情的定义，对儿童受虐待与忽视的界定主要是对国际现有研究的借鉴及总结，具体而言有以下几种。

（一）儿童虐待说(Child Abuse，简称CA)

有些学者在研究中采用1999年世界卫生组织（WHO）对虐待儿童作的描述：对儿童有义务抚养、监管及有操纵权的人做出足以对儿童健康、生存、生长发育及尊严造成实际或潜在伤害的行为，包括各种形式的躯体或情感性虐待、性虐待、忽视及经济剥夺，该定义从以下三个方面做出限定：① 施虐者与受虐儿童之间有密切的人际关系；② 指出虐待的严重程度标准；③ 描述了儿童受虐待的类型，即言语虐待、躯体虐待、情感虐待、性虐待及忽视。

（二）儿童伤害说（Child Maltreatment）

主张这一观点的学者如潘建平、李玉凤、马韵等认为，儿童虐待说把儿童忽视（Neglect）与儿童虐待（Abuse）混为一谈，且认为忽视是虐待的一种类型，这是不妥的。二者在发生前提、特点、产生的影响或管理方式等方面都有所不同，且受忽视儿童和受虐待儿童与父母的关系完全不同，受忽视儿童与受虐待儿童本身的特点也完全不同。所以他们主张用“Maltreatment”代替“Abuse”，“Maltreatment”是一个广义的概念，是指所有对儿童有意的伤害，包括对儿童的苛刻、过分严厉、拒绝、忽视、剥夺、暴力和虐待。而人们通常所说的虐待（Abuse）则是一个狭义的概念，是“Maltreatment”的一种，包括身体虐待、性虐待以及心理、情感虐待，而忽视也是“Maltreatment”的一种类型，是与其他三种儿童受虐待并列的对儿童权利和健康造成严重伤害的形式。有时为了安全起见，不再将 Maltreatment 译为“虐待”，而是“伤害”，因为它覆盖了“危害”和“损害”的内容，更符英文原意。

（三）儿童不良经历说（Adverse Childhood Experience，简称 ACE）

国外还有学者将这一现象称为儿童不良经历（Adverse Childhood Experierice，简称 ACE），即研究对象在 18 岁以前所经受过的情感虐待、躯体虐待、性虐待、情感忽视、躯体忽视或生长在酗酒者、吸毒者、精神疾病患者、自杀者、母亲受虐及有犯罪成员的家庭中。ACE 总的来说属于针对儿童的伤害，属于伤害流行病学的研究范畴。关于 ACE，国内有诸多争论，有学者倾向翻译为“不幸的儿时经历”，也有人译为“儿童期负性经历”。而学者叶冬青等认为“不良”更加强调对儿童的损害以及损害的结局，比较容易接受。

（四）儿童虐待与忽视说（Child Abuse & Neglect，简称 CAN）

这是国内外目前最常见的提法，含有一个普遍认可的、框架式的基本内容，综合起来包括 4 个方面：① 儿童身心当前或永久性地受到伤害；② 基于社会标准结合专业知识，认定这些伤害是由某些有意或疏忽行为导致的；③ 这些行为者可能是父母（监护人），以及任何受委托照顾及管教儿童的人士，例如儿童托管人、亲戚、教师等造成的伤害；④ 这些行为是由个人利用本身的特殊条件（如年龄、身份、知识、组织形式）而有能力单独或集体地对儿童造成伤害。这种界定与前三种的区别在于明确提出了“忽视”，这种说法更具有心理学特色，是一种不作为的虐待形式，即指故意不关注儿童的生理心理需要，察觉到孩子的某种愿望后，不满足他们的需要，也不向孩子解释自己的行为选择。

二、主要类型

美国精神医学学会最新发布的《精神障碍诊断与统计手册》(第五版)把儿童虐待划分为4个主要类型，即身体虐待、性虐待、精神虐待及各种形式的忽视。

(一) 身体虐待

儿童身体虐待是非意外的儿童身体损伤——从轻微擦伤到严重骨折或死亡——作为拳打、打、踢、咬、摇晃、扔、刺伤、窒息、击打(用手、棍子、皮带或其他物品)、烧火任何其他方法的结果，是由父母、照料者或其他对儿童负有责任的个体造成的。无论照料者是否有意伤害儿童，这种损伤都被认为是虐待。我国香港地区关于身体虐待的定义是“指对儿童造成身体伤害或痛苦，或不作任何预防使儿童受伤或遭受痛苦”。另有些学者根据世界卫生组织(WHO)1999年对儿童受虐待作的统一的定义，推演出儿童躯体虐待是指抚养者所施与的、对0～16岁儿童造成实际的躯体伤害或潜在伤害的侵犯行为。中国传统教养观念和方式认为“子不教，父之过”“棍棒下面出孝子”，“体罚”以严格的家庭教育的面目出现，一度不被视作虐待，这致使我国轻微体罚直至躯体虐待的现象比较普遍。因此，在中国社会文化背景下澄清儿童虐待的定义是中国进行儿童虐待研究的基础和首要工作。

(二) 性虐待

它指牵涉儿童的非法活动，或虽不属违法，但所牵涉的儿童不能作出“知情同意”[①]的性活动，就是儿童性虐待，这包括：① 无论发生在家中还是其他地方，任何人士直接或间接对儿童做出的性利用或虐待；② 虐待者是儿童的父母、照顾者或其他成年人，甚或其他儿童，个别或有组织地进行；③ 以奖赏或其他方式引诱儿童并施以虐待；④ 虐待者是认识的或是陌生人士。儿童性虐待个案不同于男童与女童之间的随便性关系，虽然男童可能会触犯猥亵侵犯(非礼)罪行或与未成年少女非法性交的罪行。1981年有17880例儿童性骚扰报告，年龄都在12岁以下。其中2000多名在5岁以下，大多数性骚扰发生在家中。最近的统计资料显示近80%的儿童性骚扰案例中包括继父(30%)、父

---

① 知情同意：任何依赖他人照顾、发展不成熟的儿童或青少年，假如牵涉入他们不能完全明白的性活动，即视为不能作出“知情同意”。举例来说，如果儿童为了换取零食或金钱而牵涉入性活动，则即使该名儿童向施虐者表示“同意”，也不能认为该名儿童已作出“知情同意”。

亲(28%)、母亲的情人(11%)或母亲(10%)。也可能是祖父母家中的人或朋友、熟人。罪犯的动机通常是下列三种之一:尝试幼小者,实施在其他方面不存在的权利,或发泄虐待欲望(Phillip,2000)。

为了有利于临床分析和治疗,我国有学者提出了儿童性虐待界定应包括这样两个层次:一是接触性的性侵害,包括抚摸、亲吻和生殖器接触及性交等;二是非接触性的性侵害,如露阴、窥阴、观看色情影视片、目睹成人性交行为等。儿童性虐待还应有严重程度之分,可分三个等级:① 重度性虐待:包括以各种暴力的或非暴力的生殖器或肛门性交,以及对生殖器和肛门的口交,而不论是否成功;② 中度性虐待:包括各种暴力或非暴力的手段对生殖器的触摸或裸体接触乳房等,而不论是试图如此还是业已成功;③ 轻度性虐待:包括暴力或非暴力的带性色彩的亲吻、抚摸大腿、臀部,或着衣抚摸乳房和生殖器等,以及非接触性的性活动(徐汉明,刘安求,2001)。陈晶琦提出儿童性虐待的操作性定义,指受害者年龄小于16岁,在不情愿的情况下经历下列10种性骚扰或性侵犯中的任何一种:虐待者向儿童暴露生殖器、在儿童面前手淫、对儿童进行性挑逗、触摸或抚弄儿童身体敏感部位(包括性器官)、迫使儿童对其进行性挑逗和性挑逗式地触摸虐待者的身体、在儿童身上故意摩擦其性器官、用口接触儿童的性器官、迫使儿童用口接触虐待者的性器官、试图与儿童性交和强行与儿童性交。上述10种情况的前3种为非身体接触性虐待,后7种为身体接触性虐待(陈晶琦等,2002)。

(三) 精神虐待

儿童精神虐待是儿童的父母或照料者通过有意的言语或象征性的行为,导致或可能潜在地导致儿童显著的精神伤害(身体和性虐待行为不包括在此类别中)。儿童精神虐待的实例包括训斥、贬低或羞辱儿童;威胁儿童;伤害/遗弃或表明被指控者将要伤害/遗弃儿童关心的人或事;禁闭儿童(如将儿童的胳膊和腿捆绑在一起或把儿童捆绑在家具或另一个物品上,或将儿童禁闭在一个狭小的封闭区域内);过分地以儿童为替罪羊;强迫儿童对他自己施加痛苦;通过物理的或非物理的手段过度训练儿童(即极端的高频率和持续时间,即使尚未符合躯体虐待的程度)。

精神虐待又称"心理虐待""心灵施暴"或"情感虐待",还有学者将其称为"心罚""软体罚"。与身体虐待不同,精神虐待往往通过言语、神态、表情等表现出来,一般具有无意识、内隐、后果长期性等特点。目前,统一的精神虐待的定义还难以确认,学者徐琴提出"所谓心罚,就是刺伤学生的自尊心,侮辱他们的人格,损伤他们的自信心,破坏他们的情感,歧视他们,轻慢他们,也就是对学生心灵的打击与摧残"(徐琴,2002)。这个定义强调的是对儿童造成的结果，而非看护人的行为。又有学者认为所谓"精神虐待"，是指"在教育过程中教育者有意或无意、经常性或习惯性发出的任何影响儿童人格正常发展、伤害儿童心理健康的言行，表现为侮辱讽刺、威胁恐吓、贬低压抑、抱怨哀求、强迫关怀等"（王水珍，刘成斌，2004）。这个定义是较有共识的提法。学者虞永平提出，"心罚"是指"直接指向儿童心灵的惩罚，它可能是为了避免因体罚遭受谴责而采取的隐蔽行为，也可能是因体罚无效而采取的新的惩罚行为"。具体地看，"心罚"行为主要有以下几种表现：首先，对儿童的有意忽视；其次，对儿童权利的剥夺；最后，对儿童人格的侮辱。

（四）忽视

儿童忽视被定义为儿童的父母或其他照料者剥夺了与儿童年龄相符的基本需求的任何明确的或可疑的行动或疏忽，因此导致或可能潜在地导致儿童躯体或心理的伤害。儿童忽视包括遗弃，缺乏恰当的督导，未能满足必要的情感或心理需要，未能提供必要的教育、医疗保健、食物、住所或衣物。

关于儿童忽视，我国香港地区目前对儿童忽视的定义是：任何不做出某种作为以致儿童身心健康发展受危害或损害的行为。目前国际上比较新的定义是 2002 年由英国阿伯丁大学戈尔登（Golden）名誉教授等提出的，即"由于疏忽而未履行对儿童需求的满足，以致危害或损害了儿童的健康或发展"。该定义强调了忽视者的"有能力"和"非主动性"特征，明确区分并排除了具有"命令"和"主动"特征的"虐待"。我国学者潘建平、李玉凤根据戈尔登的定义概括出儿童忽视的特点为：①"忽视者"是对儿童的需要满足有直接义务的人；②忽视是一种行为的疏忽和不作为，具有被动性和持续性；③ 并非所有忽视者的孩子都会出现严重的后果；④ 忽视是指反复、持续、长期的漠视、忽略孩子的需求。目前国际上普遍认为忽视应包括 4 个方面，即身体忽视、情感忽视、医疗忽视和教育忽视，也有学者认为还应包括或进一步细化为安全忽视、社会忽视、营养忽视、衣着忽视、素质训练忽视等。

因不同研究者的研究目的和理论取向不同，有关儿童受虐待定义的出发点和侧重点亦互有一些差异，而且定义在具体操作上均存在一些问题。比如，以行为本身而论，什么样的行为可被视为正常的或可接受的"体罚"，而什么样的行为则应视为"虐待"？以行为后果而论，何种程度的损伤或伤害可判定为虐待？以行为动机而论，动机如何评估？在"善意"的动机和严重的伤害之间如何分界？凡此种种均存在大量争议。

三、发生率

儿童受虐待的流行学研究因各研究者所采用的定义、标准、样本及信息来源不同，结果差异甚大。

（一）国外儿童受虐待的发生率

美国国立儿童受虐待和忽视中心（National Center on Child Abuse and Neglect）主持的一项全国调查结果指出，躯体虐待和忽视的首发年龄及发生率分别为：4岁，3‰；2岁，7‰。弗雷舍（Flisher）等的一项调查发现一般儿童青少年中曾遭受各种形式的躯体虐待者占25%，其中遭严厉殴打者18岁，发生率为3%；遭禁闭45小时以上或禁食1天以上者2岁，发生率为9%；被打成骨折或其他重伤者2岁，发生率为3%。另据调查，美国每年有报案的躯体虐待和忽视达200万例，其中半数以上经证实确有其事。施瓦布-斯通（Sehwab-Stone）等对6～10年级学生的调查发现，曾遭受至少一次暴力袭击者达36%。有关儿童性虐待的大量流行学研究认为，童年期遭受性虐待的事例在男、女儿童中均少见。据估计，约10%～25%的女性和2%～10%的男性自认曾经遭受性虐待。不过高于这一范围的发生率也时有报道。拉塞尔（Russell）以美国旧金山成年女性为对象的一项随机调查显示，在18岁和14岁以前曾遭到家族人员（Intrafamilial）性虐待者分别占16%和12%，在18岁和14岁以前曾遭到家族外人员（Extra Familial）性虐待者分别占31%和20%；就整个样本而言，至少遭遇1次性虐待经历的女性，18岁以前占38%，14岁以前占28%。

随着社会的广泛关注和法律的逐步完善，美国健康和人类服务部的儿童办公室制定的年度报告《2013年儿童虐待》（*Child Maltreatment 2013*）统计数据显示：2009年到2013年，遭受忽视和虐待的儿童的整体比率从每千人9.3个下降到9.1个，减少了23000名受害者；自2009年以来，接受儿童保护服务（CPS）的儿童从每千人40.3个增加到42.9个，增加了145000人；全国范围内，79.5%的受害者是被忽略，18%的是躯体虐待，9%的受害者为性虐待，8.7%为心理虐待；2013年，预计全国有1520个儿童死于虐待和忽视，占全国儿童总人口的比率为2.4/100000。

（二）国内儿童受虐待的发生率

2014年由联合国儿童基金会联合北大儿童青少年卫生研究所在中国进行的一项调查发现，74.8% 的中国儿童（16岁前）遭受过不同形式的虐待，同学则是除家庭和老师外不可忽视的施虐者（唐琳，2015）。2008年，Phil WS Leung等人在中国南部展开一项调查，在6592个平均年龄为14.68岁的被试中99.7%的人曾受到过忽视和虐待。在过去六个月中受到过心理攻击、身体惩罚、严重和非常严重的躯体虐待者分别为78.3%，23.2%，15.1% 和2.8%。目前，国内大多数的研究倾向于只考虑单个特殊类型的发生率，但大多数情况是两种或两种以上方式并存，如各种虐待方式都会不同程度地伴有情感虐待。

另外由于对儿童受虐待与忽视的界定不一且缺乏统一的测量手段，所统计的数据缺乏严密性和比较性。

1. 躯体虐待发生率

凤尔翠等调查显示，1个月内农村儿童受责打的发生率为39.3%；以近1个月受责打次数达3次且出现红肿或青紫或出血甚至更为严重后果为躯体虐待计，躯体虐待的发生率为3.30%。杨林胜的调查结果却显示儿童躯体虐待率达62.4%，轻微的52.2%，严重的47.4%，非常严重的21.3%。陈晶琦在2005年5月发起了中国首次大规模儿童暴力调查，发现全国有74.8%的儿童在成长过程中遭受过虐待。这表明，在我国，受“棍棒底下出孝子”的传统观念的影响，儿童躯体虐待现象格外严重。

2. 精神虐待发生率

由于精神虐待具有隐蔽性的特点，没有可观察的直接危害，难以引起人们的注意，在此方面的发生情况报道较少，李彪等于2004年9月抽取新余市小学生共1683名进行调查，发现在1年时间里，83.9%的学生被父母实施了1种或1种以上的心理/精神虐待行为。在心理/精神虐待行为中，常见的依次为谩骂孩子(60.6%)、威胁要把孩子赶出去(29.7%)、故意冷落不理孩子(28.2%)。

3. 性虐待发生率

陈晶琦等人分别于2000年对985名高中女生，2002年对239名高中男生和92名卫校女生，2003年对565名大学生进行了性虐待经历的回顾性调查。结果显示，女生在16岁前经历过非身体接触性虐待的，三次调查结果分别为25.5%、25.6%和20.0%，结果基本相似。而男生两次调查结果分别为23.0%、14.3%，差别较大。身体接触性虐待发生率女生分别为9.80%、14.5%、11.3%，男生分别为15.0%和14.3%，结果也不统一。谷有来等2003年对某高校1895名大学生进行儿童期性虐待情况调查，大学生中儿童期经历过性虐待的比例为24.10%，其中男生为27.18%，女生为20.19%；被非身体接触性虐待男生为12.69%，女生为9.69%；被身体接触性虐待的男生占1.85%，女生占0.65%；被强行性交的大学生儿童期性虐待首次发生年龄最小的仅为4岁。还有调查结果显示，女生在18岁和16岁前性虐待发生率分别为22.11%和15.66%，这一结果低于陈晶琦、谷有来等的调查结果，18岁之前有7.26%的男生经历过身体接触性虐待，明显低于陈晶琦等的调查结果。

4. 忽视发生率

2001—2002年，潘建平牵头全国协作组在我国14个省、25个市利用“中国3～6岁城区儿童忽视常模的研究”抽样调查表明，中国3～6岁城区儿童忽视率为28.0%，忽视度为42.2，各年龄儿童受忽视率和忽视度基本相同，男童受忽视率较女童高，忽视度男女相同。儿童均在身体、情感、安全方面受忽视较多，而在教育、情感、身体等方面受忽视程度较重。

有关儿童受虐待的流行学研究就目前状况来看，其准确性受到方法学上的一些限制。比如现有的流行学研究主要依靠两个信息来源，一是有关政府部门或卫生服务机构的记录，一是被调查者本人或知情人的报告。基于前者的调查，结果有可能遗漏相当一部分“隐匿”的案例；后者则难免受个人记忆力差和其他干扰因素的影响。特别是性虐待，由于受到人们各种观念的影响和限制，报道出的性虐待案例要远远少于实际发生的事件。尽管如此，仍有理由认为，儿童期的躯体虐待、忽视以及性虐待现象是一个不容忽视的严重问题。

四、影响因素

（一）儿童个体因素

人们曾从儿童自身特点、虐待者个性以及儿童所在家庭和社会背景因素等多方面对儿童受虐待的危险因素进行过大量研究。有关儿童自身的一些特点较早受到关注。不少研究认为，早产、低出生体重、童年期疾病、无能、外貌或躯体缺陷、性别、气质等因素与儿童期躯体虐待和忽视有较明确的关系。

外貌和躯体特征是儿童是否受虐待的最主要的外显因素。一般说来，长相清秀和身体健康的孩子较少受到虐待，而在性虐待上存在性别差异，面容姣好的女孩容易遭遇性虐待。

能力缺陷（包括肢体残障、智残、学习无能等）似乎是躯体虐待的重要危险因素之一。有研究发现，在各种形式的能力缺陷儿童中，躯体虐待发生率高达64%。杨林胜等调查显示，成绩差的儿童躯体虐待的发生率大于成绩好的儿童。还有学者研究也显示，儿童受责打的主要原因为不听话、学习问题和闯祸，占95.5%。

当儿童的性别与父母期望的性别不一致时，儿童受虐待的可能性也会增加。有研究显示，男童受虐出现较为严重后果（18.0%）高于女童（13.2%）。不同性别儿童受责打原因构成有差异，女童受责打因素中因监护人心情不好相对较高，男童因闯祸而受责打相对较高。另外，不同性别儿童受责打的方式基本相同，男童受责打为枝条棍棒的高于女童，女童以手责打方式相对较高，差异有显著性。杨林胜的研究也显示男生，特别是严重躯体虐待率高于女生，表明这方面国内的报道是一致的。

儿童的气质也会影响成人的虐待行为。气质主要受先天影响，困难型儿童不如其他的孩子乖巧，他们爱哭闹，难以料理，玩耍和睡眠也不太有规律，把父母搞得筋疲力尽，父母在冲动之下，会干脆置于一旁不予理会，甚至产生暴力行为。因此，他们比容易型儿童受虐待的可能性要大。杨世昌等人抽样调查得出，儿童古怪、孤僻、善找麻烦、不顾安危、好进攻者易招致父母的严惩，遭到虐待；儿童遇麻烦事时擅于掩饰可以减少其受虐的概率。

另外，年龄与虐待发生率的关系也很复杂。凤尔翠等人研究表明，儿童责打发生率以 1～4 岁最高，10～14 岁最低，儿童受责打的频度年龄越低，男童和女童近 1 个月以来受 3 次及 3 次以上责打的发生率越高。王健等研究也认为年龄越小挨打的次数越多，他们认为儿童年龄越小与母亲接触越多，越容易产生冲突，导致受责打的次数越多。杨林胜的研究结果与此不同，研究得出儿童受虐待年龄发生率在 12 岁和 14～16 岁时较高，他认为这可能与这两个年龄段儿童正处在升学阶段以及正值女童、男童青春发育期有关。青春发育时的孩子的叛逆性，可能直接引起父母儿童之间的冲突。还有调查显示：性虐待发生率随女童年龄增长有上升的趋势，64.0％的性虐待发生在 12～18 岁。有性虐待经历的男童 54.7％初发在 12～16 岁（孙言平等，2006）。

有关儿童自身的这些因素，一种可能的解释是，这些因素本身并不直接提高儿童躯体虐待的危险性，而是通过破坏或瓦解儿童与父母（照料者）之间的依恋过程，从而间接引起父母（照料者）的虐待或忽视行为。这里真正起作用的不是这些因素本身，而是具备这些因素的儿童与父母（照料者）之间的互动模式。

（二）家庭因素

如果说躯体虐待或忽视的危险因素较多地与儿童自身特点有关，那么儿童性虐待的危险因素则几乎纯属父母或家庭环境方面。如父母离异或再婚、父母冲突激烈、父母缺少爱心或过度保护、父母酗酒或物质成瘾、父母违法、父母受教育程度低、父母存在适应问题或心理障碍等。

1. 家庭气氛、家庭结构及父母养育方式

温馨安全的家庭气氛、合理的家庭结构和科学的教养方式是儿童健康成长的必要环境。在一种轻松的家庭氛围中，儿童更会表达自己的意愿。合理的家庭结构使得孩子随时有人照顾而不至于使父母忙得焦头烂额，而科学的教养方式直接关系到儿童心智、语言和情感的发展。这三者彼此关联，良好的家庭结构影响气氛和教养方式，教养方式又会促进家庭气氛的和谐。

杨世昌等人对受虐待儿童（CA）与未受虐儿童（NCA）进行对照研究，发现两组儿童的父母养育方式存在明显不同。增加父母对子女的理解及感情交流，能够减少惩罚、严厉、拒绝、否认，会减少儿童虐待的发生，从而得出儿童受虐与父亲惩罚、严厉，母亲拒绝、否认密切相关。该研究还提出父母经常吵架、母亲赌博是儿童躯体虐待发生的危险因素，可见，一个和睦的家庭以及父母健康的行为能避免儿童躯体虐待的发生。李彪对新余市儿童的调查反映出父母的文化程度、健康状况、职业、经济状况、行为及相互关系都与儿童受虐待的发生密切相关。父母吸烟、饮酒或赌博使虐待儿童风险加大，而且父母关系恶劣与儿童受虐待之间存在较强关联，即父母争吵次数越多，儿童虐待率越高，这可能与父母把相互间的不愉快迁怒到孩子身上有关。段亚平等调查结果显示家庭环境在儿童性虐待发生中起重要作用：生活在重组家庭中的儿童性虐待的报告率高于核心家庭，父母亲经常在家庭中使用暴力、有不良嗜好、体弱多病、家庭关系紧张(父母之间、父母与祖父母之间、父母与孩子之间)是性虐待发生的危险因素。李玉凤、潘建平等对3～6岁城区儿童忽视影响因素的调查分析表明，不同家庭结构，儿童受忽视率不同，其中单亲家庭中儿童受忽视率最高(42.9%)，核心家庭次之，三世同堂的家庭中儿童受忽视率最低。

2. 经济状况

家庭经济通常是儿童受虐待的间接因素，家长会因为低于常人的经济水平感到自卑不满，体验到许多消极情绪，这种情绪则会以愤怒或者不理睬的方式发泄在儿童身上。

有研究显示监护人在家务农较非务农更易导致儿童受责打，间接反映了家庭经济对儿童受责打的影响。杨林胜认为家居面积在一定程度上反映了家庭的经济状况，他的研究显示在家居面积小的家庭，儿童躯体虐待率就相对高些，这也间接反映了家庭经济对儿童受责打的影响。

3. 父母的文化水平

父母的受教育程度与儿童虐待之间存在直接关系。面对孩子的调皮和无理取闹，文化水平高的父母会用孩子易懂的语言方式向孩子指明他们的不当之处，能够表达出自己对孩子的合理意愿。而文化水平低的父母则会由于缺乏恰当的语言来引导孩子，他们倾向于对孩子使用身体上的惩罚和暴力的语言来压制孩子。李彪等人研究发现，父母文化程度越高，儿童虐待率越低。段亚平等研究发现母亲文化程度不同的儿童虐待率差别无统计学意义，这和陈晶琦报道结果基本相似，他多次研究得出，儿童期性虐待发生率与父母亲文化程度、家庭居住地、是否为独生子女无关。

(三) 社会文化因素

一百年前，人们是写不出有关儿童受虐待方面的著作的，但是如果生活在21世纪的研究人员返回到19世纪，用现代的眼光来调查当时的家庭状况，他们会清晰地看到儿童受虐待的情况。原因是，在过去，家庭和社会都忽略了这些问题或者说没有把这些问题当作问题来看待。只有在我们改变了对文化的感知和见解之后，我们才认识到儿童受虐待是一种社会疾患。

从历史的角度看，儿童受虐待并没有成为困扰社会的问题。当时人们可以随意抛弃孩子，婴儿的死亡率也很高。例如，在19世纪的伦敦，送往育婴堂的私生子中，约80%的婴儿夭折。那些缺乏良知的育婴堂只管收费，接着，便迅速地抛弃那些孩子。为了某些利益，有些成人还将孩子卖做奴隶或作为廉价劳力使用。这并不是说做父母的不关心孩子，而是当时流行的价值观支持这些做法，即使是那些很关心孩子的父母也受其影响。用今天的眼光来审视，这就是典型的虐待行为，尽管杀害婴儿威胁着个体的生存权利，但这在有些地区还是被作为控制人口或抛弃有先天性疾病的孩子的一种方法，并被当地居民广泛接受。摧残孩子曾是一种远古的习俗，例如，在旧中国，女孩要裹足；在印度某些地方，要将儿童的颅脑变形等。而自石器时代起，切除性器官就被作为一种宗教礼仪。古代哲学家也会毫不留情地杖笞学生。后来有一段时间，在多数基督教国家，每逢悼婴节，孩子都会受到鞭打，目的是让他们记住古希腊时代被屠杀的无辜婴儿。当时，父母、教师和校长都认为医治“孩子心灵之顽疾”的唯一方法是用棍棒驱赶其劣根性。

我国传统文化观念认为“子不教，父之过”，似乎父母打骂子女是天经地义的事，他人无权干涉。在我国，重男轻女的传统思想在有些边远地区还很严重，自从实行计划生育国策以来，家庭规模变小，男童在家庭中的地位比女童更高。陶芳标等对安徽省农村2192名儿童近1个月的体罚行为进行回顾性调查，发现这些传统的文化因素影响儿童体罚的发生率，具体表现为文化教育程度较低的父母受旧观念的束缚，把体罚作为一种管教形式。因此，儿童体罚行为在我国，尤其是贫困农村十分常见，而且女童往往更容易受到责打。

除此以外，国内学者孟宪璋采用精神分析研究方法，对儿童虐待的发生进行探讨，他认为：在儿童受虐待的发生中，存在某些无意识机制，包括自恋性认同、与攻击者认同和投射性认同。这些无意识机制的存在，致使虐待难以被觉察，导致虐待反复发生，甚至会世代延续。

五、病理学特征

(一) 生理特征

有研究表明，儿童躯体受虐表现取决于受虐的方式，可出现多部位的皮肤青肿、紫块和伤痕、皮肤灼伤、头皮下血肿、骨折、内脏损伤、营养不良、脱水，有的儿童在暴力虐待后死亡。忽视可导致儿童意外伤害，如烫伤、跌落伤、触电、呼吸道异物窒息、淹溺、误服药物、车祸、遭歹徒攻击。李德如对5例性虐待儿童感染性病分析得出“受虐待儿童发生SDT感染概率增高，这些感染包括：尿道、直肠或肠道的 VC 和 CT 感染以及尖锐湿疣、梅毒、生殖器疱疹、滴虫病、念珠菌病、HIV 感染等”(李德如,2000)。

(二)行为特征

大量研究发现,儿童虐待存在多方面的行为问题、情绪问题和心理病理问题。高攻击性是遭受躯体虐待儿童最突出的行为问题之一。对此存在两种可能的解释。

一方面,高攻击性可能与这类儿童的情绪控制和表达技巧方面的缺陷有关。具体来说,躯体虐待经历可能损害儿童的情绪控制和表达技巧,他们难以用言辞表达情绪体验,因而常常借直接的行动(攻击)来表达其愤怒或痛苦的内在感受。另一方面,高攻击倾向可能只是儿童受虐待后对所处的虐待性环境所采取的一种防御策略。儿童受虐待常常显得过分警觉,对环境中任何有关伤害性刺激的蛛丝马迹保持高度警惕,并做出迅速攻击。作为一种防御策略,高攻击性对处于虐待性环境中的儿童是具有适应性和保护性意义的。

遭受躯体虐待或忽视的儿童还表现出较多的品行障碍问题、注意问题、多动、破坏行为、反社会行为等。他们在与同伴建立和维持关系上也存在严重困难:一方面,这类儿童与同伴交往时表现出较高的攻击倾向,他们往往对小伙伴友善的接近报以愤怒和攻击,对同伴的痛苦常感到不快或愤怒而不是同情。另一方面,这些儿童表现出较多的社会退缩行为,特别是在陌生的同伴群体中显得社交技巧极端欠缺。

高攻击性和高社会退缩,是受虐待(特别是躯体虐待和忽视)儿童在同伴关系中的两种典型表现,这类儿童也因此遭到同伴的拒绝和遗弃,以致越来越深地陷入社会孤立(Social Isolation)的处境之中。随着儿童年龄的增长,这种同伴关系的困难和社会孤立状态可能持续存在,从而影响儿童的学校适应技能和学业成绩,并从多方面影响儿童的自我概念和自尊水平。

儿童受虐待引起的在同伴关系处理中的严重困难可能与其童年期对母亲(照料者)的依恋过程受挫有关。根据依恋理论,早期依恋关系受挫所造成的不良人际关系模式可能持续一生,使其日后婚姻关系及亲子关系发生困难。麦卡锡(McCarthy)等研究发现,童年期遭受虐待的妇女,成年后其婚姻关系是否发生困难与其早年依恋模式有关,属于回避或矛盾型等不安全依恋类型的妇女容易出现婚姻方面的难题,她们的婚姻出现问题的概率比对照组高出五倍。性虐待经历所造成的行为后果,近期多表现为社会退缩、成绩下降、离家出走、焦虑、抑郁、自杀等;远期多表现为性别角色冲突、异性化行为以及多种性行为问题。性早熟行为被认为是性虐待受害者最具特性的行为表现。所谓性早熟行为指儿童受虐待常表现出来的一些与其年龄和发展阶段不符的成人化的性活动。与此相关的另一行为后果是性杂乱或卖淫。据西尔伯特(Silbert)等人的一项调查显示，在200名卖淫女性中，60%的在16岁以前曾遭受性虐待。研究者认为，由于性虐待经历使受害者过早卷入性活动中，其既已建立起来的行为准则可能因此而瓦解或改变，也许这就是性虐待受害者常表现出性杂乱或性早熟行为的原因。

(三) 心理病理学特征

儿童期各种受虐待经历与多种精神障碍或症状如抑郁、焦虑、注意缺陷多动障碍(ADHD)、创伤后应激障碍(PTSD)、人格障碍、品行障碍、反社会型人格障碍、物质滥用、性功能障碍等有着密切联系。卡普兰(Kaplan)等人的研究指出，躯体虐待使青少年精神障碍发生率明显升高，其重性抑郁、品行障碍和物质滥用的发生率分别是对照组的7倍、9倍和19倍。性虐待受害者精神障碍发生率更高。梅里(Merry)等人的一项随访研究发现，事隔12个月之后，性虐待受害者符合至少一种以上精神障碍诊断标准者，男性达81%，女性达60%，同时符合两种以上诊断标准者占36.4%。性虐待受害者较常出现的精神障碍有PTSD、ADHD以及进食障碍(厌食症和贪食症)等。有研究者指出，性虐待受害者进食障碍、PTSD和ADHD的发生率分别达65%、44%和46%。调查人员报告了大量性虐待儿童的生理和心理问题，包括睡不安稳，伴有噩梦，烦躁，有时是过分活跃；饮食问题包括胃疼和呕吐；成长失败症(一般指儿童无精打采，没有兴趣，缺乏主动性，缺少生活乐趣的一种状态)。儿童可能感到生殖器疼痛，泌尿疼痛或尿床。埃维斯·布莱纳总结了以下性虐待的长期心理影响：① 较差的自我概念；② 较差的社会技能；③ 沮丧；④ 对人敌视和有自杀念头；⑤ 不能与家人相处；⑥ 不能信任别人。

另外，有研究显示，有过儿童期性虐待经历的学生，健康状况自我感觉评价低、容易出现抑郁情绪和自杀意念，性行为发生率高。其中，孙言平等人对有性虐待经历与无性虐待经历两组学生症状自评量表(Self-Reporting Inventory，简称SCL90)的90个因子得分进行了比较，结果提示有性虐待经历的学生更易出现人际关系紧张、忧郁、焦虑、敌对、恐怖和偏执等症状。耿荣娟等通过调查发现非父母养育方式/情感忽视不利于幼儿的社会生活能力发展。段亚莉等研究表明受虐待及受忽视儿童较多发展为成年期精神障碍、攻击行为及反社会行为。孟宪璋研究也显示，童年期虐待和创伤经历与成年期罹患精神疾病密切相关，与成年后的人格发展也密切相关。还有研究显示，遭受过躯体暴力被试者的自我效能感、自尊分数明显低于没有这一经历的被试者；遭受一般性暴力的被试者的分数也明显高于遭受虐待性暴力的被试者的得分；受过较重虐待性暴力和致命虐待性暴力的被试者在自我效能感、自尊分数得分上最低。另有研究表明，儿童期性虐待受害者的执行功能和记忆明显受损。

研究者还发现了青少年创伤后应激障碍的一种病因学模式。例如，有研究者声称，个体遭遇创伤后，应激障碍的症状被不断回避痛苦经历的思维所维系，这种思维方式使得个体不愿过多地体验到悲伤情绪，体现在个体不去关注这些创伤性事件，压抑对这些事件的回忆。然而，年幼的儿童能更好地把自己从创伤事件分离出来，这样就可能在一定程度上防止了创伤后应激障碍症状的发展。这个特征也能够用来解释为什么受过严重虐待的儿童更多会出现分离性身份障碍（多重人格）。

六、预防与干预

儿童虐待行为的发生不是由单一因素导致的，而是具有复杂的社会、文化背景因素。因此，美国学者奇凯蒂（Cicchetti）提出的生态-相互作用模型（Ecological-Transactional Model）是儿童虐待和忽视研究中一个颇具影响的理论。该模型把虐待的发生和发展看成社会生态系统的各个层面（如文化、社区、家庭等）所呈现的多因素相互作用的结果（郑信军，2006）。因此，在干预过程中，有三种主要方法：一是心理教育式的家庭探访，着重于提高关心与爱护的养育能力，减少母亲压力，增加母亲的社会支持以及促进母亲掌握关于基本的儿童发展的知识；二是父母-婴儿心理疗法，是一种依恋理论的灌注式干预；第三种为社区本位干预，在社区中为虐待家庭提供典型可利用的治疗。

由于儿童受虐待事件多发生于功能失调的家庭环境中，如父母离异、冲突、酗酒、吸毒、适应不良等，因此，有研究者提出，也许并非童年受虐待经历增加了儿童的易感性，使其罹患的概率增高，而是某种不良的家庭环境因素作为一个共同的原因导致儿童受虐待的危险性和精神障碍的发生率同时升高。这就给我们提供了一个思路：进行干预和预防以及治疗的工作要以家庭为单位，研究影响整个家庭的组成元素，其中包括家庭的结构、成员的性格特征、父母的工作状况和彼此之间的互动模式等。

（一）预防

由于受虐待孩子长大后倾向于虐待他人，我们提供的治疗和干预不仅能保护现在的孩子，还可以减少下一代受虐待的可能性。显然要取得最大成就，我们必须尽早做准备。那么，有没有办法能够告诉我们：哪些父母有危险，是我们能够在孩子受伤前就为他们提供帮助的呢？

1. 预警系统

1971年，美国人罗斯·肯普与亨利·肯普进行了一项研究，他从父母在临产、生产、产后与医院打交道的过程中，发现了一系列可能发生虐待的危险信号，称之为预警系统。根据这一预警系统，我们可以对一些危险家庭加以关注。

（1）怀孕期间

与将为人父母者进行交谈，观察他们对怀孕的感觉以及他们是否期盼即将出生的孩子。注意到的危险信号有：母亲想否认她怀孕了（不想体重增加、对孩子没有计划、拒绝讨论该问题）、对怀孕感觉消沉、对生孩子感到很孤单和害怕；父母感到这个孩子有点多余，或者，他们自己曾经受到虐待；生活条件过于拥挤；丈夫和整个家庭不支持母亲，她的朋友也不富有同情心；父母对孩子的性别表现出过度关注等。

（2）产房内

孩子降生后，观察父母的反应，发现令人忧虑的信号有：母亲对孩子的反应较为被动（没有触摸、抱或检查孩子，对孩子说话的态度不友好），父母对孩子怀有敌意，父母对孩子的性别不满意，父母相互之间没有爱恋。

（3）产后6周

观察到的危险信号有：母亲避开婴儿的眼睛、不肯面对面抱孩子、不跟孩子游戏、觉得为了给孩子喂奶而吃得太多、喂养杂乱无规律、不理孩子的要求、厌烦给孩子换尿布、讨厌孩子的哭声、对孩子的要求不自己动手而是示意医生或护士动手、不喜欢她在场时别人对孩子表示关注，父母对孩子的性别耿耿于怀、把孩子与讨厌的人列在一起、贬损孩子等。丈夫和家庭的反应极为不支持或不友好，或得不到任何人经济支持的母亲也令人担心。我们关注的还有丈夫嫉妒孩子夺走了妻子的时间、爱、精力；家里的大孩子表现出嫉妒，而父母对这种可能性却没注意，此时的情况更糟。

一旦发现有不良的征兆，医护人员应及时向当事人所在的社区反映，及时引导这些孩子的父母反观自己对孩子的行为和态度，向他们传授育儿经验，并尽力让他们能够欣赏一个生命的奇妙与可爱。

2. 社区服务

社区服务是在社区或其他机构设置一个属于儿童的玩乐和寄养场所，是当孩子无人看管或者家庭成员之间发生严重争执时放置孩子的地方，能够有效干预父母或其他家庭成员对孩子的伤害。

（1）热线

在出现危机时能得到紧急治疗，会使父母在处理问题时感到比较简单。即使长期疗法已经在帮助他们理解并改变行为，他们仍然需要得到如下保证：在遇到不能解决的问题时，总有人守候在电话线的那一头。一条简单电话线的存在，可能使父母更早获得帮助。接热线电话的帮助者可以是雇来的，也可以是业余人员，但是他们将在一个社会福利工作人员的指导下进行工作，并受过如何应付激动异常的来电者的基本训练。他们还需要确切掌握来电者所在区的可利用设施和资源的情况。

（2）护理所

护理所通常是由社会服务部门或志愿组织设立的，是在父母无法处理与子女的关系，或在自己接受治疗时安置孩子的地方。护理所人员通常由儿童护理专家指导下的护理所护士组成，也应该包括一名儿科专家，专门负责治疗儿童疾病。

护理所的设置大体是这样的：可以是放着两三张病榻和一张床的几间房，也可以是设备精良、人员齐备的大机构，大小的不同依据它们的服务对象是小城镇还是大城市而定。重要的是有游戏和吃饭的地方，以及洗澡设施，因为不少孩子来的时候没有吃饭，需要洗澡，需要衣服，并且偶尔需要医疗护理。

建立护理所不失为一种理想手段，因为它能在母亲长时间照顾孩子后需要几小时休息，或当她需要和别人谈论自身的要求，或是在孩子连续几小时的啼哭之后想轻松一下的时候，灵活及时地为孩子提供保护。这为解决危机提供了一种比领养更简便的解决方法。一旦父母要对孩子发火，他们能够意识到一场危机的到来。他们将学到避免使孩子成为他们的宣泄对象的方法，就是一次短暂的分离和一次得到控制的机会。

（3）日间看护

看护受虐儿童的原则，也可以应用于各层看护中心。这样做的优点是，受虐儿童可以与非受虐待儿童接触，而非受虐待儿童和老师一样，起到正常交往示范的作用。这样的环境所需的要求是，看护人员必须随叫随到，这样儿童受虐待就能随它的关系开始发展，从而形成新环境理念。

（4）领养看护

为一个儿童受虐待考虑某种看护，第一步常常是马上把他从家里转移出去。如果他的身体状况不需要住院，甚至不需要进行预后诊断，马上开始领养看护较为合适。领养的优点在于使儿童在家庭危机期间得到安全保护。但是它也有不可避免的缺点，对儿童来说，这意味着在减轻他对暴力恐惧的同时，可能与家庭分离，他可能对失去父母和他所知道的仅有的爱而恐惧。因此，延期的领养看护应尽可能避免，应使父母和孩子团聚。

（二）干预

开始讨论之前，我们应该做出解释，以下所谈论的处理方法只适用于普通施虐型父母的人群。但是，有这么一个占总数10%的团体，他们患有严重的精神疾病，包括四类人：残忍的虐待者，他们会慢慢地、反复地折磨他们的孩子；

精神病患者，孩子是其幻觉体系的组成部分；进攻型反社会人士，他们在被激怒时会出人意料地发起致命的进攻；狂热分子，他们外表看来理智且受人尊敬，内心却精神变态，可能会杀死自己的孩子。对这些人只有一种选择：把孩子托付给亲戚或由亲戚永久领养，或正式终止父母的抚养权，再由他人领养。

1. 对施虐父母的治疗

在儿童受虐待与忽视中，作为主动方的个体应承担大部分的责任，要从根本上改善儿童的处境，必须面对这些有暴力倾向和不关注儿童的父母，也即是说，要治愈一个孩子，首先要治愈这个家庭。对他们的治疗主要有个体咨询和团体咨询。

（1）个体咨询

在个体咨询中，一般情况下，父母自己知道或者在他人的提醒下能够意识到自己的问题，但是，在一种不可控制的冲动和强制性思维的驱使下，他们倾向于殴打辱骂孩子。在这个过程中，他们获得了某种快感，打完孩子后就感到后悔，认为不应该，并决定不再犯错，但是却总是重复伤害孩子。

这些施虐性父母在生活中往往遭受过太多的损失和创伤，所以治疗开始之前，精神病学的预后诊断不仅要为孩子抚平创伤，而且还要面对整个家庭。要深入了解这个家庭，比如丈夫和妻子之间的互动模式，他们之间在满足对方需要时的不足，他们各自对孩子的期望，等等，这些都非常重要，因为这可能影响他们对孩子的行为和态度，使孩子成为他们情绪不高兴时发泄的对象。将父母纳入治疗常常是很有帮助的，因为这样可以给予他们同样的机会进行改变或对变化进行调整。

在治疗过程中，让个体诉说自己内心的困惑，让父母描述自己虐待孩子时的感受，让家庭中每个成员谈自己对其他人的看法和态度，与父母探讨虐待的原因，并引导父母自发对孩子进行道歉，宣称以后不再伤害孩子。在父母的施虐行为没有得到完全的控制时，建议这种个体咨询定期进行，因为咨询活动本身也可能是一种有效的干预。

心理治疗的目标要具体明确。在治疗时必须考虑到病人的生活环境、表达情感的能力、进行改变的限度，以及利用帮助的能力。及时而实际的目标能够帮助他们与他人建立满意的关系，获得他人的帮助，并及时避免与孩子之间的冲突，比如：帮助父母掌握舒适地与其他成人交往的策略，改变一种特定的行为方式和一种单调的生活方式，适当地培养一些爱好，或者，治疗过程不揭露内藏的依赖情感，而是直接对现实的管理进行实际关注。

（2）团体咨询

团体咨询和个别咨询相结合，会是非常成功的，特别是当这一团体是由很多对夫妻组成时。尤其是男性，在其中他们能够利用团体的空间来舒缓紧张情绪，当他们发现还有其他男性加入他们共同表达男性观念时，他们不再那么感到被“暴露无遗”。在团体咨询中，他们觉得更容易被理解和接受。

不知名的父母团体对治疗施虐父母是特别有效的。这些团体成立于任何机构之外，但受助于一个专业咨询师。团体成员共同承担和分享了同样的问题后，他们常能毫不犹豫地直面一个又一个问题。

在对施虐父母进行的治疗干预中，有一个现象是特别需要关注的。即很多家庭把孩子当作宝贝一样捧在手心的同时，因为对孩子期望太高而导致对孩子的言语恐吓、奚落、责罚、批评否定。这在一定程度上会损伤孩子的自信心与以后人际交往的模式。往往这种爱的名义下进行的亲子互动已经构成了情感的虐待。这样的父母应该调整自己的心态，学会理解孩子，与孩子进行良好的沟通。这个更需要社会对这方面知识的宣传和普及，让更多的父母意识到这一点，这是一个社会文化的问题。

2. 对受虐儿童的治疗

在为一个受虐儿童制订治疗计划时，我们首先必须对他所有的困难做一个全面的评估——身体上的、神经上的、认知上的、社会性的以及精神病学上的评估。我们必须时刻准备利用有关儿童护理与发育等各方面专家的意见，来帮助我们完成家庭预后诊断和治疗计划。对受虐儿童的兄弟姐妹进行治疗也是重要的，因为他们可能也有，甚至是更严重的障碍。

我们在为一个受虐儿童进行长期计划之前，特别是当此计划会涉及其父母的合作问题时，最好能确认其父母自身也已经开始某种治疗。他们需要做好准备，在为他们的孩子治疗时，有时他们会被排斥在外，但仍得允许孩子单独接受治疗。这样可以阻止父母破坏孩子的治疗。按常规，应将孩子将要达到的治疗目标和进展计划告知其父母，并使他们感到，作为父母，自己也被包括在孩子的治疗计划之内。

当孩子遭受一次较大伤害被送进医院，或被发现被虐待，这时他及家人第一次与官方机构发生关系，孩子可能与父母一同分担着危机。他可能会认为是自己使家庭陷入困境的，心中有负罪感，害怕父母发脾气。所以我们一方面应对孩子的身体作检查，进行彻底的护理，另一方面还要了解他和父母对当前事件的反应，如果怀疑孩子在遭受虐待期间受到了长期持续的心理伤害，就应对孩子进行一次心理评估，然后根据发现的问题进行进一步治疗。

（1）个别游戏疗法

游戏疗法是一种针对儿童进行的有实物作为道具的治疗方法。对学前儿童以及一些不能很好地进行语言沟通的个体来说，这种方法比较有效。在这种疗法中，儿童可以通过当下的情景，重建自己内心的创伤经验，表达续写自己内心的悲伤。游戏疗法让儿童参与不同的娱乐项目，如玩具屋、绘画、黏土、沙盘游戏等，给他们提供舒适的表达环境。游戏疗法可以有效地克服对治疗的抗拒，加强对特定事件的沟通，促进创意思维和幻想发展，放松情绪。例如，儿童在玩假象游戏时，有关假设情境的问题就可以提出来（如别人提出不合理的要求或做过的动作等），及让儿童学会如何保护自己（如告诉别人那是“不好的”接触）。

个别治疗，毫无疑问是有益于每一个受虐待孩子的，但是由于专业游戏治疗受到所需时间和资金的严重限制，它只能用于那些对周围人有严重危害的极少数的受虐儿童和经历严重问题以致无法从可怕的情景中走出来的儿童。在这些儿童能融入任何团体之前或开始接受其他治疗之前，他们的行为必须得以控制。

个别游戏疗法首要的是提供一种稳固的信任、理解关系。在语言交流的基础上，通过儿童的行为，尽可能对他的情感做出持续的反应。渐渐地，治疗师开始能够理解儿童并与其交流；可以开始对他们说话，看他们是否赞成或是反对。因为许多幼儿理解语言有困难，游戏是交流的工具，而且孩子在与玩偶或动物游戏时，能够多少反映出每日生活的故事。在孩子开始讨论他的家庭生活之前，治疗师就可以说出治疗师对玩偶表现出的情感的理解和接受，这也给儿童传递了信心，使之认为他自己的情感也会被接受。

这种治疗经常遇到的困难是：治疗师在没有得到孩子信任之前，急切地开始治疗。这时孩子会表现出经常性的失望，常把为自己的利益做的事看作是为治疗师做的。他们会拒绝说一些问题，因为他们认为这会对父母不利。

（2）游戏治疗学校

被虐待或被严重忽视的孩子，即使适应了一个治疗师为之调整的环境，也不能毫无准备地去适应外界的环境，必须为其适应学校和其他儿童进行性格的调整。这种适应外界的性格包含：独立的识别方式、控制自身行为的能力和有效交流的能力。

首先，游戏治疗学校提供了一个庇护所，这里可以为受虐待儿童提供每周几小时的庇护，使他在其中建立完全的信心。在这里他还可以学会表达自己，学会与别人相处。这样，通过仔细的治疗，信任和信心的建立，孩子可以在此基础上产生情感，拥有一些自尊和自我价值感。

（3）团体治疗

在团体治疗中，各成员应该明确自己的问题，至少是能把它表达出来，所以它适用于年龄较大的儿童。因为儿童还不能深谙团体治疗中成员之间的规则，而且对挨打等受虐待的事情感到难以启齿，目前为止，针对儿童虐待的团体治疗仍受到一些限制，但是最终还是有希望取得效果的。但无论如何，如果孩子拒绝谈论自己的受虐事件，治疗人员不应该强迫孩子，而且应在已经取得了防范的安全措施之后，还要帮助孩子淡化事件的严重性。

3. 无法治愈的家庭

一般说来，一个施虐家庭的所有成员都需要接受治疗。但事实情况是只对儿童进行治疗，这样不论治疗多长时间，孩子仍无法在自己的家庭里健康成长。如果将孩子一而再再而三地交还给名存实亡的无法治愈的家庭，不仅是白费力气，而且还可能导致灾难。因为这样的家庭现在不能，将来也永远不能提供适合养育儿童的环境，因此可能毁了孩子。唯一的办法是让孩子迅速而且永久地从家庭中脱离出来。

当孩子的父母属于下面所讲到的四类父母时，我们建议尽早终止其监护权，也不要进行长期的治疗尝试。这四类父母分别是：残忍的虐待者、反社会人士、精神病患者、狂热分子。除这几类父母外，还有另外一些父母，我们也建议不要把需要住院的孩子送回去。第一类是酗酒或吸毒成瘾的父母；第二类是智力低下的父母或年纪太小无法很好抚养孩子的母亲；第三类是家庭中已有其他儿童受到过严重伤害，而且可能有过一起或多起不明原因的死亡。

应该强调一点，当我们说一个家庭不可治愈时，我们并不是说不值得对这些父母进行治疗。我们的意思是不应该把孩子作为治疗的工具。孩子的权利必须得到独立承认，孩子的成长过程决不允许受到不恰当的拖延。孩子的父母可能需要3～4年的治疗才能安全照料孩子，但孩子却不能在“临时性安置”状态下等那么长的时间。必须找到一种比让孩子做殉难品更文明的方法，来处理无法治愈的失败。

4. 社区治疗

前面我们所讲到的是针对家庭虐待而言的，但不可否认，儿童受虐待仍然是一个广泛的社会问题，所以我们需要社区范围内的计划。

在实施这一计划中，首先必须认识到，将所有责任和负担放在社会工作者身上，是不可行的，需要广泛的协作，需要来自各行各业的专家加盟这一系统。在这种系统中，社会工作者是领导，也是助手，再加上一批专家，如儿科医生、卫生督察员、警方代表、律师、心理学家等。

参加构筑社区计划的所有人，都必须清晰地理解管理儿童虐待工作的三个阶段：首先是危机管理，包括诊断家庭的情况，为每位家庭成员制订长期治疗计划；第二，实施计划；第三，提高其他从业人员及社区人员的意识性，评估已经完成的工作，进一步研究问题及其弥补方法。

对于从事儿童保护工作的人来说，他们工作的主要目的在于预防。许多工作人员已经开始有目的地参与妇产医院及早期婴儿护理等工作，这样，他们就可以在可能发生虐待事件，但还没有发生之前提供帮助。

教育学龄儿童能进行正常的家庭生活，也对防止儿童虐待起一定的作用，至少对年轻父母是这样。另外，媒体在社区计划中也应起着一定的作用。

七、现状及未来展望

（一）立法与执法

中国政府于1990年9月签署了联合国《儿童权利公约》；1991年3月签署了《儿童生存、保护和发展世界宣言》及《执行90年代儿童生存、保护和发展世界宣言行动计划》；2011年7月30日，国务院颁布《中国儿童发展纲要（2011—2020年）》，在儿童优先原则与儿童最大利益原则的指导下，规定了中国政府儿童发展事业的新目标和新举措。在"儿童与社会环境"部分的策略措施中提到，要"为儿童成长提供良好的家庭环境。预防和制止家庭虐待、忽视和暴力等事件的发生""保护儿童人身权利。保护儿童免遭一切形式的性侵犯。建立受暴力伤害儿童问题的预防、强制报告、反应、紧急救助和治疗辅导工作机制"等。通过这些法案，明文规定禁止体罚、侮辱和忽视儿童，形成了较为完备的保护儿童权益的法律体系。

（二）司法保护

中国在司法程序中十分重视保护未成年人的合法权益，许多重要的法律对此都有特殊规定。中国对违法犯罪的未成年人，实行教育、感化、挽救的方针，并坚持教育为主、惩罚为辅的原则。公安机关、人民检察院、人民法院在办理未成年人犯罪的案件时，充分考虑未成年人的人格尊严，保障他们的合法权益。

（三）组织保障

为了切实保护儿童权益，中国的立法、司法、政府各有关部门以及社会团体都建立了相应的机制，以监督、实施和促进保护儿童事业的健康发展。作为中国最高国家权力机关的全国人民代表大会，委员会内设立了维护妇女、儿童权益的专门小组，配有专职人员。中国人民政治协商会议设有社会法制委员会，其职责之一是监督和促进国家有关妇女、青年、儿童等方面的法律、法规的实施，并就这方面的问题和情况向国家的立法、行政部门提出建议。

（四）宣传教育

由西安交通大学医学院、陕西省人民医院主办并不定期编辑出版的《防止虐待、忽视儿童简报》目前已出版发行了6期。从2000年起，每逢11月19日

“世界防止虐待忽视儿童日”在西安市均举行盛大宣传教育活动，进行有关防止虐待、忽视儿童的宣传教育，并通过卫星广播向国内外介绍。我国第一部关于儿童虐待与忽视防治的专著是2004年版的《防止虐待忽视儿童的医学处理》。2006年3月1日陕西省防止虐待与忽视儿童协会在西安正式宣布成立，这是中国首家致力于消除虐待与忽视儿童的省级专业性社会团体。

（五）国际合作

为促进儿童保护领域的国际合作，中国政府和社会力量在扎实、有效地做好国内儿童生存、保护和发展的同时，还积极参与有关儿童生存、保护和发展的全球性和区域性国际合作和交流活动。多年来，中国与联合国儿童基金会、联合国教科文组织和世界卫生组织在有关儿童保护领域进行了卓有成效的合作，得到了有关国际组织和权威人士的好评。

1999年11月29日至12月1日在西安召开了“全国首届预防虐待、忽视儿童(PCAN)研讨会”，2001年9月29日至10月1日在西安召开了“东亚及太平洋地区维护儿童权益和防止儿童性剥夺会议”，2001年12月11—13日在北京举行了与英国救助儿童会(Save the Children)主办的“防止虐待和忽视儿童培训暨研讨会”，2003年11月3—5日在西安召开了“国际儿童新进展暨防止虐待和忽视儿童研讨会”。1999年3月至2001年10月，潘建平在全国率先开展了对儿童忽视状况的调查研究，2005年5月陈晶琦发起中国首次大规模儿童暴力调查，从而获取第一手资料，并在此基础上着手研究、开发适合本国应用的“儿童虐待与忽视评价常模”。

总之，儿童虐待与忽视不仅是一个家庭问题、医学问题，而且是一个影响广远、意义深远的社会问题，它涉及人类学科和相关机构的方方面面。我国是世界上人口最多的国家，儿童总数亦属世界之首，但我国儿童虐待与忽视尚未引起社会、公众、甚至医务人员和父母的足够重视。陈晶琦等分别调查了幼儿家长、小学生家长、医学生、学校卫生人员对儿童性虐待问题的认识，发现相当部分人员在性虐待问题的认识上存在误区。因此，我们应尽快开展临床及实验研究，从病理生理、生化、免疫以及心理学等多方面研究被虐待/忽视儿童；制定适合中国国情的关于儿童虐待与忽视的界定标准，明确各类虐待的特征，并对儿童保健者，教育工作者进行专业培训，对广大群众进行健康教育，普及预防虐待、忽视儿童的基本知识，广泛宣传预防虐待/忽视儿童的重要性、必要性；建立监测、报告系统，全面掌握反映真实现状的统计数据；加强国际组织和各个国家的交流与合作，以推动我国保护儿童受虐待/忽视工作的持续提高。

思考与练习

1. 简述受虐儿童的分类。
2. 结合实际谈谈如何预防儿童被虐待?

推荐阅读

[美]美国精神医学学会编.精神障碍诊断与统计手册(第五版).张道龙,等译.北京:北京大学出版社,2015(1):P707-709.

U.S. Department of Health and Human Services, Administration for Children and Families, Administration on Children, Youth and Families, Children's Bureau. (2015). Child maltreatment 2013.

唐琳,虐儿传代,事实还是偏见?科学新闻,2015(8).

郑信军.国外儿童虐待的心理学研究述评[J].中国特殊教育,2006(11).

第 15 章　听觉障碍儿童

1. 掌握听觉障碍儿童的定义、特征以及分级。
2. 了解听觉障碍儿童的发生率、致病因素以及如何鉴别。
3. 重点掌握对听觉障碍学生的教育安置以及对普通班教师的建议。

人类在认识自然界和社会的同时，也逐渐认识了人类自身，关于儿童发展中的聋、盲这些异常现象，在中外史籍上都有所记载。如我国《左传·僖公二十年》记载“耳不听五声之和为聋，目不识五色之间为昧”（朴永馨，1995）。亚里士多德也专门写过涉及聋人感觉的文章：“天生聋者以后将变哑，虽可发声，但无言语”。卡尔丹诺是 16 世纪的意大利数学家、哲学家和医生，作为聋教育的奠基人之一，他提出：“我们可以做到，哑人通过阅读可以听到，通过书写可以说话。”他对聋人掌握语言的可能性做了肯定的叙述。17、18 世纪，随着聋教育机构的建立，不少国家的医生、教育家、哲学家对缺陷儿童从医学、教育、医疗康复等方面进行研究，陆续出版了一些关于聋、盲教育和心理方面的著作。例如，德国海尼克的《对哑人和普通人的言语的观察》和《论聋哑人思维的形象》，谢根的《关于异常儿童的教育卫生和首先治疗》等。19 世纪末 20 世纪初，生理学、解剖学、病理学以及现代心理学的发展，使对听觉障碍儿童的研究也相应得到了发展。

一、定义及发生率

听觉障碍(Hearing Impairment)又称为听力残疾，是指因听觉系统某一部位发生病变或损伤，导致听觉功能减退，造成语言交往困难，也称听力障碍、聋(Deaf)、重听(Hard of Hearing)、听力损失(Hearing Loss)。

听觉障碍是一种常见的出生障碍，它可影响婴幼儿言语、情感、心理和社会交往能力的发展，对儿童的成长造成巨大的影响。2001 年，卫生部、公安部、中国残联和国家统计局组织的对全国 0～6 岁残疾儿童抽样调查显示，听觉障碍儿童患病率为0.155%，平均发现率为0.221‰，用此数据推算全国0～6岁听觉障碍儿童有15.8万人，每年新增听力残疾儿童2.3万人。

二、分类

根据不同的研究视角和实践需要的不同，可将听觉障碍作不同的分类。

（一）聋和重听

按听力损失的程度可分为聋和重听，我国残疾人抽样调查使用的《残疾标准》就是按这个标准来分类的。

1. 聋

一级聋：语言频率平均听力损失大于91分贝。

二级聋：语言频率平均听力损失大于71分贝。

2. 重听

一级重听：语言频率平均听力损失大于56分贝。

二级重听：语言频率平均听力损失大于41分贝，等于或小于55分贝。

（二）器质性听觉障碍和功能性听觉障碍

这是按病变的性质来划分的。器质性听觉障碍指听觉系统的组织结构异常所导致的听觉障碍。这种情况下，听觉系统中的某些器官不能接受声波的刺激或者不能传导声波引起的神经冲动。功能性听觉障碍指听觉系统的效能下降导致的听觉障碍，个体对声波有感知，但不够敏感，区分不够精确，容易把一些声音听成另一些声音，如把“hun”听成“lun”，把“yao”听成“you”，等等，通过加大音量就可以避免这些问题。

（三）传导性（传音性）听觉障碍、感觉神经性听觉障碍和混合性听觉障碍

把从外耳、中耳到卵圆窗这一部分听觉机制叫作传导通路。这一部分出了问题造成的障碍，叫作传导性（或传音性）听觉障碍。这种听觉障碍不会太严重，很少超过60～70分贝，因为声音在不能通过耳道传导时，还可以借助骨传导进入内耳。

耳蜗、听神经到大脑中枢这一段听觉机制叫作感觉神经通路。这一部分出了问题造成的障碍叫作感觉神经性听觉障碍，也称神经性（或感音性）听觉障碍。这类障碍有轻有重，一般说来都较为严重。

有时候，疾病可能同时累及外耳、中耳、内耳或听神经及听觉中枢，从而造成混合性听觉障碍。

三、影响因素

（一）遗传因素

先天遗传性听觉障碍，约占全部先天性听觉障碍的1/3～1/2，一般多为基因遗传，有家族史，能够从家族关系调查中发现：染色体异常可能导致先天遗传性听觉障碍，因此，进行染色体检查可以找出不易察觉的病因。有研究发现，间隙连接蛋白26基因是导致先天聋最为常见的原因(丹尼尔，2010)。

（二）孕期的有害因素

孕妇受某种物理或化学因素影响可能导致先天性胚胎期致聋。如母亲在怀孕头3个月内患风疹，风疹会通过胎盘感染胎儿，生下的新生儿可能患听觉障碍、视觉障碍、心脏病等。其他致畸因素还有流感、梅毒、宫内感染、妊娠期服用了致耳聋性药物，以及妊娠期患代谢性疾病等。这些病毒通过孕前检查和治疗都可以得到有效的控制，从而使儿童免受其害。

先天性围产期有害因素包括早产、缺氧、创伤、新生儿黄疸及RH血型不配合等。这些因素可能导致新生儿患神经性听觉障碍。

先天造成的问题治疗起来相当困难，因为在个体听觉器官发展的关键期，这些先天的因素破坏了先天结构的形成，从而导致后天功能发展得不完善，补救工作相当困难。因此，最有效的方法是预先干预，对易出现的问题未雨绸缪。

（三）后天疾患

后天导致听觉障碍的疾患很复杂，如病毒性感染、脑膜炎、药物中毒等。现在，抗生素中毒成了后天致聋的主要原因。抗生素在医学上叫耳毒性药物，它们可能损伤耳蜗，造成感音性听觉障碍，也可能损伤前庭致使出现眩晕及平衡障碍。据报道，由于滥用抗生素而致听觉障碍的病人占到听觉障碍患者的很大比例，约有三分之一。

耳病及损伤一般会导致轻度的传导性听力障碍，如耵聍栓塞、耳道异物、中耳炎、鼓膜外伤等。出现这些病变，就要及时就诊，消除炎症，清除异物。

四、特征

（一）心理特点

1. 感性认识活动特点

在人的感性认识活动中，虽然视觉起着主导作用，能使人们感知到物体的大小、形状、色彩及彼此间的相互关系，听觉只是提供一定的线索，不能使人产生具体事物的视表象，但是由于周围现实中充满声音，听觉能为人们提供数量相当可观的声音信息。而且更为重要的是，声音依不同的条件变化着，通过生活经验的积累，人们能根据声音的变化区别事物的特征，确定它们之间的联系。听觉往往对视觉形象起着组织串联作用，使人们对事物的感知更完整、更广泛、更全面、更灵活。

听觉障碍学生的听知觉因留有的残余听力和听力补偿情况不同，因而差别很大：有的听障学生能与耳聪人进行听说交往；有的听障学生只能获得少量的声音刺激，或者几乎得不到声音刺激，从而丧失大量的感性材料——听感觉、听知觉和听表象。他们对客观事物的反应往往仅限于它们的光学特征，缺少固有的声学特征，显得不完整、不全面。而且，听障学生的视觉形象离开声音的组织串联作用，也显得互无联系、缺少条理。

听障学生在视觉空间定向方面发生很大困难。他们每一瞬间只能看到直接进入视野内的事物，对于视野外的和被眼前物体挡住的许多东西，都无法感知到。同时，他们感知不到声音特点的变化，如声音的有和无、加强和减弱等，就不能及时了解事物发生的异常变化，更难以对它们做出适当的反应。在知觉外界事物与自身之间的关系时，他们主要只具有视觉知觉到的表象和空间物理关系，当身体变换位置时，表象和关系又统统作了改变。因此，听障学生不得不频繁地转动头或整个身体，以强化对周围事物的视感知。

从感知的质量上看，听障学生表现出如下一些特点。

（1）不善于有重点地进行感知、抓本质特征

听障学生为弥补听觉的损失，就千方百计强化视知觉，不区分感知的对象和背景，恨不得把映入视野的所有东西乃至每一个细节和每一个变化都抓住不放，结果就容易忽视主要的东西，辨不清主要和次要、本质和非本质的东西。

所以，听觉障碍学生的感性知识往往显得主次不清、层次不明、缺少条理。这个特点会反映到他们的许多活动中，如打手势、看图说话等。比如，当他们打手势时，手势动作有些凌乱，有时甚至不知道自己要“说”什么好，此时的表情也比较焦躁，身体的其他部分与手的动作不能很好地协调起来。

（2）不善于把握整体和部分的统一关系

听障学生对整体和部分的关系和比例认识较模糊。他们容易偏重于部分，忽略整体，忽略各个部分在整体中的比例关系，不善于把部分和整体统一起来思考，这也使其感性认识缺少必要的鲜明性和条理性。他们不像正常儿童那样，很快地学会先抓住完整的客体，再分析其构成部分的认识技能。比如画人时，他们是眼睛、眉毛、鼻子、耳朵、胳臂、手、身躯、脚、腿，一块一块“装起来”；画房子时，他们是一块砖、一片瓦“砌起来”的。这样画时，他们难以区分部分和整体以及各部分间的正常比例关系。

(3) 不能保持知觉和语言及思维的统一

听觉障碍学生的语言及语言思维发展严重迟滞，在很长的时间内无法将感知和思维统一起来。他们的感知活动缺少思维和语言的积极参与，因而，他们很难利用社会积累的丰富经验，主要借助于个体的直接经验。这就严重地限制了他们的感知活动质量，使得他们的感性知识贫乏、肤浅、零乱，大量的时间、空间关系他们都无法反映出来。这一点特别体现在时间关系上。时间关系是听觉障碍者最难把握的，声音的流淌是单维的、历史的，它一去不复返，但在所有感官中，它最能准确地感知时间的变化。而听觉障碍孩子缺少听觉，对他们来说，他们不知道一秒钟意味着什么，一年又是一个怎样的概念，只知道一秒钟很短，一年很长。

2. 言语发展特点

常言说："十聋九哑。"聋所以和哑密切相关，是因为听觉发生障碍时儿童就听不到或听不真别人的语言，因而也无法模仿学习，学不会说话或说不好话。听障是否致哑，取决于障碍程度、障碍发生的年龄及儿童所处的环境条件。

一般大声说话的声音强度能达 60 分贝。如果听力损失在 40～55 分贝，儿童开始说话可能推迟一年，但其语言发展不会受到明显影响。如果听力损失达到 56～70 分贝，儿童开始说话可能推迟 2～3 年，并带有许多发音缺陷，或成为"半语子"。如果听力损失达到 70 分贝以上，儿童可能又聋又哑。在语言形成的关键期或在此之前丧失听力，立刻就会影响到儿童的语言发展进程，儿童甚至有可能成为聋哑人。五六岁或以后发生听力障碍，儿童已有的语言技能不会完全丧失。

在发现子女的听障后，有的家长采取各种措施（如配助听器、进行语言训练等），即使听力丧失达到 70～80 分贝或更严重，儿童也可能学会口语。相反，听力损失即使不严重，儿童也会遭遇言语发展的障碍。晚聋学生的语言能否保持下去并进一步发展，也完全取决于家庭及其他环境所采取的态度。家庭成员要对孩子保持足够的信心和耐心，体察到孩子要去听的愿望后，对他持续地给予听觉方面的信息。如果这些信息给孩子带来美好的感受，那么，孩子就可能重建对声音刺激的敏感性。

目前我国广泛开展早期干预，力求对听觉障碍儿童做到早发现、早治疗、早教育——通过助听技术进行强化性听力和语言训练。这样做的结果能使部分重听儿童掌握基本正常的语言技能，使另一部分重听儿童甚至聋童学到一定的语言技能——他们说话可能不太清楚，语气把握不准，词汇不太丰富，语言理解和表达能力都不太好。新近的研究发现，听力损失在 25 分贝就可对正在学语的幼儿产生不利的影响。在临床上,若一耳耳聋或重听,而另一耳的听力损失小于40分贝的,不属于听力残疾范围,但仍属特殊教育的对象。

3. 思维发展特点

语言是思维的工具。抽象思维的“细胞”——概念,是由词汇固定下来的。离开语言和词汇,就难以抽象出同类事物的本质特征,形成概念。听障学生在没有学习说话之前和开始学说话后的一个相当长的时期内,很难获得本意上的概念。

在缺少词汇及概念的情况下,听障学生只能借助于视觉、动觉和触觉等听觉以外的感官活动获得表象、形象,借助于手势及动作进行思维。这种思维只能是感知动作思维和具体形象思维。听觉障碍儿童如果没有受到及时的特殊辅导和训练,没有掌握语言手段,那么,他们的思维只能停留在直观形象水平上。即使进入特殊学校学习三四年以后,这种情况也难以改变。专门的研究证明了这一点。

朱曼殊和武进之就语言和思维的关系问题,对正常儿童、盲童和聋童作过对比研究。研究包括:句子结构逆向转换(对被动语态和双重否定句的理解),方位的逆向转换(理解“上”和“下”、“左”和“右”两对反义词组成的句子),运算测验(序列、类包含及守恒作业)。测验过程中发现,聋哑被试和全盲被试解答题目的方式不同。后者更多地受对当前测验情境的知觉所约束,表现出思维的方式不同;前者更多地受对当前测验情境的直觉所约束,表现出思维的僵持、固着状态,缺少盲童所表现出的灵活思维方式。其原因在于聋哑学生学到的词汇在抽象和概括程度上有很大局限性,不能使他们从当前具体形象的束缚中解脱出来,他们只能启动和当前极接近的已有知识和经验进行思维。

美国拉玛大学的坎贝尔通过研究发现,没有多少听障学生能进入皮亚杰所说的认知形式运算阶段:小学阶段(6～10岁)的聋童100%处于前运算阶段;初中阶段(11～13岁)的聋童60%处于前运算阶段,40%进入具体运算阶段;高中阶段(14岁以后)的聋童40%处于前运算阶段,60%处于具体运算阶段,进入形式运算阶段的极少。主要原因是聋童没有足够的言语水平及感性材料,并且也不会把感性材料同言语结合起来形成概念。这样看来,听障学生不可能成为普通意义上的抽象思维者。

4. 学习接受能力

听障学生通过直接经历获得的知识有限;不能进行语言交往,又丧失了通过语言获得信息的机会。他们到入学时尚不具备学习活动所必需的丰富事物表象及必要的认识活动能力。同时,他们的交往很困难,不能保证师生之间的相互理解。所有这些都影响到听障学生的学习接受能力及学业成绩。

我国聋校实行九年义务教育，在文化知识方面的目标是达到小学毕业的水平。实践证明，就是这样一个不算高的目标，大部分聋生也都很难达到。主要原因就在于听障学生口语接受能力差，书面文字学习速度慢、学习效果不佳。

美国学者利用斯坦福成就测验法，对6873个聋儿童少年（6～19岁）的学业成就做了分析研究，结果发现：聋生在8～18岁的10年间所增加的词汇量和正常儿童从幼儿园到小学二年级末（4～7岁）所增加的差不多。14岁聋童的阅读能力仅达到小学三年级（7～8岁）水平。计算能力不完全依靠语言，10岁聋童的计算测验得分略高于小学三年级水平。这个研究材料来自20世纪70年代。80年代以来，美国人所做的类似研究没有发现听障学生的成绩有什么提高。大多数聋人的学习都很落后，多数成年人的阅读技能不超过小学四五年级水平。

5. 个性发展特点

同周围人的正常社会交往，是儿童个性健康发展及顺利适应社会环境的首要前提。语言是人们社会交往的最重要手段。听障儿童缺少语言，难以同人们交流思想和情感，必然产生不同于正常儿童的个性特点。

听不到或听不懂人们的语言交往，听障学生就难以理解人们所作所为的实质及其相互关系的实质，就难以借鉴社会所积累的丰富知识及经验，社会对他们的影响多半停留于事物的表面。不能理解别人用语言表达的思想和要求，听障学生就容易对别人产生误会和猜疑；不能用语言表达自己的愿望和想法，他们就走不出“哑巴吃黄连，有苦难言”的困境，容易产生同周围人的对立情绪。在这种情况下，他们希望被人承认和接纳的基本情感需要就得不到满足，从而诱发一定的情感和行为问题，如自制力差、猜疑、攻击性、自我中心，或者焦虑、胆怯、退缩、自我封闭等。听觉障碍者倾向于在彼此间交朋友，形成自己的“聋人小天地”，主要就是由于交往的自在和方便，得到充分理解和承认。

也有不少听障者性格开朗、乐观向上、积极主动、意志坚强，善于扬长避短，在各方面取得显著成就，比如在绘画、表演、书法等方面。如果发现听觉障碍的孩子在别的方面有兴趣，加以悉心赞扬和培养，他们还是非常有可能成为可造之才的。

听障学生是否产生个性问题，在很大程度上取决于他们周围的人，尤其是他们的父母及教师对他们的态度。预防和改变听障儿童消极个性特点的关键，在于改变他们所处的环境。

（二）举止特点

听觉障碍严重的儿童一般都能及早被确诊。但是，轻度听障的儿童很难及早被鉴别出来，这些儿童被父母和老师视为一般正常儿童，与耳聪学生相比，肯定处于不利地位。普通班教师可能意识不到他们的行为及学习问题起因于听力障碍，会把他们错归为智力落后、情感障碍儿童或有某种特定学习问题。

有时，教师还会以为学生的学习问题源于自己教育方法的不当。当普通班教师认识到学生问题的实质时，双方之间都可能为此已经付出了沉重的代价。

因此，教师应当了解一些预示可能有听力问题的举止表现，以便及早把听障学生筛选出来，使他们尽早接受全面的检查和治疗，同时调整自己对他们的教育辅助。以下任一种举止特点都可能预示学生有听觉障碍。

1．注意力不集中

学生在听不到教师所讲内容时，或者听到一些，但难以理解时，就会不注意听讲，他们时而东张西望，时而玩玩铅笔，时而翻翻书本，调皮的孩子还会向老师和同学挤眉弄眼。

2．侧耳细听

有的学生则比较勤奋，他们为了搞清教师的讲课内容，常把一耳侧向教师，会皱眉头，面部表情比较严肃，有时甚至把手掌贴在耳朵后面，也可能经常请求教师重复讲过的话。

3．语言能力差

听力损失会使儿童语言发展迟滞，言语严重失准、很不成熟。他们发音不标准，不完整，不圆润，也没有一般儿童的声音那么清脆稚嫩，同时，书面语也存在严重的语法方面的问题，通常不知道如何恰当地使用虚词。

4．不善于完成口头指令

有的学生按书面指示做事较容易，但按口头指示做事则显得很困难。这可能是因为听不清口头指令的全部内容。在这种情况下，有的学生可能请求教师说话声音大些。

5．在小集体内做事较好

有的学生在小组里做事或在安静的环境里做事时，效果较好；或者是教师在他们附近布置任务时，他们也可以迅速有效地完成。一旦在那些分工不明确的大集体里或者是在一些很嘈杂的环境里时，这些听觉障碍学生似乎就失去了方向感，不知道自己究竟要做什么。

6．喜欢跟着别人做事情

当教师向全班同学布置一个任务后，有的学生先观察同学做什么、如何做，然后自己模仿着做，因为他可能没有听清或理解教师的要求，只能从别人的行动中获取暗示。

7. 表现出一定的行为问题

有的学生为掩盖自己具有听觉障碍的事实，可能装模作样，不懂装懂，或者表现出倔强、冲动、羞怯、退缩等特点。因此，教育者面对孩子的种种表达，首先要冷静沉着，仔细观察，看看这些行为到底意味着什么，还有什么潜在的东西没有显露出来，而不能急于作各种各样的判断和推测。

8. 常使用手势及其他动作

为弥补口语交往技能的不足，有听障的学生常常借助于手势进行交往。不爱参加需要说话的活动，对于戏言和幽默不发笑。这是由于他们的听觉不敏感，在听别人说话时本身比较吃力，对语音的过分关注又会分散和抑制他们对语义的处理和加工，以及缺乏对超出语义的含义的领悟。

9. 实际成绩低于能力水平

除以上行为特点外，听障学生还可能表现出一定的医学征兆，教师也不能忽视。如：耳朵经常疼、流出液体，常患感冒或咽喉炎等。还要注意有过敏反应的学生。过敏反应会在鼻腔或耳内产生肿起组织，导致听力问题。需要注意的征兆还有：眼睛下部有暗环、红眼睛、常打喷嚏、不停地淌鼻涕。还应注意中耳炎，它可能造成轻度听障。以上的征兆应引起校卫生教师和家长的关注，需要及时送医院做检查。

五、教育安置

一般说来，对于确诊有听障的学生，不应当立刻就把他们送到特殊学校或特殊班中去，而应该让他们在普通班坚持下去。教育者要做的是，根据他们的特殊需要提供特殊的助听服务，采取一些特殊的教育措施，以使他们获得最佳的学习效果。

（一）融合教育的好处

第一，能使听障学生与耳聪学生的关系继续下去。这种关系能够使听障学生觉得自己和别的学生并没有任何大的差别，他们能够继续拥有一种归属感，而且还能够最大限度避免外界的偏见，使他们还能沿着已经熟悉的轨迹走下去。

第二，有机会接触各种不同的语言风格，这能使孩子更好地适应与其他人群在一起的生活。

第三，能把自己的语言维持在可以让人理解的水平上。如果把听障学生安排进特殊班，他们就会降低对自己的要求，不会再努力发展和保持高水平的语言，因为他们会想："我的听力本来就有很大的问题，我学起语言来这么困难和笨拙,这并不是我的过错。”

第四,帮助形成广泛的交往技能。如果他们说的话难以让别人听懂,那么,他们还可以改变说话的措辞,调整说话的语气以努力使他人听明白,这无形之中加强了他们的语言能力。

第五,在学业上和耳聪同伴竞赛。普通班学业进度较快,能提高他们对成绩的期望值。不过,这一点又是某些听障学生在普通班成绩不良的主要原因,但这种不良只是与耳聪者比较而言。

第六,为将来走向耳聪世界做准备。听障学生教育的最终目的是使他们能在耳聪社会中独立生活。

(二) 融合教育的条件

在做实践安排时,必须考虑听障学生的个人条件。在目前我国教育发展的背景下,能在普通班就读的主要是具备以下条件的听障学生:① 听力损失在重听范围内,带上助听器主要依靠听觉,必要时辅以视觉,参与各种教育教学活动。② 有较好的语言理解能力和语言表达能力,以及适当的看话能力。③ 实际年龄接近于班内耳聪学生。④ 有较好的意志品格,如开朗活泼、善待挫折、自尊自信、敢于和周围人打交道及能适应大社会环境等。除此之外要使听障学生融合获得成功,还要考虑其他一些重要条件,例如:教室内适当照明,声音扩大设备,专门的支援人员,耳聪学生的接纳和尊重,普通班教师的态度及精神准备等。

六、对普通班教师的建议

(一) 促进听障学生和耳聪学生的相互作用

当前,随班就读的主要是轻度听障学生。普通班的工作只要做些适当的调整,就能使他们适应班级的学习活动。需要引起教师特别重视的是:物理环境上的接近,并不等于两类学生在社会上的融合。判断随班就读教育成功的一个重要标准,就是听障学生为耳聪学生所承认、接纳、欢迎,成为他们的朋友。因此,普通班教师首先要关注的问题,就是促进两类学生的健康的人际交往,促进他们间的相互作用。一方面,从耳聪孩子的角度出发,培养他们高度的道德感,使他们懂得如何尊重他人,帮助他人和关爱他人。另一方面,从听障儿童自身出发,这是本位出发点,教师要积极发掘这些孩子身上的优点,并与家长一起培养他们的特长,与对一般儿童的方式一样,教育者也应该鼓励他们帮助他人,这样,孩子才容易内在地体会到自己存在的价值和尊严。

(二) 注意发展听觉障碍学生的语言能力

学校内的各种活动、师生间及学生间的交往,都建立在语言基础上。提高语言能力是使听障学生能够随班就读的重要条件。语言能力包括言语理解和表达两个方面。语言表达主要靠说话,语言理解主要靠听话。对于听障学生还要辅以看话——通过观察说话者嘴唇及身体动作、表情和其他环境线索,以感受和理解其说话内容。听障学生即使戴助听器也不能完全靠听力参与各种活动,在多数情况下需要综合利用视觉和听觉。发展听障学生的语言能力,主要是从培养看话技巧和说话技能两个方面着手。

1. 看话技能的培养

看话技能的培养主要靠辅导教师的指导。但是,学校内各种正式和非正式的活动中的语言交往,也是发展看话技能的重要途径。普通班教师应有意识地把这种途径利用起来,处处时时考虑如何方便听障学生看话。

听障学生的座位应便于他看和听教师的讲课。最好让他处于离教师3~4公尺的距离上。他的座位还需经常调换,以使之有机会在不同的方位看不同的人说话。应在前几排靠边的位置上进行调换。若教室只有一边开窗户,就只能让他坐在靠窗户一边的位置上。

教师讲话时的位置很重要,不能靠在窗一边,或暗光处及脸上可能出现阴影的地方,因为这会妨碍听障学生看清其脸部情况。一般来说,光源在听障学生背后便于他看话。教师也不能边走边说话,或边板书边说话。还应鼓励耳聪学生在回答问题时面对听障学生。

教师要严格要求自己的教学语言,说话时一定要简练、准确、清楚、通俗易懂;用不着大喊大叫,也用不着夸张口形,这样便于听障学生看话。在讲解和讨论时,时而给听障学生提个问题,以使之紧跟教学进程。对于他没弄懂的词语或问题,应直接对他重复一遍。对于他没有听到和看到的术语或要求,也按照原样给他重复说一遍。要鼓励听障学生在听不懂时提出疑问,请求教师重复不懂的内容。有些同音或近音词语,单独说出时,无论是听或是看,都难以弄清。这些词应该和有关词语搭配成词组或句子,再呈现给学生。如果使用有文字说明的挂图,教师应先把上面的内容说一遍,然后再给学生出示。这样可使学生每次只注意一种主要刺激物。在教室内讲及某一事物时,教师要指出它、走近它、触及它或实际操作它。可以把事物纳入讨论的前后联系中,作为对讨论内容的支撑。教师想要直接对听障学生说话,或要求他注意时,叫他的名字或对着他讲比较好。在所有场合下,把视觉和听觉因素结合起来进行教学工作,对听障学生较为有效。

2. 言语技能的培养

听障学生言语技能发展迟滞,随班就读的教育适应措施之一,就是开展言语技能训练。这项工作主要由辅导教师负责进行。但是,普通班教师在这方面也起着重要作用。他们应在班级活动中对听障学生的言语进行观察和监督,强化这种技能。

听障学生遇到难发的词语时,教师应鼓励他使用词典,当然这要视其年龄及学习水平而定。在一般对话时使用不完整的句子,但在讨论时要提倡大家都使用完整的句子。当听障学生说话声音太高或太低时,教师应加以提醒。听障学生难以控制自己的语言声音,可以通过直接的指导或暗示,培养他控制说话声音的技能。要创造一种轻松愉快的语言环境。教师和耳聪学生都不要因有听障学生而说话矫揉造作。大家说话的风格越轻松自在,听障学生越能获得好的说话机会。

(三)了解听障学生的特殊交往手段

讲到聋人,人们首先想到的是用手比画。这种比比画画的手势语是他们所缺言语的一种代偿手段。听障学生的听力损失越严重,越需要使用手势语。

随班就读的听障学生一般都有较好的语言能力。在同耳聪学生进行社会交往时完全能够使用语言。但是,当听障学生彼此交往时,由于不能克服相互之间存在的语言表达和理解等细节上的问题,容易发生语言交往上的困难。这时,手势的帮助仍然是必要的。因此,普通学校教师应对手势语有所了解。这样有助于较深刻地理解听障学生,较顺利地对他们开展教学、教育工作。

目前,我国"手语"这一术语是手势语和手指语的统称。手指语和手势语两者性质不同,只是由于都以手为媒介传递信息,才被归入手语范畴。

1. 手势语

手势语是聋人利用手的动作和面部表情进行交往的一种表达系统,亦称手势表情语。手势语是聋人结合为群体后,为满足交往需要而逐步发展起来的。手势语的基本单位是手势,是对事物外部特征的形象模拟。由于不同群体可能模拟同一事物的不同方面,手势语也存在方言现象。但是,因为同是模拟事物的直观特点,方言的存在不会严重影响聋人之间的相互理解。

手势语完全不受汉语的约束,可以自由自在地进行表达,显得生动、活泼、敏捷。但是手势符号简单、具体、概括水平低,许多时间、空间、事物间和人际间的关系,以及许多较为抽象的概念,都难以表达。手势语对于满足听障患者的一般需要起着重要的作用,但对于发展聋人的抽象思维,帮助他们掌握现代文化科学知识,树立系统的世界观就显得很不够了。而手指语在某种程度上很有效地弥补了这一缺陷,使那些渴望掌握抽象理论知识的孩子的愿望变成现实。

2. 手指语

手指语又称指语,是用指式(手指的格式变化)代表拼音字母,连接若干个指式可以拼成任何语言的词句。手指语是语言的特殊形式，专为聋人而设计。

目前，我国大陆通用的汉语手指字母方案，1959 年由当时的内务部、教育部和文字改革委员会制定，于 1963 年正式颁布试行。手指语和手势语的区别很大。手势语是独立于语言之外的表达体系；手指语则派生于语言，在构成要素上反映着书面语言，在功能上与口语相同，能为聋人之间和聋人与会打手语的耳聪人之间的交往服务。当然，听障学生必须在学习语言的基础上才能使用手指语。手指语对于促进听障学生的语言发展和抽象逻辑思维的形成有着重大的作用。

普通班教师若能掌握一些手势符号，尤其是手势语，会十分有利于和听障学生的接触及教学工作。如在讲到听障学生难以看懂的词语时，辅以相应的指式，在听障学生回答问题或叙述过程中找不到适当的词语时用指式给予提示；在组织各种活动时，将口述和手指语结合起来可提高听障学生的理解水平。

许多耳聪学生出于好奇或别的目的，在和听障伙伴交往时会有意无意地学点手语，若能在课外时间由辅导教师专门对他们做讲授和指导，效果会更好。这样做可以缓解听障学生在同耳聪学生交往中产生的失败和挫折感，可以帮助耳聪学生较好地同他们打交道，从而在很大程度上促进两类学生彼此间的相互理解。

3. 课程变通或替代

听障儿童相对于普通儿童而言，有自己偏好的感知觉通道和学习方式，教师应尽可能提供多样化的学习平台和途径。例如，律动课代替传统音乐课，利用听觉障碍儿童的残余听力，发挥运动觉、触觉、震动觉等的代偿作用，通过节奏感鲜明的舞蹈动作表现音乐的内容。在这个过程中，锻炼身体，放松情绪，丰富情感，激发想象力和创造力，对促进听障儿童的身心全面发展具有重要意义。同时，教师也可以在教学中，为听障儿童提供图文声一体的学习信息，创造在逼真情境中的学习效果，大大提高儿童的学习效率。

4. 辅具运用

听力障碍儿童常用的助听设备包括助听器和人工耳蜗。助听器是一种通过将声音扩大，帮助儿童听到或更清晰听到声音的设备。及早佩戴助听器有助于儿童习惯听到声音，减少青春期由于佩戴助听器引发的心理适应问题。人工耳蜗是一种代替正常耳蜗转换功能的人工装置。基本原理是将声音信号变为电信号，经适当处理，刺激听神经纤维，听神经兴奋后将声音信息传递到大脑，从而产生听觉。人工耳蜗适合全聋和重度听力损失的人。

思考与练习

1. 简述听觉障碍的分类。
2. 普通班教师如何开展对听觉障碍儿童的教学？

推荐阅读

[美]丹尼尔·P.哈拉汉，詹姆士·M.考夫曼，佩吉·C.普伦.特殊教育导论[M].第十一版.肖非译.北京：中国人民大学出版社，2010：312.

何华国.特殊儿童心理与教育[M].台北：五南图书出版股份有限公司，2004.

教育部师范教育司.聋童心理学[M].北京：人民教育出版社，2000.

方俊明.特殊教育学[M].北京：人民教育出版社，2005：155.

第 16 章　视觉障碍儿童

1. 掌握视觉障碍儿童的定义、特征以及分级。
2. 了解视觉障碍儿童的发生率、影响因素以及如何鉴别。
3. 重点掌握对视觉障碍儿童的教育安置。

视觉障碍儿童教育的产生与社会的发展有着紧密的联系。1178 年开始有盲人教养院的建立,但也只是收容、救济机构,视觉障碍儿童在这里没有接受教育的机会和权利。18 世纪,特殊教育开始萌芽,视觉障碍儿童的教育在欧洲开始引起人们的重视。1784 年霍维(Hany)在巴黎成立了世界上第一所盲童学校。1824 年,布莱尔发明了六点盲文,有力地促进了视觉障碍儿童教育的普及与提高。

什么样的儿童是视觉障碍儿童? 是否仅指那些盲童? 毫无疑问,眼睛完全失明了的盲童就属于视觉障碍儿童。而在实际生活中,还有一部分儿童,他们虽然没有完全失明,但却不能像普通儿童那样正常地用眼睛学习和活动,这部分儿童也属于视觉障碍儿童。约十分之一的学龄儿童都有不同程度的视力损伤。幸运的是,大多数可以通过眼镜加以矫正而不影响他们的社会性以及教育发展,但是仍有约千分之一的孩子有严重的视觉障碍而无法矫治。这里我们要讨论的是有特殊需要的儿童以及对他们的适应性教育。

一、定义

"视觉障碍"这一术语用来描述所有不同程度的视觉损伤——从严重视力损伤到完全失明——是指由于视力损伤而影响最佳学习和成就,除非在提供学习经验、提供材料性质以及(或者)学习环境等方面上给予改进。

对视觉障碍有几种分类。法定区分盲与低视力是通过视敏度测验(Test of Visual Acuity)得到的:一个孩子的视力经过矫正只能看到 20/200 即为盲,即当正常人的视力可以看清 200 英尺远的物体时,他只能看见 20 英尺远的同样物体。盲并不是指没有任何视觉刺激，它也可以感觉到轻微光线或部分影像。在视敏度测验中，经过矫正得分在20/70～20/200的儿童为低视力。

在我国，视觉障碍亦称视觉缺陷、视力损伤。根据2006年第二次全国残疾人抽样调查的标准，视力残疾的定义为：由于各种原因导致双眼视力低下并且不能矫正或视野缩小，以致影响其日常生活和社会参与（魏波，2007）。

视力是指眼睛识别物体形状的能力；视野，是指眼球固定注视一点时所能看见的空间范围。我们一般人的视野范围为上方60度，下方75度，鼻侧60度，颞侧100度。有的人由于病变或外伤等原因，使辨别物体形状的能力下降，甚至全部损失，属于视力损失；有的人视力正常，但看到的范围太狭窄，如同眼睛通过一根又细又长的管子看东西，一次只能看到很小的局部。这样的人，连眼皮底下的障碍都不能立即看到，可谓寸步难行。因此，视野小到一定程度也属于视觉障碍的范围。

视觉障碍的程度复杂多样，《残疾标准》中根据程度的轻重将它分为盲和低视力两个级别。

1. 盲

一级盲：好眼的最佳矫正视力低于0.02，或视野半径小于5度。

二级盲：好眼的最佳矫正视力等于或优于0.02，而低于0.05，或视野半径小于10度。

2. 低视力

一级低视力：好眼的最佳矫正视力等于或优于0.05，而低于0.1。

二级低视力：好眼的最佳矫正视力等于或优于0.1，而低于0.3。

其中规定：盲和低视力均指双眼而言；如双眼视力不同，以较好的一只眼为标准；如果仅有一只眼是盲或低视力，另一只眼视力是0.3或优于0.3，不属于视觉障碍范围；“最佳矫正视力”是指矫正后能达到的最好视力。

从教育角度讲，区分一个儿童是盲童还是低视力儿童是很重要的。由于二者在心理发展和认识程度上有很大差异，属于两类不同的教育对象。盲童认识事物主要靠听觉和触摸觉，而低视力儿童依靠视觉认识事物，学习各种技能；在学习手段上，前者使用点字盲文，后者使用印刷体。因此，美国学者贝特曼是依据二者在阅读中使用的方法给盲和低视力儿童下定义的：从教育的观点讲，盲童就是那些使用点字的（亦称视力残疾）儿童，低视力儿童就是使用印刷字体的儿童。

二、视觉与人眼

一般认为，视觉或视觉解释是大脑的功能，它是在生活经验的影响下，感觉器官对外界环境信息的适当接收和意义生成。错误的视觉解释可能是由于大脑功能的缺陷、体验的不丰富或者视觉感知传导的不完整。图 16-1 表明了视觉解释的过程：光线进入人眼，集中于视网膜，经视觉神经传送到大脑，并进行加工。感觉器官同样完好的人可以产生不同的视觉经验，这是由他们的经历与训练决定的。比如同是看到一朵小花，天真纯朴的儿童，会惊讶于花的美，一个生物学家会拿出放大镜仔细研究花的性状，一个画家会摆出画板画下它，一个音乐家则会感受花儿慢慢绽放的节律，而一个哲学家则可能从一片小小的花瓣看到时间和生命的深度以及人生的意义，或许，他还会追问：花儿为什么这样红？

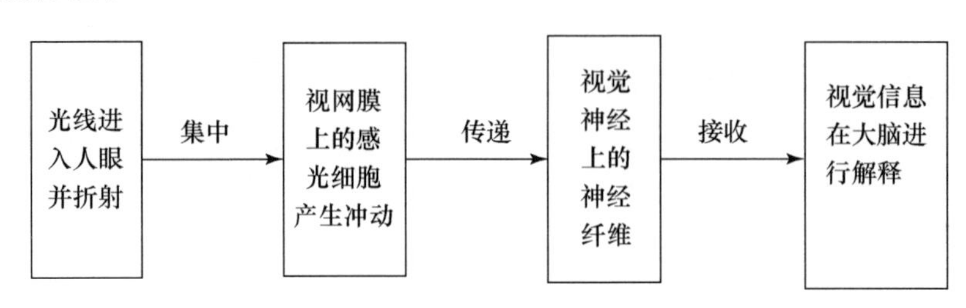

图 16-1　视觉解释过程

对视觉障碍儿童进行教育的工作者首先要考虑的就是教育方案的适应性，而要达到这一目标，就要理解正常眼睛是如何工作以及发展的。

（一）人眼

人眼是一个各部分相互关联的复杂系统，遗传畸变、疾病或其他原因都可能造成任何一个部分缺陷或者失去它的功能。

眼睛又被称为大脑的照相机。同照相机一样，眼睛有一个控光装置——虹膜，这一部分控制光线进入中心通路，或者瞳孔。虹膜后面是晶状体，一个有弹性的双面体，可以将光线折射到视网膜上。视网膜是眼球后面最里面的感光层，它包括神经中枢的接收器开通过其将物理能量转换为神经能量，最终以视觉神经经验表现出来。

还有其他的保护和结构成分也可以影响眼睛的视力。角膜是位于眼球外膜前面的一层透明坚韧的部分，睫状肌可以改变晶状体的形状，可以使眼睛集中于不同距离的物体。正常人眼如果没有肌肉作用，可以看清 20 英尺甚至更远的物体；但当眼睛与物体之间的距离小于 20 英尺时，睫状肌会使晶状体更弯曲，而当眼睛与物体之间的距离大于 20 英尺时，睫状肌会使晶状体更平展，这使得物体的影像仍然能够清晰地呈现在视网膜上，晶状体的形状改变称为适应性调节（Accommodation）。内直肌对眼球运动也起控制作用，由这些肌肉引起的变化称为辐合(Convergence)。下面主要介绍一下视觉器官的疾病及其所造成的视觉障碍。

1. 屈光不正

“屈光”指眼睛为在视网膜上得到清晰的物像而“弯曲”光线的过程。一般正常的眼睛以上述的方式折射光线,无须任何特殊帮助。而有许多人,由于眼睛的尺寸和形状妨碍对光线的折射,不能使光线清楚地聚集在视网膜上。这种屈光不正现象可借助透镜予以矫正,但是如果情况严重,就会导致持久性视觉障碍。

(1) 近视

由于眼球晶状体和视网膜的距离过长,或晶状体屈光力过强,进入眼球的影像不能正落在视网膜上,而落在其前面。患者能看清近处的物体,远处的物体则看不清。目前,国内中小学生因为学业负担过重,加之电脑的普及,使孩子在不懂科学用眼的情况下,不知不觉患了近视,很小的年龄就戴上了沉重的镜片。

(2) 远视

由于眼球晶状体和视网膜的距离过短,或晶状体屈光力过弱,进入眼球的影像不能落在视网膜上,而落在其后面。患者能看清远处的物体,近处的物体则看不清。远视一般多在老年人中出现。

(3) 散光

由于角膜或晶状体表面的弯曲不规则,进入眼球的影像分散成许多部分,患者看东西模糊不清。

2. 眼睛的其他疾病

造成视觉障碍的眼病很多。从1987年抽样调查情况来看,我国造成视觉障碍的主要原因除屈光不正外,还有白内障、青光眼、视网膜色素变性、沙眼、角膜炎、视神经萎缩、白化病等。这些眼病可能使患者视觉模糊、失真或不完全;可能损失及患者的周边视力或中心视力,或同时损及两者;也可能使患者眼球震颤、斜视、畏光等。

(二) 视觉障碍的原因

从出生到5岁,有诸多的因素可以导致各种视觉障碍。

遗传是导致视觉障碍最大的因素,父系和母系中一方或双方存在显性或隐性致盲基因,都可能造成后代的视觉问题。不少国家都有这方面的调查资料,如英国盲童遗传性眼病率为50%,美国47%,澳大利亚50%,加拿大33%(西部)及57%(东部)。我国遗传性眼病比例也相当大,如天津市盲校学生中为30.6%,北京市盲校学生中为67.8%。

传染病（在母亲怀孕期间传染）眼病率约占 14%，如母亲甲状腺机能低，可能导致胎儿小眼球、眼球震颤等；风疹（德国麻疹）也是一种可以导致新生儿严重缺陷的传染病，除致盲外，还包括智力落后、听力丧失以及其他疾病。不过通过采取控制措施以及教育干预，因传染病或事故致盲的百分比已显著下降。

约 9.3%的视觉障碍源自创伤和中毒。氧气浓度过高对新生儿的视觉也有影响，尽管医生们已意识到这一后果（由此引起的视觉障碍的概率也大幅度下降），他们仍面临一个两难处境——必须在挽救一个婴儿的生命与冒险损伤视力之间做出选择。

造成眼病的后天因素也复杂多样，包括许多全身性疾病、眼外伤、心因性因素甚至环境因素。例如，糖尿病人的视网膜出血及心血管增生，往往会损伤其视力。又如早产儿放在暖箱高浓度的氧气环境中，可能发生氧气中毒，刺激未成熟的视网膜组织，使其血管增生，继而在晶体后形成纤维团块，这叫作晶体后纤维增生。这种婴儿的视觉问题开始于出生后 3～6 周时，多为两眼发病，其中一眼较重，可能致盲。个体长期心情低落、抑郁紧张，或者焦躁不安等消极情绪，也会导致视觉功能的下降。当然，环境的影响也不可估量，当今城市林立的建筑物，整齐划一，大马路上车水马龙，嘈杂不堪，空气中夹杂着太多的粉尘，大街边的橱窗让人目不暇接。在这种条件下，眼睛得不到充足的休息，因此，孩子们常常感到眼睛生涩而疲倦。

三、发生率

视觉障碍儿童的发生率是指一个时期内视觉障碍儿童的数目在同年龄人口中的比率，也称发病率。我们只有掌握了视觉障碍儿童的发生率，才能进一步推算出一个地区乃至全国有多少视觉障碍儿童需要接受特殊治疗和辅助。

视觉障碍儿童的发生率远远低于智力障碍和学习困难儿童。1000 个儿童中约有 1 个为视觉障碍（如果一只眼睛的问题可以通过眼镜矫正，就不属于视觉障碍儿童）。

视觉障碍的发生率，因各国、各地区的卫生条件、医疗设施等不同而有明显差异。根据 2006 年第二次全国残疾人抽样调查的数据显示，我国各类残疾人中视力残疾者约 1233 万人，6～14 岁学龄残疾儿童为 246 万人，其中视障儿童约 13 万人。

四、特征

近来对视觉障碍儿童的研究越来越广泛，只有了解他们的智力、身体和社会发展状况，才能为他们安排适当的教育方案。

（一）智力发展

20世纪40—50年代，教育者普遍认为，除了那些必须靠视觉才能获得的观念（如颜色、三维空间等），视觉障碍儿童的智力与正常人没有什么区别。研究者采用斯坦福-比奈智力量表对视觉障碍儿童进行测查发现，被试的IQ值均高于平均水平。当时的观点是智力是由遗传基因决定的，只有外界环境非常恶劣才会受到损伤。通过这个可以得出结论，绝大多数的视觉障碍儿童的智力是正常的。

现在的观点不同于以前，我们发现，学龄视觉障碍儿童的智力很大程度受早期经验的影响。视力的丧失阻碍了认知的发展，因为他们失去了正常儿童很容易做到的经验整合的能力，所以如果他们没有接受早期刺激，其结果简直不堪设想。

人在实践中依靠感觉和知觉，得到必要的感性材料，作为思维发展的直接依据。盲童由于缺乏视觉表象，对事物的感知受到局限，通过其他感觉获得的感性材料往往只是反映事物的局部特征，盲童以此作依据进行的分析、推理就很容易产生错误的判断。盲童的语言由于缺少感性的形象而形成不准确的概念，也使盲童难以做出准确的判断和推理。对于任何一个看得见的实体而言，普通人可以看，可以听，可以触摸，而视觉障碍者却不能看。也就是说，他们失去了习得概念的最为有效和最为迅速的方式。另一方面，盲童失去了视觉，常独自沉思默想，长期的勤动脑，使盲童的思维比较敏捷，他们能够很快地捕捉别人话语的含义，并作出反应，这又是其逻辑思维方面的特点。

（二）感觉补偿与知觉

视觉是信息的一个持续来源，我们依靠视觉定向、辨人和事物，调节我们的身体和社会性行为。视觉有障碍的人只能通过其他感官来获得我们用眼睛获得的信息，如何获得是现在研究的焦点。

感觉补偿学说认为，如果一种感觉通道出现了问题，那么，其他感官会自动加强，发挥更多的作用。比如说视觉有了缺陷，相应地，听觉和触觉等其他的感觉会变得更加敏感，这类感官对周围的变化比一般人的更为灵敏。尽管这一说法在某些例子中看似真实，但是研究并没有发现极重度视觉障碍儿童的听觉和触觉好于正常儿童。研究者让2～8岁的视觉障碍儿童和正常儿童分别触摸诸如钥匙、梳子、剪刀以及几何体（三角形、十字架）等，未发现明显差异。

人们早就发现，大多数盲人在独自走路时，能发现离自己尚有一定距离的物体，即使它们没有任何声音或气味。依靠这种能力，盲人可以及时避开障碍，以保证行走的安全。研究者把盲人及时察觉障碍物的能力叫作“障碍感觉”。

对盲人障碍感觉的解释有过不少。一种曾经流传较广的解释是：障碍感觉是盲人神经系统的一种新产物——第六感觉。提出者认为，由于内部生物补偿过程发展的结果，在保留下来的简单感觉精确发展基础上，神经系统会自然而然地形成“第六感觉”。现在这种观点早已被驳倒。

现代生理学和病理学的研究证明，盲人对前进道路上障碍物的准确感知不是单一感觉功能活动的结果，而是感觉器官间的系统性联系发生作用的结果。

盲人行走时，要感受到一系列的信号流，如自己脚步声的变化、来自脚掌的动觉信号、外部空气及其温度的变化使脸上获得的触觉与温觉信号、来自一定距离外及不同方向上物体的声音、某一特定客体的特殊气味等，也就是外界各种刺激对盲人的听、触、动、嗅等感官外围感受器的同时或先后的作用。这些信号在其大脑皮质不同中枢之间留下复杂的联系痕迹。以后进入这个联系系统的任何外部刺激物，再作用于盲人的某一感官时，都会引起复杂联系痕迹的再现——把熟悉地点的复杂情况再现出来。曾经用过眼睛的盲人还会再现该地区的视觉图像。这样就能使盲人确定自己所处的方位及周围环境的情况，避免迷向和发生危险。这种能力还可以迁移到新的环境中，使盲人能在从未到过的地方独立行走。

盲人的定向方式取决于外部条件及个人的经验。虽然他们对不同感觉器官的利用取决于外部刺激的性质，但是每个人对同样外部刺激的作用有不同的反应。由于个人经验的差异，各种外部作用对每个盲人具有不同的信号意义。对于用过眼睛的盲人，起主导作用的应该是视觉和听觉联系及其他带有视觉因素的联系；对于从没有用过眼睛的盲人，起主导作用的应是听觉、动觉、触觉及其他联系。换句话说，对于先天盲人和幼小时失明的盲人，这个联系系统中的各个因素所起的作用也不一样。所以，并非每个盲人的定向行走中都是听觉在起主导作用。

盲人的感觉障碍并不是无条件的，它受着一系列主客观条件的制约，如：① 物体的高度。盲人最容易分辨的是与自己同等高度的物体，但高出头部1～1.5公尺的物体，或者低于头部的物体，盲人就难以觉察。② 天气的情况。明朗天气便于盲人发现道路的障碍物，下雨、刮风、炎热和寒冷的天气，不利于盲人的空间定向。因为对恶劣的天气的感知掩盖了对障碍物的感知，所以在这种情况下不便出行。③ 地面的性质。地面干燥时与泥泞、肮脏时相比，坚硬的土质和松软的土质相比，前者较有利于盲人的障碍感觉。例如，地面铺一层压硬的积雪时和刚刚下过雪后相比，在前者的状况下盲人较容易发现障碍物。④ 声音的强弱。微弱的声音便于盲人发现前面的物体，强烈的声音则相反。⑤ 盲人的主观状态。自我感觉好、情绪好时，盲人容易发现障碍物，而自我感觉差、情绪不好时则相反；注意力集中时，盲人容易及时发现自己渐渐接近的物体，但对于向着他走近的东西，就难以发现。障碍感觉对于盲人虽然很重要，但仅靠它，盲人还不能很熟练地走路。它只能辅助盲人走路。所以，我国的盲人基本上都要使用盲杖走路。

(三) 语言发展

视觉正常儿童通过听、读、观看动作与面部表情来获得语言，从咿呀学语到模仿父母、兄弟姐妹逐步学会说话。视觉障碍儿童除了不能阅读、没有视觉输入，其他获得语言的方式同正常儿童一样。正常儿童通过看不同的球发展了“球”的概念，视觉障碍儿童通过触摸来发展同样概念，二者都能理解单词“球”，都能辨别出球来。

视觉障碍儿童由于没有智力方面的缺陷，又由于听力敏锐，他们语言能力发展的速度与其生理年龄的增长同步，语言水平完全可以达到同龄正常儿童的水平。这是视觉障碍儿童语言的最基本特征。但由于缺乏视觉表象，视觉障碍儿童的语言缺乏感性认识做基础，导致语言与实物脱节，这是视觉障碍儿童语言的弱点，也是其另一个特征。因此，视觉障碍儿童的词汇可以很丰富，却往往是照搬和模仿，如他们的作文描写的“蔚蓝色的天空飘浮着白云，火红的太阳……”并不是本人的“目睹”，只是“耳闻”而已。但同时客观事物作为第一信号与语言这一第二信号之间存在着脱节现象，如视觉障碍儿童可以认为汽车的头和人的头是一样的，这是因为视觉障碍儿童没有汽车的具体表象造成的对词的内涵不了解。第三个特征是：视觉障碍儿童不懂也不会用表情、手势和动作帮助语言的表达，即便是有的话，也是比较粗浅而大概的。不论是先天视觉障碍儿童，还是后天视觉障碍儿童，他们都难以用上述三种方式表达言语所难以表达的社会内涵，尤其是这种社会含义是情境关联的时候。第四个特征是：视觉障碍儿童的书面语与正常人差别很大，正常人的书面语中各种感觉的表达基本上是相互平衡的，并且以视觉内容和听觉内容为主，而视觉障碍儿童的书面语更多的以听觉和触觉为主，如“我听到……”“我觉得……”。

虽有以上诸方面的弱点，但视觉障碍者只要受到适当的教育，这些弱点是可以克服的。教学中教师应注意将词语与具体事物的形象形成联系，在讲解词语时，尽可能多地让视觉障碍儿童接触实物，或用标本、模型及具体、细致、形象的语言描绘帮助学生真正理解各种词语的含义，使他们在理解的基础上运用词语。教学生正确地运用各种表情、姿势表达语言，可以教师示范后让学生摸，然后让学生练习，教师纠正。

(四) 个人与社会适应

视觉障碍未必伴随人格与社会适应困难。然而，由于运动受限以及有限的经验，常常易导致一种被动、依赖状态——习得性无助(Learned Helplessness)。因为他们会这样想："反正我也看不到，那就让我待在一处不动吧！"

研究者分析视觉障碍儿童与成人的自尊心发现，由于与正常人的交往较少以及正常人对他们的态度，导致他们较低的自信以及适应不良。研究者认为盲人低自尊的状况应是暂时的，可以随着人们对他们的态度改变而有所减轻。那些先天视觉障碍儿童并没有意识到他们与别人的不同，直到别人指出他的与众不同以及他看不见东西这一事实。那些后天失明的人往往要经历以下几个阶段：悲伤、退缩、拒绝、再评价、再肯定。最终，经过训练以及与正常人的交往，可以重新恢复自信与接纳自我。

作为个体较为稳定的个性心理倾向，其发展受到遗传、环境、教育和实践活动等多方面的影响。视觉障碍及其所致的特殊社会环境与教育，必然使儿童的个性发展形成明显的特点。不少理论和实践工作者早就注意到这个问题，对它有不少议论和研究。这里引用北京医科大学儿童青少年卫生研究所1989年一项心理卫生调查研究，来说明这个问题。调查对象是237名8～20岁的盲校学生，对照组是282名10～17岁的普通中小学学生。调查比较全面地反映了视障儿童青少年的特点。

1. 自我意识

45%的盲生对失明做出了良好的心理调整，能正确对待自己的局限性，表现出积极向上的精神。中间型的占46%，退缩人格、依赖心理的只占7%。自卑心理者较多，占到27%，他们认为自己不如别人，不愿见客人，不愿参加游戏。

2. 情绪特征

情绪不稳者突出。认为自己情绪多变者占41%，多于对照组的29%。有27%的盲生在街上独自行走时心情紧张。有47%的盲生敏感，常感到自己在公共场所受别人注意。

3. 意志特征

盲生独立意向较差。有独立意向者仅占17%，而对照组为35%。自制力较好者占60%，做事能坚持到底者，和对照组比例相近。

4. 人际关系

盲生中孤独倾向者占13%，对照组为10%。23%的盲生只愿意和盲人交朋友，而不愿与正常人来往。

低视力学生能主要依靠视觉生活、学习和劳动，受到的限制较少，与外界的接触较多，因而活动能力较盲童好。他们的情感反应比盲童快，平时较活泼好动，性格开朗，较自信，少忧郁，在视觉障碍圈子里还会表现出一种优越感。在一些大的场合中，低视力学生由于不能迅速地调节好自己的行为，因而会出现退缩、依赖或过度情绪反应的现象。

五、鉴别

大多数重度与极重度视觉障碍儿童未入学前就能被父母和医生鉴别出来。特殊的是有的孩子往往有多重障碍，并且往往有的缺陷（如脑瘫、智力落后）会掩盖视觉障碍，所以鉴别的关键是进行全面的检查。表16-1列出了评价的构成因素，大多数因素不需要正式的测验，只需要周围人的观察即可。如，家长可以帮助鉴别孩子是否掌握基本的生活技能，任课教师可以提供孩子的社会性发展和情感发展状况。

表16-1 全面评价的构成因素

视力	由眼科医师或验光师测查视力；基本视力评估；视觉有效性评估；低视力鉴定
智力/能力	认知发展；智力功能
感觉/运动技能	粗大和精细动作发展；知觉学习
学业技能/观念发展	阅读、写作、拼写和算术成绩；语言发展；听力；时间、数量、方位、方向以及顺序观念；学习技能
社会性/情绪/情感	行为控制；社会性情感学习；适应性生活的技能；消遣娱乐技能
基本生活技能	日常生活技能；定向与运动技能；公众传播与利用；就业与职业教育前技能

在我国，判断儿童视力是否正常，需经中心视力和视野的检查。中心视力的检查又分为远视力的检查和近视力的检查。

（一）婴幼儿盲与非盲的鉴别

如婴幼儿眼部外观及反应正常，目光能追随测试目标，可判定为不盲；如果眼睛不能追随目标，或同时有眼部外观及反应异常，可判定为盲。从患眼病的种类可大致判定为：先天性白内障、角膜白斑等可定为一级盲；小角膜、虹膜脉络膜缺损等可能有残余视力的可定为二级盲。

（二）对年幼儿童视力的视力测定

对因年幼不能用视力表测视力的儿童，可用实物测试。

如用乒乓球测试：将乒乓球（直径约为40毫米）放在儿童前3米处深色背景上，并使乒乓球在背景上滚动，如儿童能看见或有反应注视，则其视力一般在 0.02 或以上。改变乒乓球距儿童的远近，还可测出大致的其他视力数据，计算公式如下：

$$视力=\frac{1.5}{实物大小(mm)}\times\frac{实物距离(m)}{5}$$

（三）对三周岁以上儿童视力测定

对三周岁以上儿童，用“E”字标准视力表（或对数视力表），或儿童图形视力表测试视力。测试方法如下：

将视力表放在距被试 5 米远，自然光线或有足够照明条件下，遮盖一只眼，测另一只，较好眼需经镜片矫正或以针孔镜测视力：可达 0.1 或 0.2，但不及 0.3 的，属二级低视力；如不及 0.1，则缩短距离至 2.5 米处时如能分辨 0.1 的大“E”字视标，视力为 0.05，属一级低视力；如在 2.5 米仍分辨不清，则可缩短距离至 1 米处时能分辨清大“E”字视标，视力为 0.02，属二级盲；如仍分辨不清，属一级盲。

（四）近视力的测查

近视力的检查用近视力表，表与被测儿童距离 1 尺远，近视力的检查是判断一个儿童能否阅读的重要依据。

（五）视野的检查鉴定

视野的检查方法比较多也较简便，可制作一白色视野卡片，即两个同心圆，圆心为一 5 mm 直径大小的黑圆点，二圆半径分别为 3 cm、6 cm，圆环黑线条宽 1 mm（见图 16-2），将卡片放在与被测儿童眼平视高度 1 英尺远，遮盖其一只眼，另一只眼注视卡片中心的黑点不动；如此眼同时能看到卡片的内环，但看不见外环，则其视野半径小于 10°，不论其中心视力如何，可定为二级盲；如不能同时看到卡片的内环，则其视野半径小于 5°，无论其中心视力如何，可定为一级盲。

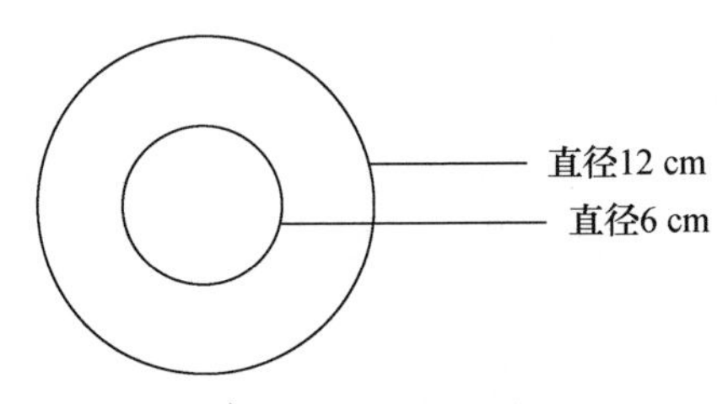

图 16-2　视野卡片

以上是儿童视觉方面常规的检查与鉴别，对于一个有视觉障碍的儿童，确定其能否阅读使用印刷体文字，还要注意其实际的用眼能力。

六、适应性教育

(一) 适应性教育的历史发展

从7世纪到15世纪,有关盲人教育的资料很少,历史上只有对16世纪杰诺米·卡丹的盲人教育做过有限的报道。虽然卡丹认为教育盲人并不容易,但因为他相信对感觉障碍者可通过反复的、大量的感觉刺激来教育,他最终为盲人设计了一套凸起的印刷码,但并没有将他的理论付诸行动,也没有将之设计的供盲人使用的字码投入他的教学实践中。因此,用于盲人的盲文在200年后才由法国的布莱尔创造并用于盲人教学实践。

17世纪盲人的教育并不像聋人教育开展得那样深广。一方面,是因为正常人对盲人的看法与对聋人的看法不同。从亚里士多德开始人们就认为,视力障碍并不影响一个人的语言的获得、智力的发展和道德的形成。盲人与正常人并没有太大的差异,他们具有与常人一样的语言能力和智力水平,与正常人一样是具有法律意义上的人,所以对盲人的教育并不显得那么迫切。另一方面,由于当时哲学界再次掀起了对语言来源与语言本质的考察,而这次考察比以往任何时候参与的人数都多、规模都大,而且在研究手段的运用上也比以往更注重对现有人类资源的开发与利用,因此,研究也就更加深入。由于这次研究主要是以聋人作为对象的,所以人们在研究聋人语言获得的同时,也很自然地将教育的热点放在了对听力异常者语言获得的研究上。在17世纪,正是因为哲学界与教育界将教育的热情大多投向了聋人,因而盲人的缺陷和教育需要未能引起足够的重视。

17世纪,由于法国启蒙运动对教育观念和教学方法的冲击,因为聋人教育的成功,一批哲学家如莫里纽克斯、贝克莱、洛克、狄德罗等才开始关注盲人的问题,并对失明的可教育性进行了探索,对盲人潜能也给予了哲学上的推测。但哲学家们并没有对盲人的教育投入更多的精力,还未能出现真正能够实践盲人教育的人。所以,更为科学、有效的盲人教育直到18世纪才在法国巴黎出现。而第一所真正教育意义上的盲人学校也是在此时才得以建立。

当我们今天探寻和回顾盲人受教育的历史时,可清晰地看到,在整个17世纪对盲人视觉障碍的关心较多的是来自于医学界而非教育界。在教育界,此时对盲人的教育内容与教学手段基本沿用16世纪的内容和方法,没有多少创新。相反,在医学界,因为眼解剖学和相关医学技术的长足发展,人们对眼睛的生理构造和视觉形成的过程有了一些认识和研究,而这些研究有些已在当时运用于眼病治疗,而另有一些研究则对后来盲人教育起到了非常重要的作用。

到18世纪，对盲人真正有计划、有目的的教育才开始建立。霍维(1745—1822)是人类历史上第一个真正意义上对盲人进行教育的专业教师。1784年，霍维在冯·帕拉迪斯的热心帮助之下，在巴黎慈善协会的赞助下，率先在法国巴黎创办了世界上第一所盲人学校。

(二) 适应性教育的原则

适应性教育的材料与设备要充分发挥视觉障碍儿童的听觉、触觉、嗅觉甚至味觉，对视觉障碍儿童的适应性教育方案应遵循如下三个基本原则。

一是具体形象性(Concreteness)。这一原则是从盲童对事物缺乏感性认识这一基本特征出发的。盲童没有视觉表象，在教学中，尽可能多地让盲童用其他感官认识事物(或危险事物的模型等)，让盲童直接用耳朵听、用手触摸、用鼻子闻、用口品尝等，了解事物的形状、尺寸、重量、硬度、质地、柔韧性以及温度等。教学内容具体形象，使盲童对事物的认识建立在尽可能丰富的感性认识基础上，从而补偿视觉形象的贫乏。

二是整体性经验(Unifying Experiences)。视觉经验倾向于整体反映知识，孩子进入超市，他看到的不仅仅是货架和物品，还有它们之间的空间关系，以及它们与自己之间的动态关系，但是，视觉障碍儿童却不能感受到这些关系，除非教师给他们提供相应的经验(超市、农场或者邮局)。教师可以通过具体经验及向学生解释“关系”的方法，将“整体性”的观点传授给学生。总而言之，视觉障碍儿童的生活范围相对受限。为了扩展他们的视野，丰富其想象，使其适应更大的环境，就需要系统地发展他们的经验。例如，我们可以引导盲童四处走动来帮助他们理解更大的空间，我们可以给他们提供不同尺寸、形状、质地以及关系来让他们理解事物的普通性质及其差别，丰富的语言指导有利于智力发展。

三是从做中学(Learning by Doing)。为了让盲童更多地了解环境，我们要鼓励他们去探索周围环境。盲童不可能将手直接伸向物体，除非这个物体通过其他感官(摸、闻、听等)对他产生刺激。所以我们要通过有吸引力的玩具或游戏(有声、有趣的纹理等)吸引孩子与外界多接触。

视觉障碍儿童必须最大限度地发挥他们的听觉、理解力以及记忆力，此外，他们还要学会有效地利用时间，因为获得知识或完成任务的过程往往要消耗大量的时间。这就意味着教师要有效地组织材料、给予专门的指导、提供最直接的经验以及充分语言指导。

(三) 早期适应性教育

从出生到5岁这一阶段的经验对以后的发展至关重要，对视觉障碍儿童进行系统的教育也要尽量早。正常儿童通过一系列的课程从环境中学到大量的知识和经验，视觉障碍儿童也要经历类似的学习过程。

一个10岁的视觉障碍儿童的特征除了主要问题（看不见）以外，又往往由于他没有受到系统的教育，还会伴随着一系列次要问题。例如，大多数的视觉障碍儿童表现被动，行为被动并不是低视力天然或必然的副产品，只是因为儿童的行为动机没有被激发出来。

对正常儿童来讲，周围环境充满了各种视觉刺激——许多玩具、瓶子，不同颜色、形状，有一种自然的冲动使他们趋向这些刺激。而视觉障碍儿童却看不见这些，除非别人告诉他引起他注意。对他们来讲，一个瓶子的出现是不可思议的，他没有兴趣追逐它，事实上，他甚至意识不到他到底能做什么——主动地得到瓶子，用它来装水，在地上滚动，或者干点别的什么事情。

普通儿童很容易获得的另一项能力是客体永久性（Object Constancy）。六七个月的时候，正常儿童就意识到即使物体不在视野范围内（如母亲离开房间、球滚到床底下），他（它）仍然是存在的，客体永久性使整个世界变得更有秩序、更有预测性，并且使视线可以继续追随物体，即使它不在视野范围内。这一能力对视觉障碍儿童来说则很困难，他们需要细心指导以及为他们提供有组织的环境，才能理解这一概念以及运用它。

视觉障碍儿童的父母与孩子进行交流时倾向于简单化，如他们之间一般使用单个词来进行交流。父母需要改进同孩子的交流方式，保持谈话的连续流畅性，并尽可能多地为孩子解释正在发生的事。

对于视觉障碍儿童的家长和教师来说，最重要的是给他们机会表达他需要什么，而不是期望他需要什么。“这么做（不针对个体的一般的期望）压抑了孩子的选择，助长了他们的依赖感，独立性训练要从婴儿开始，而不是从2岁、6岁或是到大学才开始”。

幼儿要通过视觉学习大量知识，对视觉障碍儿童来讲，也需要通过精心计划和指导来学习类似知识，这就需要家长和教师共同协作来发展孩子的经验，培养他们的独立性。

（四）学习环境

视觉障碍儿童的学习环境有如下几种。

（1）早期教育方案。家长与教师必须学会与视觉障碍儿童（0～5岁）进行交流，目标是防止因缺陷带来的教育以及情感问题。教育干预应提供“感官刺激、身体反应、粗略的运动技能、感知行为以及认知与语言发展”。

（2）教师顾问。对于在正常教室的视觉障碍儿童来讲，教师顾问可以提供帮助，包括直接帮助（教孩子知识）以及大量间接帮助（与家长、任课教师以及其他学校成员协商、获得素材、评定、调整相关服务设施）。

(3) 巡回教室。作为普通班级的附属，巡回教师帮助缺陷儿童发展特殊技能。

(4) 资源教室。资源教室也是普通班级的一个附属品，可以让孩子“每天接受专门指导”。

(5) 特殊班级。在校时间全部或大部分在特殊班级的学生要接受专门的指导，“强调技能的关键并发展特殊技能”。这里，特殊教育教师与其他领域的专家共同工作，给每个孩子个别指导，部分孩子可以接受共同指导。

(6) 特殊学校。视觉障碍儿童有些被全日制学校拒绝接收，他们只能与其他具有多重障碍的儿童一样进入特殊学校，不过，还是应该与当地学校多接触，尽可能多地参加正常学生的活动，也要尽力为孩子们创造出社会实践的机会。

一些出版物还提供了很多信息来帮助教师指导那些视觉障碍的学生。例如：专门服务设施的使用、视觉障碍儿童使用印刷体的方式以及帮助这些学生处理其他事情等。具体内容包括：① 照明与可变电阻器。根据不同场合调节亮度，呈现明亮或微弱的灯光，满足不同视觉障碍儿童的需要。② 印刷大一些的书本。为使儿童看得舒适，或帮助那些即使有视觉辅助也难看清近距离书本的孩子，可以印刷得大一些，不论从质量上还是字体上，字与字之间、行与行之间的距离也很重要。③ 生产有线条的纸（书写纸、绘图纸等）。有线条的纸可以让学生将草稿写在“行”上，或者通过放置标志或打孔的方式修改图表。④ 采用录音机。学生可以用录音机来做笔记、听有声教材或者完成作文或家庭作业。⑤ 更多的时间。视觉障碍儿童完成作业与测试往往需要更多的时间，超出一半时间是允许的，孩子可以在资源教室或学校图书馆里完成这些作业。如果确保他已经完全理解这些作业，减少作业量是个好办法，例如，可以让学生只完成数学作业中的奇数题目。

（五）发展特殊技能

教育工作者逐渐地认识到视觉障碍儿童需要特殊的教育课程，而不只是去适应正常教育内容。他们要学会处理个人卫生、自我修饰、怎样穿衣、怎样吃饭以及怎样与别人合作。因为他们缺少视觉线索，难以觉察说话的契机，所以，他们要学会怎样开始话题，怎样保持谈话的兴趣，以及学会不要打断别人的话。所有这些技能对视觉障碍儿童以后的发展都非常重要，这就需要为他们提供一个细致的教育方案。由于普通任课教师通常没有接受这些训练或没有时间教他们，教育工作者不得不寻求隔离方案来扭转这一局面。

1. 使用布莱尔码

有视觉障碍的人需要掌握一系列的特殊的交流技能，学会布莱尔码是与外界进行交流的一个途径。

点字盲文最早是由法国人夏尔·巴比埃于19世纪初期设计的。当时,巴比埃是拿破仑军队里的一名军官。他的点字本来是为军队设计的一套用以夜间传递消息的书写符号,它不是通过眼睛来解读意义,而是通过触摸觉来解读符号意义的一套特殊文码。这套符号不是采用传统的方法,即将字母制成凸文来摸读解文义的,而是一种以点和点的排列组合代表一个字母或词语所形成的新的语言密码,密码共利用12个凸点为基本结构单位。1808年曾经有人用这套符号尝试教盲人阅读,但很快就遭到了反对。反对者认为这套符号单位太大,很难用指尖来摸读。

真正将点字运用于盲人教学的是法国的布莱尔。路易·布莱尔(1809—1852)本来是巴黎盲校的一名学生,后在盲校做了一名教师。布莱尔在用凸起字母教学时感到十分困难,便设想对现有的凸起字母进行改造。在改造过程中,他发现了巴比埃创造的久已闲置不用的军队点字密码,并决定将其重新改造成适用于盲人用的盲文。他思索着设计出了新的点字代码,新的代码是按字母顺序排列而不是发音顺序排列的,整个结构由6个点组成,点的排列也是两个点宽、三个点高,利用点的排列变化可构成63个不同的图形符号,以表示不同的字母、标点和符号等。1843年,这套新的点字代码得以发行,1854年,布莱尔的盲文系统正式被法国官方接受并成为盲校的教学文字。

不久,布莱尔的盲文点字被西蒙·波拉克博士带入美国。19世纪50年代以后,布莱尔的盲文点字在美国的帕金斯盲校等试用。但是,不久就有人提出这套盲文系统并不实用,理由是正常人看不懂这套文字,而盲人费力学会它同样不能与正常人进行沟通。1890年,弗兰克·霍尔在普通打字机的基础上进行了改造并发明了布莱尔盲文打字机,这使布莱尔的知名度大增,而且使布莱尔盲文又一次在美国兴起。后来,霍尔进一步将其发展成机动化版本,以及纽约点字比较系统,使其更适合于美国盲人使用。从此,布莱尔盲文码在美国占主导地位,各印刷厂开始使用这种编码文字印刷盲人读物。到1915年,布莱尔盲文码成为美国盲文的标准印刷体。

中国的盲文先后经历了《中国数字盲字符号》和《心目克明盲字》阶段,1952年,由盲人黄乃设计了现在我国统一使用的《新盲字》。《新盲字》后称为现行汉语盲文,共52个字母符号:声母18个,韵母34个,把声母和韵母相拼组成一个音节。另外,还有标四声的声调符号和标点符号,以及可以表示数学、物理、化学的符号和乐曲符号。

2. 熟悉周围环境

熟悉周围的环境对培养盲童的独立能力非常重要。能够不费力地四处走动、找到目标与目的地，以及在新的环境中明确方位等能力决定了他们在同伴关系中的地位、将来的职业与业余爱好以及自己与他人对自己的态度。

我们怎样帮助他们熟悉周围环境？在他们很小的时候我们就要教他不要怕接受新事物、不要怕受伤。正常儿童可以擦破膝盖、摔伤骨头、可以从树上掉下来、可以进山洞……如果视觉障碍儿童能够自我控制，应付周围环境，他也应该有同样的“权利”。无需用言语示意，只是当他们摔倒的时候，不要表现出过分的恐惧和害怕就可以了，并告诉孩子，每个孩子在学习走路的过程中，都会摔倒。

模型以及周围的人可以帮助视觉障碍儿童理解不同场所的关系，当然模型不能代替真实经历，但是它可以拓展经历，尤其当实物太大时，模型可以帮助盲童理解它们之间的关系。

3. 定向性与灵活性

熟悉周围环境对盲童来讲固然很重要，但我们不能过分强调这一重要性。视觉障碍儿童的定向困难与活动的不灵活性严重局限着他们对周围环境的熟悉，甚至还会导致一些人格问题以及社会适应困难。成人可以采用提高灵活性的工具——盲杖、导盲犬以及正常人指路，但是儿童还需要学会独立而安全地四处走动，这也是为什么方位定向与灵活训练会成为盲童学习的课程之一。

对于那些极力摆脱家庭限制与保护的青少年来说，灵活性与独立性尤其显得重要，自我控制能力以及适应环境的能力是独立和赢得同伴尊敬所必需的，学校也应为他们安排专门的体能训练。

在很多例子中，我们多是通过教视觉障碍儿童四处走动或让他们利用一切可利用的工具来提高他们的灵活性的，但是还有另外一种方式，那就是全社会有责任将一切可能的障碍物清除掉。从美国国会1968年通过的清除建筑障碍物法案的实施就可以看出社会的重视，如将电话安装在用盲杖很容易觉察到的地方、楼梯边上都安上扶手、电梯上安装盲文钮等，所有这些物理措施都极大地方便了视觉障碍患者。

4. 识图表

还有一门很受欢迎的课程就是识图课，利用模型或突起地图，教育视觉障碍儿童通过触觉来掌握事物的空间关系。研究者发现视觉障碍儿童，尤其是在早期，经过系统教育，可以很快地提高他们的识图能力。教师不要认为孩子们可以自己学会那些复杂的技术，正如正常儿童需要指导才能学会解决问题的能力一样，视觉障碍儿童也需要专门的教育方案。

5. 自我倡导技能

自我倡导是视障儿童需要接受的另一项重要的功能性生活技能。个体在日常生活中，需要向社区人员表达自己的想法和需求，此时，视障儿童应学会如何沉着应对，自信而不具攻击性地说明自己的能力和需要，以提高表达的有效性，指导他人如何为自己提供支持和帮助。

6. 辅助技术

最常用的辅助技术是光学助视器和电子助视器两种。光学助视器是借助光学性能作用，帮助个体提高视觉活动水平的设备和装置，诸如手持式放大镜、台式放大镜、眼镜式放大镜、隐形眼镜及望远镜等。电子助视器运用投射放大的原理达到高倍放大的效果，比如实物投影仪、闭路电视放大器，以及各种便携式电子助视设备等。教育者需为儿童提供如何使用相关器具的密集教学，帮助儿童尽快获得支持性的学习机会。

（六）内容

盲校的教育教学内容在安排上既考虑了盲童与正常儿童共性的主要方面，又考虑了需要补偿的特殊方面。因此，有与普通学校相同的课程，如小学的语言、数学、社会常识、自然常识、音乐、体育，初中的语文、数学、外语、历史、地理、物理、化学、劳动技术课等。

这些课程中，有的课程内容根据盲生的特点做了些调整，如把语文课本原来的正常学生学习的印刷体文字版本改为点字版本，外语亦如此；音乐课是训练盲生听力和对其进行美育教育的重要课程，也深为盲生所喜爱。盲校小学还开设了认识初步、定向行走、手工和生活指导课，这在普通小学是没有的。

认识初步是充分利用各种直观手段，帮助学生认识周围生活中常见的事物和现象（如四季变化、日常生活用品、蔬菜水果、家禽家畜、交通工具、劳动工具等），学习一些基本的概念（如高、低、大、小、软、硬、长、短、方、圆、宽、窄等），为学习其他课程和自理个人生活做准备。这门课是盲校的一门基础课程，盲童进入学校后，开始了学习阶段，并一般需独立生活，需要对常见的事物有基本的认识，对常用的概念有基本的了解。这门课充分强调了直观的教学方法，利用盲童视觉以外的其他各种感官，使其对世界、对自然有初步的感知，从而为其学习、生活奠定基础。

定向行走即教给学生基本的定向行走的知识，使学生形成正确的时间和空间概念，初步掌握定向行走的基础知识和基本技能，能基本做到在一般室内环境、学校环境、常用公共设施环境中安全、有效、自然、独立地行走。视觉障碍使盲人定向行走发生困难，而不能定向行走，就会大大限制盲人活动的范围，使盲人很难与社会交往和独立生活。因此盲校把行走定向作为一门课程，系统地训练盲童空间定位和身体移动的技能技巧。

定向训练，除训练盲童了解自己身体的组成部分外，还需使其理解前、后、左、右等方位词，并训练盲童在不同环境中如何综合地利用嗅觉、触觉、听觉等各种感觉。训练盲童了解定向是受不同的季节、时间、地点影响的，如在同一位置，上下午太阳光线的射入方向是不同的。

行走训练，有借助正常人引路、独立行走、使用盲杖走路、用导盲犬引路和利用电子仪器帮助走路等五种方式，对我国盲童，训练其独立行走以及使用盲杖走路比较适宜。下面简略介绍使用盲杖走路。

盲杖的长短选择要随盲童的身高而有所不同，一般以从地面到盲童胸前部为宜。要训练盲童基本抓握盲杖手法、盲杖摆动的弧度及与步伐节奏的配合。用盲杖行走的技巧包括走人行道时盲童应用盲杖尖端轻触人行道内侧边界线，同时注意不要过分依赖路缘的边界线。盲童在楼梯前停下，用盲杖试探楼梯的最下一级的高度、宽度与深度，选择靠楼梯右侧安全位置，用盲杖尖端轻触楼梯第二级、第三级……边往上走，直至不再触到楼梯，即到最上层。下楼大致与上楼相同。盲童到路边后，先用盲杖沿路的边缘探知路的方向，选好垂直路线，然后靠听觉确认左右来往车辆已远去，再用盲杖探路通过。盲童还应掌握如何用盲杖乘公共汽车、乘电梯、进门、过十字路口等技巧。

手工包括对学生进行纸工、泥工、缝工、木工、金工、编织等教学，训练学生触觉、运动觉以及手的协调能力，培养学生的空间概念和想象力，使学生掌握简单的手工工具和制作技术，为提高学生自我服务能力和进一步进行劳动技术教育做准备。

生活指导主要帮助学生熟悉学校生活常规，讲授基本的生活常识和卫生常识，培养衣、食、住等方面的生活自理能力，养成良好的生活、卫生习惯，这对形成学生的自制力与自主性是必要的。

思考与练习

1. 简述视觉障碍儿童的分级。
2. 简要回答视觉障碍儿童适应性教育的三个基本原则。
3. 何为定向训练？

推荐阅读

[美]路德·物恩布尔,安·特恩布尔,玛里琳·尚克等.方俊明,汪海萍,等译.今日学校中的特殊教育[M].上海:华东师范大学出版社,2004:799-855.

[美]安妮·莎莉文.安妮·莎莉文教育手记[M].王智,编译.北京:中国盲文出版社,2004.

教育部师范教育司.盲童心理学[M].北京:人民教育出版社,2000.

教育部师范教育司.盲童教育学[M].北京:人民教育出版社,2000.

汤盛钦.特殊教育概论——普通班级中有特殊需要的学生[M].上海:华东师范大学出版社,1998.

参考文献

Association A P. Diagnostic and Statistical Manual of Mental Disorders. Fifth Edition. Arlington VA: American Psychiatric Press, 2013.

Aline S, Jane MB, Louise A, et al. Muscle strengthening is not effective in children and adolescents with cerebral palsy a systematic review[J]. Australian Journal of Physiotherapy, 2009, 55(1): 81-87.

Abel, E. L. Fetal alcohol abuse syndrome[M]. New York: Plenum, 1998.

Abroms, K., & Bennett, J. Current genetic demographic findings in Down's syndrome: How are they presented in college textbooks on exceptionality?. Mentai Retardation, 1980, 18: 101-107.

Borg, J., Larsson, S., & stergren, P. O. The right to assistive technology: For whom, for what, and by whom?. Disability & Society, 2011, 26(2), 151-167.

Brantlinger, E., Jimenez, R., Klingner, J., Pugach, M., & Richardson, V. Qualitative Studies in Special Education[J]. Exceptional Children, 2005(71), 2: 195-207.

Brooks, P. P, Sperber, R., & McCauley, C. Learning and cognition in the mentally retarded [M]. Hillsdale, NJ: Erlbaum, 1984.

Bolig E, Day JD. Dynamic assessment and giftedness: The promise of assessing training responsiveness. Roeper Review1993; 16(2): 110-113.

Charmaz, K. Grounded Theory: Objectivist and Constructivist Methods. In N. K. Denzin & Y. S. Lincoln(Eds.), Handbook of Qualitative Research(2nd ed.). Thousand Oaks, CA: Sage, 2000. 509-536.

Carr, J. Down syndrome: Children growing up[M]. Cambredge, England: Cambredge University Press, 1995.

Checklist for Autism in Toddlers; Baron-Cohen, S., Allen, J., & Gillberg, C. Can autism be detected at 18 months? The needle, the haystack and the CHAT[J]. British Journal of psychiatry, 1992, 161: 839-843.

Croen, L. A., Grether, J. K., Hoogstrate, J., Selvin, S. The changing prevalence of autism in California[J]. Journal of Austism & Developmental Disorders, 2002, 32(3): 207-215.

Connor, D. F. Aggression and antisocial behavior in children and adolescents: Research and treatment[M]. New York: Guilford Press, 2002.

David T. Dynamic Assessment of young children educational and intervention perspectives [J]. Educationla Psychology Review 2000, 12(4): 385.

Donna et al. The environment and mental retardation[J]. International Review of Psychiatry,1999,11(1): 56-67.

Deschenes,Elizabeth Piper. What punishes? Inmates rank the severity of prison vs. intermediate sanctions[J]. Federal Probation, Vol 58(1), Mar, 1994: 3-8.

Evans,D. W. , &Gray,F. L. Compulsive-like behavior in individuais with Down syndrome: Its relation tO mental age level,adaptive and maladaptive behavior[J]. Child Development,2000,71: 288-300.

Frith,U. Emanuel Miller lecture: confusions and controversies about Asperger syndrom[J]. Journal of Child Psychology&Psychiatry,2004,45(4): 672-686.

Feather, Norman T. Masculinity, femininity, self-esteem, and subclinical depression. Sex Roles, Vol 12(5-6), Mar, 1985: 491-500.

Freeman Miller. Cerebral Palsy[M]. 1st ed. New York. Springer, 2005: 5-7.

Gillberg C. Autism and pervasive developmental disorders. Journal of Child Psychology and Psychiatry,1990,(31): 99-119.

GhaziuddinM. Brief report. Should the DSM-Ⅴ drop Asperger syndrome? Journal of Autism and Developmental Disorders, 2010,(40): 1146-1148.

Gray,C. comic strip conversations: colorful,illustrated interactions with students with autism and related disorders[M]. Jenison,MI: Jenison Public Schools,1994.

Greenspan S. I. Children with autistic spectrum disorders: Individual differences,affect,interaction and outcomes[J]. Psychoanalytic Inquiry,2000,20: 615-703.

Grossman,H. (Ed.). Manual on terminology and classification in mental retardation[M].
Washington,Dc: American Association on Mental Deficiency,1983.

Greenspan SI. Children with autistic spectrum disorders: Individual differences,affect , interaction and outcomes. Psychoanalytic Inquiry,2000,20: 615 -703.

Gresham, Frank M. , Liaupsin, Carl J. A treatment integrity analysis of function-based intervention. Education & Treatment of Children, Vol 30(4), Nov, 2007. Special Issue: Papers presented at the 30th annual Teachers Educators for Children with Behavioral Disorders (TECBD) conference in November 2006: 105-120.

Geller DA. Obsessive-compulsive and spectrum disorders in children and adolescents. Psychiatr Clin N Am,2006,29(2): 353-370.

Hollander E,Kim S,Khanna S,et al. Obsessive -compulsivedisorder and Obsessive-compulsive spectrum disorders: diagnostic and dimensional issues[J]. CNS Spectr,2007,12(suppl3): 5-13.

Hagberg,B. Clinical manifestations and stages of Rett syndrome[J]. Mental Retardation & Developmental Disabilities Research: Review,2002,8(2): 61-65.

Horner. R. H.. Carr. E. G.. Halle. J.. Mc Gee. G.. Odom. S. L. & Wolery. M. The use of single-subject research to identify evidence-based practices in special education[J]. Exceptional Children,2005(71): 165-179.

Huesman L. R, Erom L. D. , Guerra n. G. , ere. Measuring Children ' s Aggression with Teachers' Predictions of Peer Nominations [J]. Psychological Assessment, 1994, (4): 329-336.

Holmes,S. E. ,Slaughter, J. R. , & Kashani, J. Risk factors in childhood that lead to the development of conduct disorder and antisocial personality disorder. Child Psychiatry and Human Development,2001,(31): 183-193.

H. Lee Swanson,Catherine M. Lussier. A selective synthesis of experimental literature on dynamic assessment. Review of Educational Research 2001,71(2): 321-363.

Inqram Cooke RW. Does neonatal and infant neurodevelopmental morbidity of multiples and singletons differ [J]. Semin Fetal Neonatal Med,2010,15(6): 326-366.

Jeremy Turk, Martin Bax,Clare Williams, et al. Autism Spectrum Disorder in children with and without epilepsy: impact on social functioning and communication. Acta Paediatrica, 2009,4: 675-68.

Jarymke Maljaars, Llse Noens, Evert Scholte, et al. Evaluation of the criterion and convergent validity of the Diagnostic Interview for Social and Communication Disorders in young and low-functioning children. Autism,2012,16: 487-498.

Juan Martos Perez, Maria del Sol Fortea Sevilla. Psychological Assessment of Adolescents and Adults with Autism. Journal of Autism and Developmental Disorders,1993,4(23): 653-664.

Jones, Susan R. , Abes, Elisa S. Enduring Influences of Service-Learning on College Students' Identity Development. Journal of College Student Development, Vol 45(2) , Mar-Apr,2004: 149-166.

Koegel RL,Kern Koegel L. Pivotal Response Treatments for Autism: Communication,Social,and Academic Development. Baltimore,MD: Paul H. Brookes Publishing Co,2006: 6,4.

Kurita,H. ,Osada,H. ,&Miyake,Y. Esternal validity of childhood disintegrative disorder in comparison with autistic disorder[J]. Journal of Autism&Developmental Disorders,2004, 34(3): 355-362.

Kate Gordon,Greg Pasco. A communication-based intervention for nonverbal children with autism: What changes? Who benefits [J]. Journal of Consulting and Clinical Psychology, 2011,79(4): 447-457.

Kasari C,Stephanny F N Freeman,et al. Empathy and Response to Distress in Children with Down Syndrome [J]. Journal of Child Psychology and Psychiatry, 2003 (3): 424-431.

Larroque B,Ancel PY,Marret S,et al. Neuro developmental disabilities and special care of 5-year-old children born before 33 weeks of gestation(the EPIPAG Estudy): a longitudinal cohort study[J]. Lancet,2008,371(9615): 813-820.

Liz Sergeant, Guy Dewsbury, Stan Johnstone. Support-ing people with complex behavioural difficulties and autistic spectrum disorder in a community setting: an inclusive approach. Housing,care and support,2007,8: 23-30.

Lovaas,O. I. Behavioral treatment and normal educational and intellectual founctioning in young autistic children[J]. Journal of consulting 8L clinical psychology,1987,55(1): 3-9.

Luckasson et a1. Mental Retardation: Definition,Classification,and System of Support[M]. 9rd ed. Washington,DC: American Association on Mental Retardation,1992.

Marjolijn K,Anne JA, Olaf V, et al. LEARN 2 MOVE 2—3 a randomized controlled trial on the efficacy of child-focused intervention and context-focused intervention in preschool children with cerebral palsy[J]. BMC Pediatrics, 2010, 80(10): 1-10.

Michael A. Alexander, Dennis J. Matthews. Pediatric Rehabilitation[M]. 4th ed. New York: Demos Medical Publishing, 2010: 166-197.

Menolascino,F. , &Stark, J. Preventive and curat' ive intervention in mental retardation [M]. Baltimore: Paul H. Brookes,1988.

Mercer,C. Students with learning disabilities [M]. 3rd ed. Columbus,OH: Merrill,1987.

Norman E. Gronlund. Assessment of Student Achievement [M]. MA: A Viacom Company,1998.

National Autism Center. http: //www. National autism center. org: 2012-9-25.

Odom S. L,Boyd,B. ,Hall, L. J. Evaluation of comprehensive treatment models for individuals with autism spectrum disorders. Journal of Autism Developmental Disorders, 2010,40: 425-436.

Panerai S. Benefits of the treatment and education of autistic and communication handicapped children (TEACCH) programme as compared with non-specific approach[J]. Journal of Intellectual Disability Research,2002,46(4): 318-327.

Reid,D. Teaching the learning disabled: A cognitive developmental approach[M]. Boston: Allyn&Bacon,1988.

Rhodes,L. , &Dudley-Marling, C.. Readers and writers with a difference: A holistic approach to teaching learning disabled and remedial students [M]. Portsmouth, NH: Heinemann,1988.

Robins D. L. ,Fein,D. ,Barton,M. L. ,Green,J. The Modified Checklist for Aytism in Toddlers: an initial study investigation the early detection of autism and pervasive developmental disorders[J]. Journal of Autism and Developmental Disorders,2001,31: 131-144.

Rajan Wadhawan MD, William Oh MD, Rebecca L Perritt MS, et al. Twin gestation and neurodevelopmental outcome in extremely low birth weightinfants[J]. Pediatrics,2009, 123(2): 220-227.

Reid,D. T. Benefits of a virtual play rehabilitation environment for children with cerebral palsy on perceptions of self-efficacy: A pilot study. Developmental Neurorehabilitation, 2002,5(3) ,141-148.

Sunder Y F, Lee J S, Kirby R. Brain imaging findings in dyslexia[J]. Pedeatr Neonatol, 2010,51(2): 89-96.

Stacey C, Nora S, Katherine Y, et al. A systematic review of the psychometric properties of quality of life measures for school aged children with cerebral palsy[J]. BMC Pediatrics, 2010, 81(10): 1-11.

Simpson, R. L. Children and youth with autism spectrum disorders: The elusive search and wide -scale adoption of effective methods. Focus on Exceptional Children. 2008,40(7): 1-14.

Susan IM, Esben MF, Peter U, et al. Frequency of participation of 8-12-year-old children with cerebral palsy A multi-centre cross-sectional European study[J]. European Journal of Paediatric Neurology, 2009,13(5): 165-177.

Stone, W. L. , Coonrod, E. E. , &Ousley, O. Y. Brief report: Schrenning Tool for Autism in Two-year-olds(STAT): Development and preliminary data[J]. Journal of Autism and Cevelopmental Disprders, 2000, 30: 607-612.

Scott J, Clark C, Brady MP. Student With Autism: Characteristics and Instructional Programming for Special Educators[M]. California: Singular, 2000: 1-68.

Stratton, K. , Howe, C. , &Battaglia, F. Fetal alcohol syndrome: Diagnosis, epidemiology, prevention, and treatment[M]. Washington, DC: Nationai Academy Press, 1996.

U. S. Department of Health and Human Services, Administration for Children and Families, Administra-tion on Children, Youth and Families, Children's Bureau. Child maltreatment 2013.

Vander Sluis S, de Jong P F. Executive functioning in children and itself relations with reasoning, reading and arithmeric[J]. Intelligence, 2007, 35(5): 427-449.

Vaughn, S, &Bos, C. Research in learning disabilities: Issues and future directions[M]. Boston: Little, Brown, 1987.

Wallace, G. , 8L Mcloughlin, J. Learning disabilities: Concepts and characteristics[M]. Columbus, OH: Merrill, 1988.

Wing, L. Asperger' syndrome: a clinical account[J]. Psychological Medicine, 1981, 11(1): 115-129.

Wing, L. , Leekam, S. R. , Libby, S. J. , Gould, J. , &Larcombe, M. The diagnostic in terview for xocial and communication disorders: Background, inter-rater reliability and clinical use [J]. Journal of Child Psychology and Psychiatry, 2002, 43: 307-325.

Wielder S, Greenspan S I. Can children with autism master the core deficit and become empathetic, creative, and reflective? A ten to fifteen year follow-up of a subgroup of children with autism spectrum disorders (ASD) who received a comprehensive developmental, individual-difference, relationship-based(DIR) approach[J]. J Dev Learn Disord, 2005(9): 39-61.

Walker, Severson. , Early Screening and Intervention to Prevent the Development of Aggresive, Destructive Behavior Patterns Among At-Risk Children. Interventions for academic and behavior problems II: Preventive and remedial approaches. Shinn, Mark R. (Ed); Walker, Hill M. (Ed); Stoner, Gary (Ed); pp. 143-166; Washington, DC, US: National Association of School Psychologists; 2002: 1092.

Young K S, "What Makes on-line Usage Stimulation Potential Explanations for Pathological Internet Use", The 105thAnnual Convention of the American Psychological Association, Chicago, 1997.

Zigler, E. , & Hoddap, R. Understanding mental retardation[M]. New York: Cambridge University press, 1986.

[爱尔兰]A. 卡尔. 儿童和青少年临床心理学[M]. 张建新等译. 上海：华东师范大学出版社，2005.

[美]美国精神医学学会编著，张道龙等译.《精神障碍诊断与统计手册》(第五版). 北京：北京大学出版社，2015(1)：P707-709.

[美]丹尼尔·P. 哈拉汉，詹姆士·M. 考夫曼，佩吉·C. 普伦. 特殊教育导论[M]. 第十一版. 肖非译. 北京：中国人民大学出版社，2010：312.

[美]David A. Sousa. 天才脑与学习[M]. "认知神经科学与学习"国家重点实验室脑与教育应用研究中心译. 北京：中国轻工业出版社，2005.

[美]David R. Shaffer. 发展心理学——儿童与青少年[M]. 邹泓等译. 北京：中国轻工业出版社，2005.

[美]Eric J. Mash & David A. Wolfe. 儿童异常心理学[M]. 孟宪璋等译. 广州：暨南大学出版社，2004.

[美]Heidi Gerard Kaduson. 儿童短程游戏心理治疗[M]. 刘稚颖译. 北京：中国轻工业出版社，2002.

[美]Laura E. Berk. 儿童发展[M]. 吴颖等译. 南京：江苏教育出版社，2002.

[美]Phillip I, Rice. 压力与健康[M]. 石林，古丽娜，梁竹苑，王谦译. 北京：中国轻工业出版社，2000：137 140.

[美]Timothy E. Wilens. 直言相告：儿童精神健康与调节[M]. 汤宜朗等译. 北京：中国轻工业出版社，2000.

[美]B. H. 坎特威茨等. 实验心理学——掌握心理学的研究[M]. 郭秀艳等译. 上海：华东师范大学出版社，2001.

[美]安妮·莎莉文. 安妮·莎莉文教育手记[M]. 王智编译. 北京：中国盲文出版社，2004.

[美]保罗·贝内特. 异常与临床心理学[M]. 陈传锋等译. 北京：人民邮电出版社，2005.

[美]艾里克·J. 马施，大卫. A. 沃尔夫. 儿童异常心理学[M]. 孟宪璋等译. 广州：暨南大学出版社，2004.

[美]杰洛德·布兰岱尔.儿童故事治疗[M].林瑞董译.成都：四川大学出版社，2005.
[美]柯克等.特殊儿童的心理教育[M].汤盛钦等译.天津：天津出版社，1989.
[美]劳伦·B.阿洛伊，约翰·H.雷斯金德，玛格丽特·J.玛诺斯.变态心理学(第9版)[M].汤震宇，邱鹤飞，杨茜译.上海：上海社会科学院出版社，2005.
[美]William L. Heward.特殊需要儿童教育导论[M].第八版.肖非等译.北京：中国轻工业出版社，2007：268.
[美]路德·物恩布尔，安·特恩布尔，玛里琳·尚克等.今日学校中的特殊教育[M].方俊明，汪海萍等译.上海：华东师范大学出版社，2004：799-855.
车文博.当代西方心理学辞典[M].长春：吉林人民出版社，1990.
陈自励.围生期窒息与脑瘫[J].实用妇产科杂志，2009，25(8)：451-453.
陈倩.围分娩期异常与脑瘫[J].中国实用妇科与产科杂志，2012，28(11)：818-821.
陈劲梅，张纪水，李学荣.个体化训练对30例儿童孤独症治疗的观察[J].中国心理卫生杂志，2003，17(2)：130-132.
陈晶琦.565名大学生儿童期性虐待经历回顾性调查[J].中华流行病学杂志，2004，25(10)：873-878.
陈晶琦，Dunne：MP，王兴文.某中学高中女生儿童期性虐待发生情况调查[J].中国学校卫生，2002，23(2)：108-110.
陈晶琦，Dunne：MP，王兴文.239名高中男生儿童期性虐待调查[J].中国心理卫生杂志，2003，17(5)：345-347.
陈晶琦，韩萍.学校卫生人员对儿童性虐待问题的认识[J].中国性科学，2004，(6)：14-17.
陈晶琦，韩萍，Dunne MP.892名卫校女生儿童期性虐待经历及其对心理健康的影响[J].中华儿科杂志，2004，(42)：39-43.
陈晶琦，韩萍，陈海华.小学家长对儿童性虐待的认识[J].中国心理卫生杂志，2004，18(1)：9-13.
陈晶琦，韩萍，陈海华，斯顾，杨先跟，籍红.医学生对儿童性虐待问题的认识[J].中国校医，2005，(6)：221-224.
陈寿康等.学习困难和多动儿童父母个性特点的初步探讨[J].中国心理卫生杂志，1992，6(6)：246-249.
陈亚萍.智力落后儿童语言训练尝试[J].社会福利，2004，(3)：32-35.
陈英和，姚端维，郭向和.儿童心理理论的发展及其影响因素的研究进展[J].心理发展与教育，2001(3)：56-59.
陈志军.四名英才儿童的追踪研究[J].西南师范大学学报(自然科学版)，1998，23(4)：481-485.
陈菀.儿童音乐治疗理论与应用方法[M].北京：北京大学出版社，2009：1-20.
陈敦金.加强围生儿脑损伤研究降低脑瘫发生率[J].中国实用妇科与产科杂志，2012，28(11)：801-803.
陈曦，王晓曦，赵薇.家庭康复对脑瘫患儿的影响[J].中国康复理论与实践，2008，14(5)：

465-466.
程灶火. 学习困难儿童的神经心理研究[J]. 心理学报,1992.
曹静. 儿童期精神分裂症的研究进展[J]. 医学理论与实践,2013,26(9): 1146.
邓赐平,桑标,缪小春. 儿童早期"心理理论"发展研究中的几个问题[J]. 心理科学,2000,23(4): 399,402,403.
丁宗一. 重视儿童虐待的现状[J]. 中华儿科杂志,2000(9): 582-584.
董奇. 心理与教育研究方法[M]. 北京: 北京师范大学出版社,2004: 137.
杜高明,王丽. 学习障碍儿童的干预研究述评[J]. 内江师范学院学报,2008,23(1): 122-125.
杜武毅,李雁. 学习困难儿童的个性特征分析[J]. 中国临床心理学杂志,2004,12(2): 149-150.
杜晓新. 论特殊儿童心理学研究的特点与方法[J]. 心理科学,2002,25(5): 552-554.
杜亚松. 儿童心理障碍治疗学[M]. 上海: 上海科学技术出版社,2005.
段雅莉,朱晓平. 早期教育对婴幼儿神经心理发育影响的研究[J]. 中国儿科保健杂志,2002: 10(5): 300-302.
段亚平,李长山,孙言平,孙殿凤. 家庭环境与儿童期性虐待发生的单因素分析[J]. 中国学校卫生,2006,27(2): 131-133.
方俊明. 特殊教育学[M]. 北京: 人民教育出版社,2005: 155.
方洁,华柄春,王子才等. 建立残疾儿童社区康复网络[J]. 小儿临床杂志, 2006,24(8): 669-671.
郭静姿,王曼娜. 资优教育充实方案[Z]. 台北: 台湾地区教育行政主管部门,2011: 15.
郭海英,杨桂梅. 智力障碍学生与智力正常学生言语认知加工过程的比较[J]. 河北大学学报: 哲学社会科学版,2010(5): 100-103.
高斐,李东. 幼儿焦虑心理的成因及矫正[J]. 科技信息,2008,16: 623.
高志平,贾宁. 小儿脑瘫病因学研究进展[J]. 中国妇幼保健,2012,27(1): 149-150.
耿荣娟,胡瑞霞,梁淑宇. 情感忽视对儿童社会生活能力的影响[J]. 天津医学杂志。2005: 8.
谷有来,王宏伟,赵敏. 儿童性虐待的发生情况,危害和因素[J]. 青年探索,2004(2): 54-56.
顾定倩. 特殊教育导论[M]. 大连: 辽宁师范大学出版社,2001.
郭晗,金瑶梅. 弱智儿成就天才儿的可能性[J]. 哈尔滨学院学报,2004,25(2): 72-76.
郭俊花,郑毅. 儿童精神分裂症的认知功能[J]. 临床精神医学杂志,2003,13(5): 268-269.
郭新志,张向葵. 心理干预法改善脑瘫患儿生活质量. 光明日报,2012,12-9(6).
何华国. 特殊儿童心理与教育[M]. 台北: 五南图书出版股份有限公司,2004.
何侃. 特殊教育研究方法论的突破路径[J]. 教育评论,2008(5): 71-74.
何侃. 特殊儿童康复概论[M]. 南京: 南京师范大学出版社,2015: 45-50.
胡金生. 日本轻度发展障碍儿童的团队式援助[J]. 现代特殊教育,2009,11: 41-43.
黄金华,吴建贤,王静等. 医院-社区-家庭康复模式对脑瘫患儿粗大运动功能的影响 [J].

中华物理医学与康复杂志,2008,30(2):105-108.
黄国平,张亚林,邹韶红,申景进,向慧,赵兰.儿童期性虐待受害者记忆,执行功能与血浆神经肽Y的关系[J].中华精神科杂志,2006,39(1):2-16.
贾严宁,张福娟.智力落后儿童适应行为三个因子发展特点的研究[J].中国特殊教育,2003,(1):56-59.
教育部师范教育司.盲童心理学[M].北京:人民教育出版社,2000.
教育部师范教育司.聋童心理学[M].北京:人民教育出版社,2000.
教育部师范教育司.智力落后儿童心理学[M].北京:人民教育出版社,2000.
金利波等.儿童精神分裂症临床特点的研究[J].中华精神科杂志,2001,34(1):27-30.
金利波等.不同时期儿童精神分裂症早期症状比较研究[J].临床精神医学杂志,2003,13(2):82-83.
静进等.学习能力障碍儿童在主题绘人测验中的特征[J].心理科学,1994,17(2):89-92.
蒋建荣.特殊教育的辅助与康复[M].北京:北京大学出版社,2012:144.
雷燕,李燕红.儿童多动症的表现特征及教育干预措施[J].重庆职业技术学院学报,2005,14(4):119-120.
李颖,王强.超常儿童心理研究述评[J].东方企业文化·产业经济,2012:247.
李彪.新余市城市儿童虐待现状及影响因素分析[J].中华全科医师杂志,2005,4(8):205-207.
李毓秋.智力超常儿童韦氏儿童智力量表第四版分数模式及其认知特性的初步研究[J].中国特殊教育,2009(4):47-51.
李德如.5例受性虐待儿童感染性病分析[J].重庆医学,2000,(1):51-52.
李方等.学习困难儿童的心理行为特征[J].中国神经精神疾病杂志,2003,29(5):383-384.
李鹤展,张亚林,张迎黎,周永红,儿童虐待史问卷在抑郁性疾病群体中的信效度[J].中国临床心理学杂志,2004,12(4):345-348.
李宏利,宋耀武.青少年攻击行为干预研究的新进展[J].心理科学,2004,27(4):1005-1009.
李莉.有关天才儿童的定义的研究综述[J].中国特殊教育,2003,(3):81-88.
李莹,胡斌.多元智能理论在智力落后儿童教育中的运用[J].中国特殊教育,2004,(12):12-15.
李玉凤,潘建平,马西.陕西省3～6岁城区儿童忽视影响因素的调查分析[J].中国全科医学,2005,8(5):384-386.
李祚山.试论智力落后儿童的家庭教育[J].重庆师范学报哲社版,1997,(1):78-108.
李祚山.智力落后儿童人格发展特征的研究[J].重庆师范学院学报(自然科学版),1998,15(6):74-80.
吕梦,杨广学.儿童期精神分裂症的研究和干预[J].鲁东大学学报(哲学社会科学版),2011:87-88.
梁威.国内外学习障碍研究的探索[J].教育理论与实践,2007(21):57-60.

梁宝勇.发展心理病理学[M].合肥：安徽教育出版社，2004.
梁栋.犯罪青少年攻击行为的认知研究综述[J].济南教育学院学报，2002，(5)：63-65.
瘳娅晖，李文权.学习困难儿童的心理特征和矫治策略[J].乐山师范学院学报，2004，19(10)：110-112.
刘琪.儿童脑瘫的病因及治疗研究进展[J].中国城乡企业卫生，2014(3)：23-24.
刘翔平.学习障碍儿童的心理与教育[M].北京：中国轻工业出版社，2010：252.
刘春玲，马红英.智力障碍儿童的发展与教育[M].北京：北京大学出版社，2011：83.
刘春玲，昝飞.弱智儿童语音发展的研究[J].中国特殊教育，2000，(2)：31-35.
刘洪沛.适应行为研究的新理论——社会性能力理论[J].中国特殊教育，2003，(1)：60-64.
刘吉林.认知发展研究新领域：儿童“心理理论”研究[J].山东教育科研，2002，(1)：44-46.
刘全礼.学习不良儿童教育学[M].天津：天津教育出版社，2007：231-208.
刘全礼.特殊教育导论[M].北京：教育科学出版社，2003.
刘燕花，邓沛荣.儿童精神分裂症的临床分析[J].神经疾病与精神卫生，2002，2(4)：229-230.
刘在花，许燕，李士明.智力落后研究综述[J].当代教育科学，2003，(19)：36-38.
刘忠晖.早年遭受躯体暴力大学生的自尊，自我效能感研究[J].北京理工大学学报，2004，6(6)：47-50.
刘凤琴.音乐治疗对闭谱系障碍儿童社交障碍的改善作用[J].中小学心理健康教育，2010，5(152)：25.
毛荣建.学习障碍儿童教育概论[M].天津：天津教育出版社，2007：179.
马红英等.中度弱智儿童句法结构状况初步考查[J].中国特殊教育，2001，(2)：33-37.
马云鹏，林智中.质的研究方法及其在教育研究中的应用[J].中国教育学刊，1999，(2)：59-62.
马韵.儿童虐待：一个不容忽视的全球问题[J].青年研究，2004，(4)：9-24.
马玉燕，菅凤.多胎妊娠与脑瘫[J].中国实用妇科与产科杂志，2012，28(11)：821-823.
美国费城儿童指导中心.儿童与青少年情感健康[M].马春华等译.北京：中国轻工业出版社，2000.
孟宪璋.儿童虐待的精神动力学机制[J].上海心理治疗，2002，(2)：122-125.
孟现志.关于我国超常教育的若干问题反思[J].中国特殊教育，2004，(7)：71-74.
莫书亮，苏彦捷.心理理论和语言能力的关系[J].心理发展与教育，2002，(2)：88.
宁城.天才咨商[M].合肥：安徽人民出版社，1998.
潘波涛，程念祖.英才儿童鉴别的研究[J].中国特殊教育，1997，(1)：5-11.
潘建平，顾雪，韩香等.西安城区 4～6 岁忽视现状及影响因素探讨[J].儿童保健杂志，2002，(10)：26.
潘建平，李玉凤.儿童忽视研究的最新进展[J].中华流行病学杂志，2005，(5)：378-381.
潘建平，李玉凤，马西等.陕西省 36 岁城区儿童忽视状况的调查分析[J].中国全科医学，2005，8(5)：381-383.

彭呈军.超常教育与研究的走向[J].中国特殊教育,1999,(1):5-8.
片成男,山本登志哉.儿童自闭症的历史,现状及相关研究[J].心理发展与教育,1999,(1):49-51.
彭宇阁,刘晓丹,宫建美等.脑瘫患儿获得社会支持的研究进展[J].中华现代护理杂志,2009,15(32):3438-3440.
朴永馨.特殊教育概论[M].北京:华夏出版社,1993.
朴永馨.特殊教育学[M].福州:福建教育出版社,1995.
齐蒙蒙,赖秀华,李泽楷,林汉生.我国儿童脑瘫患病率的 Meta 分析[J].循证护理,2015,6(2):63-66.
丘碧群.儿童多动症的诊断及矫治[J].新疆教育学院学报,2001,17(1):119-121.
全国中学超常少儿教育协作研究组.中国超常少儿教育的理论与实践——英才教育与潜能开发[M].北京:新华出版社,1996.
任桂英.北京市城区 1994 名学龄儿童感受失调的调查报告[J].中国心理卫生杂志,1995,9(2):70-73.
任桂英.感觉统合治疗方法的临床疗效观察[J].中国心理卫生杂志,1995,9(5):74-76.
任顺元,陈晏.青少年常见心理障碍及调节[M].北京:教育科学出版社,1997.
阮毅燕.脑性瘫痪高危儿监测及早期干预[J].实用医学杂志,2009,25(3):339-341.
苏雪云,王小慧.从脑科学到社会融合——自闭谱系障碍干预面临的困境和意义[J].教育生物学杂志,2014,2(3):184-188.
沈锦木,方凌雁.智力障碍儿童全纳教育的多元教学模式[J].中国特殊教育,2004,(3):07-12.
施建农,徐凡.发现天才儿童[M].北京:中国世界语出版社,1999.
施建农,徐凡.英才儿童发展心理学[M].合肥:安徽教育出版社,2004.
孙言平,董兆举,衣明纪,孙殿风.1307 名成年学生儿童期性虐待发生情况及其症状自评量表测试结果分析[J].中华儿科杂志,2006,44(1):21-25.
孙敦科,魏华忠,于松梅,袁茵等.《心理教育评定量表中文修订版 C-PEP》修订报告.中国心理卫生杂志,2000,14 (4):221-224.
盛永进.特殊教育学基础[M].北京:教育科学出版社,2011:15.
盛永进.特殊儿童教育导论[M].南京:南京师范大学出版社,2015.
邵翠霞,王艳平.北京市脑瘫儿童家庭环境、教育状况及康复理念现况研究[C].北京:第五届北京国际康复论坛,2010:377-380.
谭玮玮,陈国治,张明武,罗宋宾,谭海萍,蒋锦生.采用小组形式开展作业疗法治疗学龄前脑瘫儿童的疗效观察[J].中国临床新医学,2014,7(10):915-917.
唐芳贵,敬正文.儿童多动症的表现特征及教育对策[J].黔东南民族师范高等专科学校学报,2002,20(4):61-62.
唐如前.关于智力落后儿童随班就读的思考[J].零陵师范高等专科学校学报,2000,21(2):91-92.

唐琳，虐儿传代，事实还是偏见？[J]. 科学新闻，2015(8).
万翼. 学习困难儿童学业失败自我归因特点研究[J]. 心理发展与教育，1992，8(2)：47-48.
汪文均. 弱智儿童家庭教育咨询[M]. 杭州：浙江教育出版社，1994.
王辉. 特殊教育学校脑瘫学生康复模式研究：学校、医院、社区与家庭四位一体的综合化康复模式构建 [J]. 中国特殊教育，2012，19(4)：4-7.
王勃，康荣心. 智力落后定义的百年演变[J]. 中国特殊教育，2010(6)：18-23.
王先生. 哪些因素易致儿童焦虑症[J]. 人人健康，2012：50.
王国芳. 儿童精神分析中的游戏治疗概述[J]. 心理学动态，2000，4(8)：29-33.
王健，刘兴柱，孟庆跃. 儿童虐待频度及影响因素分析[J]. 中国社会医学，1994，50(1)：24-27.
王水珍，刘成斌. 论学校教育中的精神虐待[J]. 青年研究，2004，(2)：55-56.
王林松. 青少年暴力攻击行为若干问题的研究[J]. 山东省青年管理干部学院学报，2004，(2)：28-30.
王茜，苏彦捷，刘立惠. 心理理论——一个广阔而充满挑战的研究领域[J]. 北京大学学报(自然科学)，2001，36(5)：734.
王水珍，刘成斌. 论学校教育中的精神虐待[J]. 青年研究，2004(2)：55-56.
王小慧，张福娟. 特殊儿童评估的新进展[J]. 中国特殊教育，2001，(3)：48-51.
王小慧. 动态评估在特殊儿童评估中的应用[J]. 中国特殊教育，2003，(5)：65 68.
王晓柳，邱学青. 特殊教育研究方法[M]. 南京：南京师范大学出版社，1998.
王心崇，徐艳杰，刘晓红. 综合康复治疗对智力落后儿童智能发育的影响[J]. 中国临床康复，2004，(18)：56.
王雁，张艺华. 智力落后儿童家庭性教育状况的调查研究[J]. 哈尔滨学院学报，2003，24(12)：23-26.
韦小满. 由适应性行为看美国智力落后概念的演变[J]. 比较教育研究，1995，(6)：46-48.
韦小满. 智力落后儿童适应性行为发展的研究[J]. 北京师范大学学报(社会科学版)，1997，(1)：37-43.
魏金铠，栗克清，高顺卿，崔泽. 现代儿童心理行为疾病[M]. 北京：人民军医出版社，2002.
魏波，魏国强. 两次全国残疾人抽样调查视力残疾标准和评定方法的比较[J]. 实用防盲技术，2007(1).
2006 年第二次全国残疾人抽样调查主要数据公报(第二号)[EB/OL]. http://www.cdpf.org.cn/sjzx/cjrgk/200711/t20071121_387540_2.shtml. 2007-11-21
吴春艳，罗娜，秦艳芳. 论特殊教育研究方法的发展特点及趋势[J]. 四川民族学院学报，2015，24(4)：85-90.
吴增强. 儿童青少年心理矫治问答[M]. 上海：上海人民出版社，2000.
吴增强. 学业不良学生类型与特点的聚类分析[J]. 心理学报，1994，26(1)：92-93.
吴增强. 学习心理辅导[M]. 上海：上海教育出版社，2000.
吴云. 小儿脑性瘫痪的发病机制及诊治进展[J]. 安徽医学，2011，32(6)：859-862.

玺璺.儿童心理障碍个案与诊治[M].广州：广州出版社，2004.
夏利民.儿童攻击行为发展模式简述[J].聊城师范学院学报(哲学社会科学版)，1996，(1)：117-121.
夏莲芳.弱智学生就业前的职业教育[J].苏州教育学院学报，1994，(9)：82-84.
肖征.儿童多动症的心理诊断与防治[J].丹东师专学报，2003，25(4)：72-73.
谢颂雯.，对学龄前智力落后儿童游戏的思考[J].中国特殊教育，2003，(2)：30-34.
邢娟娟，孙西霞.儿童精神分裂症的发病机理及遗传探讨[J].中国优生与遗传杂志，2003，11(3)：121.
徐光兴.学校心理学[M].上海：华东师范大学出版社，2000.
徐燕.脑瘫儿童社区康复站与家庭结合康复的体会[J].中国医学创新，2009，6(24)：158-159.
徐汉明，刘安求.儿童性虐待对受害者心理状况的影响[J].医学与哲学，2001(1)：53-55.
徐勇.学习困难儿童智力结构特点的研究[J].中国心理卫生杂志，1992，6(4)：164.
徐云.儿童早期教育与训练[M].杭州：浙江教育出版社，1994.
徐敏，马冬雪.国际比较：智力障碍教育与康复研究现状与展望[J].闽南师范大学学报(自然科学版)，2014：102-107.
辛涛.儿童学习障碍的矫正模式评介[J].中国特殊教育，1998.
阎燕燕，孟宪璋.童年创伤和虐待与成年精神障碍[J].临床心理学，2005(2)：208-209.
杨蕢芬.自闭症学生之教育[M].台北：心理出版社，2005.
杨秀平.关于日本学校智障教育的调查与思考[J].管理观察，2010，(21)：140-141.
杨娟.我国特殊儿童评估中存在的问题.四川教育学院学报[J].2011(10)：109-110.
杨慧芳.攻击行为的社会信息加工模式研究述评[J].心理科学，2002，25(2)：244 245.
杨慧武等.弱智儿童感知动作技能特点的实验研究[J].应用心理学，1996，2(1)：36 43.
杨广学.特殊儿童的心理治疗[M].北京：北京大学出版社，2011.
杨广学，王芳.自闭症整合干预[M] 上海：复旦大学出版社，2016.
杨广学，张永盛.自闭症教育干预的整合视角探讨[J].残疾人研究，2014，2：33-36.
杨林胜，赵淑英，尹逊强，黄涛.家庭中儿童躯体虐待及影响因素分析[J].实用预防学，2004，(4)：242-244.
杨晶.中美两国天才儿童教育模式比较[D].东北师范大学，2005：21-23.
杨世昌，张亚林.国外儿童虐待的研究进展厂[J].实用儿科临床杂志，2002，17(3)：257-258.
杨世昌，张亚林，郭果毅，黄国平.受虐儿童的父母养育方式探讨[J].实用儿科临床杂志.2003，18(1)：16-17.
杨世昌，张亚林，郭果毅，黄国平.受虐儿童个性特征初探[J].中国心理卫生杂志，2004(18)：617-620.
杨世昌，张亚林，郭果毅，黄国平.儿童受虐方式的研究[J].中国临床心理杂志，2004，(2)：140-141.

杨世昌，张亚林，黄国平，郭果毅.儿童受虐筛查表的效度信度研究[J].中国行为医学科学，2004，13(2)：223-224.
杨文先.儿童精神卫生学[M].北京：中国科学技术大学出版社，1996.
杨心德.中小学学习困难学生焦虑的研究，心理发展与教育[J].1994，10(2)：55-58.
杨子尼.儿童虐待与忽视研究的相关问题[J].国外医学妇幼保健分册，2003，(14)：248-250.
杨尧，王芳，何玺玉.智力障碍的遗传因素研究进展[J].中国儿童保健杂志，2013，21(1)：54-56.
姚本先，杨强.英才儿童的心理特点与学校教育的若干对策[J].江西教育科研，1994，(4)：39-42.
叶微.儿童多动症的早期干预措施[J].求医问药，2012，10(11)：1013.
叶冬青，姚捷，董玛霞.儿童期不良经历的研究现状[J].疾病控制杂志，2004，(12)：483-486.
叶立群.特殊教育学[M].福州：福建教育出版社，1995.
叶茂林.青少年攻击行为研究[M].北京：经济管理出版社，2005.
于松梅.自闭症及相关障碍发育儿童的教育诊断[J].辽宁师范大学学报(社会科学版)，2001，24(2)：37-38.
余海鹰.儿童精神分裂症的研究进展[J].临床精神医学杂志，1997，7(1)：41-44.
余强基.当代青少年学生心理障碍与教育[M].北京：北京师范大学出版社，2001.
俞国良，学习不良儿童的评价[J].心理发展与教育，1995，(1)：48-52.
俞国良.10—15岁学习不良儿童自我概念发展的研究[J].心理发展与教育，1996，12(2)：54-59.
俞新美.儿童精神病康复的综合护理干预[J].现代中西医结合杂志，2009，(35).
查子秀.我国英才儿童的研究和教育的发展[J].特殊儿童与师资研究，1995，(4)：2-8.
查子秀.国外英才教育课程模式[J].中国人才，2003，(6)：61-64.
张巧明，曹冬艳.质的研究方法及其在特殊儿童心理学研究中的应用[J].中国特殊教育，2007(2)：51-54.
张福娟.智力落后儿童人格特性的研究[J].心理科学，1996，19(1)：19-22.
张福娟.智力落后儿童适应行为发展特点的研究[J].心理科学，2002，25(2)：10-17.
张福娟，贺莉.自闭症儿童的诊断与评估[J].现代康复，2001，6(5)：1.
张福娟，马红英，杜晓新.特殊教育史[M].上海：华东师范大学出版社，2000.
张磊，金真，曾亚伟，王彦，臧玉峰.儿童注意缺陷多动障碍的功能磁共振成像研究[J].中华放射学杂志，2004，38(6)：626-630.
张炼.国外英才儿童的认知发展研究综述[J].中国特殊教育，2004，7：75-79.
张舒哲.论学习困难的界定方法和基本类型[J].心理发展与教育，1994，10(2)：59-64.
张文新.儿童社会性发展[M].北京：北京师范大学出版社，1999.
张文新.儿童欺侮问题研究综述[J].心理学动态，1999，(3)：37-41.

张小雷.学习困难及多动症儿童定量脑电研究[J].中国心理卫生杂志，1992,6(6)：242-245.

张晔，黄冉.儿童多动症的心理治疗[J].吉林中医药，2005,25(9)：19.

张庆华，邵景进，韩晓慧.美国ADHD儿童课堂环境管理策略及启示[J].心理研究，2009,2(2)：92-92.

张旭.RDI：发展自闭谱系障碍儿童人际交往和适应能力[J].现代特殊教育，2006,6：7-8.

赵幸福，张亚林，李龙飞，周云飞，李鹤展，杨世昌.中文版儿童期虐待问卷的信度和效度[J].中国临床康复，2005,9(20)：105-108.

赵华兰.伦理学视域下的特殊儿童评估[J]. 绥化学院学报. 2011(6).

赵日双.儿童注意缺陷多动障碍致病因素及治疗研究进展[J].中国儿童保健杂志，2013,21(6)：620-622.

郑信军. 国外儿童虐待的心理学研究述评[J]. 中国特殊教育，2006(11).

祝新华.弱智儿童教育目标课程和教学策略的改革思考与实验[J].杭州大学学报，1999,24(1)：157-167.

曾玲娟.攻击行为研究综述[J].株洲师范高等专科学院学报，2001,6(3)：82-85.

曾有娣. 加速式超常儿童教育研究综述[J].中国特殊教育，1999,4：1-6.

周朝昀.儿童强迫症现象学的研究进展[J].中华脑科与疾病杂志，2013,3(3)：204-206.

周世杰，张拉艳.学习困难儿童的工作记忆研究[J].中国临床心理学杂志，2004,12(3)：313-316.

周晓芹.儿童多动症及治疗探析[J].松辽学刊(人文社会科学版)，2002,2：94-96.

昝玉林. 国外应对青少年网络成瘾的对策及启示[J].中国青年研究，2007(2).

朱洌烈等.学习困难儿童的家庭因素的研究[J].中国特殊教育，2003,(5)：60-6 4.

朱婷婷.从儿童躯体虐待角度看中国传统教养方式对儿童心理发展的影响[J].内蒙古师范大学学报(教育科学版)，2005(4)：58-62.

朱迪丝·班杜拉著，钱文，刘明译. 特殊需要婴幼儿评估的实践指导[M].上海：华东师范大学出版社，2005.9.

朱月龙.心理健康全书[M].北京：海潮出版社，2005：147-151.

朱智贤.心理学大辞典[M].北京：北京师范大学出版社，1989：243.

左银舫，李幸民.关于特殊儿童的教学[J].青海师专学报(社会科学)，2000,2：81-84.

中国互联网信息中心.中国青少年网络行为调查报告[EB/OL]. http // www. Cnnic. net. cn/hlwfzyj/ hlwxzbg/ qsnbg/201312/t20131225_43524. htm. 2013-12-25

中国儿童发展纲要(2011—2020年).国发[2011]24号，国务院，2011,7.

学前教育理论与实践教程
王 维 王维娅 孙 岩
学前儿童数学教育 赵振国

大学之道丛书精装版

美国高等教育通史 [美]亚瑟·科恩
知识社会中的大学 [英]杰勒德·德兰迪
大学之用（第五版） [美]克拉克·克尔
营利性大学的崛起 [美]理查德·鲁克
学术部落与学术领地：知识探索与学科文化
[英]托尼·比彻，保罗·特罗勒尔
美国现代大学的崛起 [美]劳伦斯·维赛
教育的终结——大学何以放弃了对人生意义的追求
[美]安东尼·T. 克龙曼
世界一流大学的管理之道——大学管理研究导论
程 星
后现代大学来临？
[英]安东尼·史密斯 弗兰克·韦伯斯特

大学之道丛书

市场化的底限 [美] 大卫·科伯
大学的理念 [英] 亨利·纽曼
哈佛：谁说了算 [美] 理查德·布瑞德利
麻省理工学院如何追求卓越 [美] 查尔斯·维斯特
大学与市场的悖论 [美] 罗杰·盖格
高等教育公司：营利性大学的崛起
[美] 理查德·鲁克
公司文化中的大学：大学如何应对市场化压力
[美] 埃里克·古尔德 40元
美国高等教育质量认证与评估
[美] 美国中部州高等教育委员会
现代大学及其图新 [美] 谢尔顿·罗斯布莱特
美国文理学院的兴衰——凯尼恩学院纪实
[美] P. F.克鲁格
教育的终结：大学何以放弃了对人生意义的追求
[美] 安东尼·T.克龙曼
大学的逻辑（第三版） 张维迎
我的科大十年（续集） 孔宪铎
高等教育理念 [英] 罗纳德·巴尼特
美国现代大学的崛起 [美] 劳伦斯·维赛
美国大学时代的学术自由 [美] 沃特·梅兹格
美国高等教育通史 [美] 亚瑟·科恩
美国高等教育史 [美] 约翰·塞林
哈佛通识教育红皮书 哈佛委员会
高等教育何以为“高”——牛津导师制教学反思
[英] 大卫·帕尔菲曼
印度理工学院的精英们 [印度] 桑迪潘·德布
知识社会中的大学 [英] 杰勒德·德兰迪
高等教育的未来：浮言、现实与市场风险
[美] 弗兰克·纽曼等
后现代大学来临？ [英] 安东尼·史密斯等
美国大学之魂 [美] 乔治·M.马斯登
大学理念重审：与纽曼对话
[美] 雅罗斯拉夫·帕利坎
学术部落及其领地——当代学术界生态揭秘（第二版） [英] 托尼·比彻 保罗·特罗勒尔
德国古典大学观及其对中国大学的影响（第二版）
陈洪捷
转变中的大学：传统、议题与前景 郭为藩
学术资本主义：政治、政策和创业型大学
[美] 希拉·斯劳特 拉里·莱斯利
21世纪的大学 [美] 詹姆斯·杜德斯达
美国公立大学的未来
[美] 詹姆斯·杜德斯达 弗瑞斯·沃马克
东西象牙塔 孔宪铎
理性捍卫大学 眭依凡

学术规范与研究方法系列

社会科学研究方法100问 [美] 萨尔金德
如何利用互联网做研究 [爱尔兰] 杜恰泰
如何撰写与发表社会科学论文：国际刊物指南
蔡今忠
如何查找文献（第二版） [英] 萨莉·拉姆齐
给研究生的学术建议 [英] 戈登·鲁格 等
社会科学研究的基本规则（第四版）
[英] 朱迪斯·贝尔
做好社会研究的10个关键
[英] 马丁·丹斯考姆
如何写好科研项目申请书
[美] 安德鲁·弗里德兰德 等
教育研究方法（第六版）
[美] 梅瑞迪斯·高尔 等
高等教育研究：进展与方法
[英] 马尔科姆·泰特
如何成为学术论文写作高手 [美] 华乐丝
参加国际学术会议必须要做的那些事
[美] 华乐丝
如何成为优秀的研究生 [美] 布卢姆

结构方程模型及其应用　易丹辉　李静萍

21世纪高校职业发展读本

如何成为卓越的大学教师　[美]肯·贝恩
给大学新教员的建议　[美]罗伯特·博伊斯
如何提高学生学习质量　[英]迈克尔·普洛瑟 等
学术界的生存智慧　[美]约翰·达利 等
给研究生导师的建议（第2版）　[英]萨拉·德拉蒙特 等

21世纪教师教育系列教材·物理教育系列

中学物理微格教学教程（第二版）　张军朋　詹伟琴　王　恬
中学物理科学探究学习评价与案例　张军朋　许桂清
物理教学论　邢红军
中学物理教学法　邢红军
中学物理教学评价与案例分析　王建中　孟红娟

21世纪教育科学系列教材·学科学习心理学系列

数学学习心理学（第二版）　孔凡哲
语文学习心理学　董蓓菲

21世纪教师教育系列教材

教育心理学（第二版）　李晓东
教育学基础　庞守兴
教育学　余文森　王　晞
教育研究方法　刘淑杰
教育心理学　王晓明
心理学导论　杨凤云
教育心理学概论　连　榕　罗丽芳
课程与教学论　李　允
教师专业发展导论　于胜刚
学校教育概论　李清雁
现代教育评价教程（第二版）　吴　钢
教师礼仪实务　刘　霄
家庭教育新论　闫旭蕾　杨　萍
中学班级管理　张宝书
教育职业道德　刘亭亭
教师心理健康　张怀春
现代教育技术　冯玲玉
青少年发展与教育心理学　张　清
课程与教学论　李　允
课堂与教学艺术（第二版）　孙菊如　陈春荣

21世纪教师教育系列教材·初等教育系列

小学教育学　田友谊
小学教育学基础　张永明　曾　碧
小学班级管理　张永明　宋彩琴
初等教育课程与教学论　罗祖兵
小学教育研究方法　王红艳
新理念小学数学教学论　刘京莉
新理念小学音乐教学法　吴跃跃

教师资格认定及师范类毕业生上岗考试辅导教材

教育学　余文森　王　晞
教育心理学概论　连　榕　罗丽芳

21世纪教师教育系列教材·学科教育心理学系列

语文教育心理学　董蓓菲
生物教育心理学　胡继飞

21世纪教师教育系列教材·学科教学论系列

新理念化学教学论（第二版）　王后雄
新理念科学教学论（第二版）　崔　鸿　张海珠
新理念生物教学论（第二版）　崔　鸿　郑晓慧
新理念地理教学论（第二版）　李家清
新理念历史教学论（第二版）　杜　芳
新理念思想政治（品德）教学论（第二版）　胡田庚
新理念信息技术教学论（第二版）　吴军其
新理念数学教学论　冯　虹

21世纪教师教育系列教材·语文课程与教学论系列

语文文本解读实用教程　荣维东
语文课程教师专业技能训练　张学凯　刘丽丽
语文课程与教学发展简史　武玉鹏　王从华　黄修志
语文课程学与教的心理学基础　韩雪屏　王朝霞
语文课程名师名课案例分析　武玉鹏　郭治锋
语用性质的语文课程与教学论　王元华

21世纪教师教育系列教材·学科教学技能训练系列

新理念生物教学技能训练（第二版）　崔　鸿
新理念思想政治（品德）教学技能训练（第二版）　胡田庚　赵海山
新理念地理教学技能训练　李家清
新理念化学教学技能训练（第二版）　王后雄
新理念数学教学技能训练　王光明

新理念小学音乐教学法　吴跃跃

王后雄教师教育系列教材

教育考试的理论与方法　王后雄
化学教育测量与评价　王后雄
中学化学实验教学研究　王后雄
新理念化学教学诊断学　王后雄

西方心理学名著译丛

儿童的人格形成及其培养　[奥地利]阿德勒
活出生命的意义　[奥地利]阿德勒
生活的科学　[奥地利]阿德勒
理解人生　[奥地利]阿德勒
荣格心理学七讲　[美]卡尔文·霍尔
系统心理学：绪论　[美]爱德华·铁钦纳
社会心理学导论　[美]威廉·麦独孤
思维与语言　[俄]列夫·维果茨基
人类的学习　[美]爱德华·桑代克
基础与应用心理学　[德]雨果·闵斯特伯格
记忆　[德]赫尔曼·艾宾浩斯
实验心理学（上下册）　[美]伍德沃斯 施洛斯贝格
格式塔心理学原理　[美]库尔特·考夫卡

21世纪教学活动设计案例精选丛书（禹明 主编）

初中语文教学活动设计案例精选
初中数学教学活动设计案例精选
初中科学教学活动设计案例精选
初中历史与社会教学活动设计案例精选
初中英语教学活动设计案例精选
初中思想品德教学活动设计案例精选
中小学音乐教学活动设计案例精选
中小学体育（体育与健康）教学活动设计案例精选
中小学美术教学活动设计案例精选
中小学综合实践活动教学活动设计案例精选
小学语文教学活动设计案例精选
小学数学教学活动设计案例精选
小学科学教学活动设计案例精选
小学英语教学活动设计案例精选
小学品德与生活（社会）教学活动设计案例精选
幼儿教育教学活动设计案例精选

全国高校网络与新媒体专业规划教材

文化产业概论　尹章池
网络文化教程　李文明
网络与新媒体评论　杨 娟
新媒体概论　尹章池
新媒体视听节目制作（第二版）　周建青
融合新闻学导论　石长顺
新媒体网页设计与制作　惠悲荷
网络新媒体实务　张合斌
突发新闻教程　李 军
视听新媒体节目制作　邓秀军
视听评论　何志武
出镜记者案例分析　刘 静 邓秀军
视听新媒体导论　郭小平
网络与新媒体广告　尚恒志 张合斌
网络与新媒体文学　唐东堰 雷 奕

全国高校广播电视专业规划教材

电视节目策划教程　项仲平
电视导播教程　程 晋
电视文艺创作教程　王建辉
广播剧创作教程　王国臣

21世纪教育技术学精品教材（张景中 主编）

教育技术学导论（第二版）　李 芒 金 林
远程教育原理与技术　王继新 张 屹
教学系统设计理论与实践　杨九民 梁林梅
信息技术教学论　雷体南 叶良明
网络教育资源设计与开发　刘清堂
学与教的理论与方式　刘雍潜
信息技术与课程整合（第二版）　赵呈领 杨 琳 刘清堂
教育技术研究方法　张 屹 黄 磊
教育技术项目实践　潘克明

21世纪信息传播实验系列教材（徐福荫 黄慕雄 主编）

多媒体软件设计与开发
电视照明·电视音乐音响
播音与主持艺术（第二版）
广告策划与创意
摄影基础（第二版）

21世纪教师教育系列教材·专业养成系列（赵国栋 主编）

微课与慕课设计初级教程
微课与慕课设计高级教程
微课、翻转课堂和慕课设计实操教程
网络调查研究方法概论（第二版）
PPT云课堂教学法